U0258985

Research on key technologies of completely gob-side entrydriving
and loose sandstone roadway with rich water

完全沿空掘巷
与富水松散砂岩巷道关键技术

经来旺　李敬佩　吴　迪　著

中国科学技术大学出版社

内 容 简 介

本书主要介绍了我国煤矿井下两种特殊巷道的一系列重要相关因素及关键应对技术,旨在有效提高成巷速度、大幅缩短掘巷时间。其中完全沿空掘巷部分以淮北矿业股份有限公司许疃煤矿 $8_2 14$ 风巷为研究背景,富水松散砂岩巷道部分以鄂尔多斯色连二矿 $3-1$ 煤回风大巷为研究背景。针对完全沿空掘巷,主要研究了采空区瓦斯与水的应对措施、上覆关键块的赋存状况及非对称支护技术。针对富水松散砂岩巷道,主要研究了影响掘巷的关键因素、超前预排水技术和快速掘支技术。完全沿空掘巷关键技术的成功实施有效地解决了许疃煤矿的工作面接替问题,富水松散砂岩巷道关键技术的成功实施大幅缩短了色连二矿的投产时间。本书分析问题的方法及关键技术的研究思路非常适合现场工程技术人员借鉴,同时也非常值得科学研究人员参考。

图书在版编目(CIP)数据

完全沿空掘巷与富水松散砂岩巷道关键技术/经来旺,李敬佩,吴迪著. —合肥:中国科学技术大学出版社,2022.12
ISBN 978-7-312-04829-6

Ⅰ.完… Ⅱ.①经…②李…③吴… Ⅲ.①沿空掘巷 ②软岩巷道 Ⅳ.TD263.5

中国版本图书馆 CIP 数据核字(2022)第 241608 号

完全沿空掘巷与富水松散砂岩巷道关键技术

WANQUAN YANKONG JUEHANG YU FUSHUI SONGSAN SHAYAN HANGDAO GUANJIAN JISHU

出版	中国科学技术大学出版社
	安徽省合肥市金寨路 96 号,230026
	http://press.ustc.edu.cn
	https://zgkxjsdxcbs.tmall.com
印刷	安徽国文彩印有限公司
发行	中国科学技术大学出版社
开本	787 mm×1092 mm　1/16
印张	16.25
字数	423 千
版次	2022 年 12 月第 1 版
印次	2022 年 12 月第 1 次印刷
定价	68.00 元

前　　言

本书讲述了煤矿两种特殊巷道的关键技术,因此内容也相应地分为两个部分:第一部分为完全沿空掘巷关键技术,第二部分为富水松散砂岩巷道关键技术。

目前国内外关于完全沿空掘巷的相关研究很少,自20世纪60年代至今的60多年内,有据可查的仅6例,其中2例还是在近3年里实施的。作为这两个项目主要负责人之一,笔者参与了其中的许多工作。过去的60多年里,由于仅实施了6例完全沿空掘巷工程,故该方面的理论研究非常少。很多煤矿开采的专家学者认为完全沿空掘巷存在瓦斯喷突、煤层自燃和采空区突水等难以避免的隐患,因此不愿意为之,而将主要的精力集中在完全沿空留巷、小煤柱完全沿空巷道的施工技术与支护机理的研究方面。

对小煤柱沿空巷道的大量研究均涉及了上覆岩层的稳定性,其中关键块的形成、关键块的尺寸、关键块的稳定性方面的研究成果较多,这些成果在近20年来对我国煤炭工业的快速发展起到了巨大推动作用,也为完全沿空掘巷的研究提供了宝贵的理论和经验。但不可否认的是,这一方面的研究尚存在不足,主要表现在以下几个方面:① 关键块的长度一直借用老顶跨落的步距公式,或仅是利用计算机数值模拟的近似计算;② 关键块在实体煤中断裂位置的计算也完全依赖于数值模拟的结果,虽然有相关研究将煤体的极限平衡原理应用于关键块断裂位置的计算,但仍缺乏实验论证。

由于完全沿空掘巷一直以来被很多人视为禁区,因此研究成果很少。将其视为禁区的原因主要是存在3个重大隐患:采空区余煤自燃、采空区瓦斯喷突和采空区积水。本书针对上述3个因素一方面创新性地提出了一系列的研究方法与对策,另一方面也得出了上述3个隐患都是可以排除的结论。

本书主要分为两个部分,其中第一部分的研究内容主要包括剖析完全沿空掘巷关联影响因素与相关对策、确定上覆关键块的赋存状况、相关的现场测试及计算方法、揭示支护压力的非对称性与相关的现场测试手段、展示采空区与实体煤交界处地应力数值的计算机模拟技术和总结完全沿空掘巷的支护原理与非对称锚架组合支护方式及支护效果。作为一种应用案例很少的巷道布置方法,可供借鉴的资料太少,可直接应用的理论也不多。基于研究的严肃性和成功率的考量,本书将工程地质资料的精细分析与现场实测作为重点,并在此基础之上结合数值分析方法、几何数学原理、弹性力学理论等相关理论,最终通过巷道变形的监测数据及工作面的成功开采论证了本研究所采用的系统方法的正确性。

本书第二部分是富水松散砂岩巷道关键技术,研究背景是 2013~2016 年煤炭行业异常严峻的经济形势,国家和地方政府均大力倡导节支增效。地质条件不同的矿井,虽节支增效的手段有所不同,但安全高效的巷道施工技术却是每个矿井必须研究的重要课题。

色连二号矿井主采侏罗系煤层,侏罗系地层以泥岩、砂质泥岩和粗细砂岩为主,其中的砂质泥岩、泥岩质地较软,强度低,抗风化能力极弱,遇水、空气后强度急剧下降,甚至砂化、泥化,成为松散体;而砾岩及各粒级的砂岩均为孔隙式砂泥质、泥质胶结,胶结较疏松,失水后易干裂破碎。

该地质条件下,要想实现巷道的安全高效掘进,首先要解决松散富含水岩层静含水造成的顶底板岩性极度弱化、工作面严重涌水、巷道表面严重淋水等问题。作为本项目的重要研究成果之一,巷道掘进之前利用超前钻孔将巷道所属区域一定范围内的岩层静含水预先抽放是切实可行、标本兼治的技术措施。去除了顶板水害的影响,即可顺利实施松散富水砂岩巷道安全高效的施工机械化配套技术、安全高效施工工艺和施工组织措施以及围岩支护技术。

除消除水害问题之外,设计科学合理的综掘机械化作业线是实施安全高效施工的又一必备条件。综掘机械化作业线由若干设备组成,各设备的配置必须满足机械化配套的要求。此外,作业方式、管理模式、施工工艺则是充分发挥效率的重要手段,其设计的科学与否直接关乎着能否实现安全、高效的生产。

作为我国煤炭行业一个工程地质条件十分特别的矿区,内蒙古东胜矿区侏罗系松散富水砂岩的岩性特征、水害影响使得该地区矿井建设和煤炭开采的各项技术独具特色,第二部分的研究正是基于这样的前提和背景展开的。

本书由安徽理工大学经来旺教授、淮北矿业股份有限公司李敬佩正高级工程师、安徽理工大学吴迪博士共同撰写。具体分工如下:李敬佩撰写第 1 部分(第 1 章~第 8 章),吴迪撰写第 2 部分(第 9 章~第 19 章),经来旺负责本书涉及项目的总体策划、核心技术的制定、创新理论的提出,同时负责书稿的大纲制定、撰写过程的指导、书稿的审核与修改。

在本书的编写过程中,我们参考了有关书籍,并从中引用了部分内容,在此向各位编著者表示衷心的感谢。

由于编写时间仓促,书中难免存在不妥之处,敬请读者批评指正。

经来旺

2022 年 5 月 21 日

目　　录

第1部分

完全沿空掘巷关键影响因素及支护技术研究

1 绪 论

1.1 问题的提出

沿空掘巷共有3种：留设大煤柱沿空掘巷、留设小煤柱沿空掘巷、完全沿空掘巷。在很长的历史中，由于施工与支护技术较为落后，留设大煤柱沿空掘巷一直是沿空掘巷的主要方式，随着施工与支护技术地不断发展，现阶段国内外多采用留设小煤柱沿空掘巷的施工方式，留设大煤柱沿空掘巷的施工方式渐渐被淘汰。依据目前的沿空掘巷巷道围岩应力分析，完全沿空掘巷巷道的围岩应力是最适宜支护的，但由于其涉及另两种沿空巷道一些没有的影响因素，故至今问津者较少，公开文献也不多[1-12]。

就围岩压力而言，完全沿空掘巷的应力环境优于留设大煤柱沿空掘巷，留设大煤柱沿空掘巷的应力环境优于留设小煤柱沿空掘巷。就巷道围岩（煤）的稳定性而言，留设大煤柱沿空掘巷优于留设小煤柱沿空掘巷，留设小煤柱沿空掘巷优于完全沿空掘巷。长期以来，由于支护技术的原因，确定掘巷方式时，常优先考虑围岩（煤）的稳定性，但随着巷道施工技术与围岩支护技术不断发展，目前留设小煤柱沿空掘巷已经取代了留设大煤柱沿空掘巷，而随着施工与支护技术不断进步，完全沿空掘巷也将逐步为煤矿企业采纳。

除了施工与支护技术的发展使得完全沿空掘巷成为可能，还有其他方面的因素也共同作用使得完全沿空掘巷成为未来发展的必然趋势，具体因素如下：

（1）节省资源

完全沿空掘巷不设保护煤柱，可最大限度地节约煤炭资源。同留设大煤柱开采方式60%左右的回采率相比，完全沿空掘巷的回采率可提高至90%以上。

（2）省去探水环节

因完全沿空掘巷沿采空区掘进，故施工中省去了探水环节，在施工技术有保证的情况下，成巷速度较留设大、小煤柱沿空巷道施工快很多，对工作面的顺利接替有很大意义。

（3）巷道维护成本较低

巷道处于地应力最小的位置且成巷前后上覆应力变化不大，巷道支护难度和支护成本均大幅降低。

综上所述，实施完全沿空掘巷立项研究具有巨大的社会与经济效益。

就淮北矿业股份有限公司许疃煤矿 $8_2$14 风巷而言，实施完全沿空掘巷立项研究除了上述的重要意义之外，还有如下几个客观因素决定了完全沿空掘巷施工方式的势在必行：

（1）许疃煤矿 2011 年的生产任务要求 $8_2$14 工作面必须按期投入生产，否则每天将损失 120 万元左右，完成任务的关键是 $8_2$14 风巷能否安全高效地完成掘进任务。

（2）$8_2$14 风巷与 $8_2$12 采空区毗邻，与上覆的 $7_2$14 采空区竖直间距 16 m 左右，水平间距 30 m。$7_2$14、$8_2$12 两工作面所产生的次生压力对 $8_2$14 风巷的掘进影响很大。此外，采空区一侧煤体松软，顶板裂隙水发育，有长期淋水现象，开采环境复杂，受上区段开采、断层及地下水影响，围岩稳定性差。根据已往经验，该巷道按照通常的留设小煤柱的办法实施沿空巷道的施工，矿压显现强烈，支护极其困难。

（3）涉及完全沿空掘巷施工的 4 大因素：老塘水隐患、瓦斯突涌隐患、采空区侧窜矸和采空区余煤自燃等隐患已有周全的对策及防治措施。

基于上述社会效益、经济效益及许疃煤矿的客观因素，同时考虑到完全沿空掘巷的掘进条件与留设煤柱的情况差异很大，围岩的受力变形更为复杂，涉及因素更多，对掘进与支护技术的要求更高。因此，对该课题的研究除了具有重要的社会与经济效益外，还具有很高的学术价值，故对其立项研究十分必要。本书所述研究就是在这样的背景下展开的。

1.2　研究现状

1.2.1　沿空掘巷的发展历史及现状

前已述级，沿空掘巷分为留设大煤柱沿空掘巷、留设小煤柱沿空掘巷和完全沿空掘巷 3 种。目前我国在留设小煤柱沿空掘巷方面的实践较多，经验与技术也较丰富；而完全沿空掘巷方面的实践相对较少，在过去的几十年中，某些文献[16,17]也曾将无煤柱沿空掘巷的范畴扩大至留设 1～3 m 小煤柱沿空掘巷的范围。

自 20 世纪 50 年代初起，联邦德国、波兰、美国、法国、苏联等十几个国家就开始试验和应用无煤柱开采技术[18-24]。我国在 20 世纪 50 年代也开始采用无煤柱开采工艺。当初的煤炭部对无煤柱开采的试验、研究工作极为重视，其技术委员会和生产司先后于 1977 年、1979 年和 1981 年召开技术座谈会，总结交流了这方面的经验，并于 20 世纪 80 年代初发布了《关于推行无煤柱开采的暂行规定》。

当前，各个国家采用的无煤柱沿空巷道开采工艺也存在较大区别。德、美两国的区段平巷基本布置在实体煤层中，一般不采用沿空掘巷布置方式；乌克兰、俄罗斯等国的沿空掘巷一般只采用金属棚架；英国、澳大利亚则不用沿空掘巷，对留设小煤柱护沿空巷道布置方式的选择也持十分谨慎的态度。

我国很多矿区的薄及中厚煤层沿空掘巷的建设时间最早可追溯到新中国建立初期，大体上经历了以下三个发展时期：

（1）20 世纪 50 年代：自发应用阶段

1952 年，峰峰四矿首次在倾斜厚煤层的分层顶层和分层底层中成功试掘沿空回风顺槽，开创了我国缓倾斜厚煤层沿空掘巷的先河。但当时并没有形成"沿空掘巷"开采工艺的技术思想，更谈不上对该种技术的理论研究及建立系统且完整的技术体系。

(2) 20 世纪 60 年代:试验阶段

由于沿空掘巷开采工艺可以大幅提高回采资源,一些矿井开始试验沿空掘巷开采工艺,具体矿井有峰峰矿(1963 年)、石嘴山二矿(1963～1964 年)、西山杜尔坪矿(1965 年 4 月)、阳泉矿区(1966 年 1 月)、淮南谢一矿(1966 年 3 月)。当时沿空掘巷技术的改革已在我国煤矿中开始兴起,但尚未进行认真总结和推广。

(3) 20 世纪 70 年代:发展阶段

1976 年以后,我国对沿空掘巷开采技术更加重视,开展了很多相关研究,包括现场监测研究、实验室试验研究和理论研究,同时开始借鉴和引进国外沿空掘巷的技术经验,使沿空掘巷技术在我国得到了快速发展。

但需强调的是,上述的沿空掘巷开采工艺大多指的是留设小煤柱沿空掘巷开采工艺,而完全沿空掘巷的案例不多,到目前为止,完全沿空掘巷开采工艺在国外都没有得到很好的发展。

1.2.2 完全沿空掘巷围岩力学性状研究现状

单纯研究完全沿空掘巷围岩力学性状的成果很少,绝大多数与完全沿空掘巷围岩力学性状相关的研究是针对沿空留巷与小煤柱沿空掘巷的。由于在围岩力学性状的研究方面,完全沿空掘巷、小煤柱沿空掘巷和沿空留巷研究的对象、内容及指导思想基本一致,故关于该方面的研究现状本书不做具体区分,均以无煤柱沿空巷道进行论述。

无煤柱沿空巷道围岩力学性状与上覆岩层的活动规律直接相关,针对无煤柱沿空巷道上覆岩层的活动规律及受力状况,长期以来研究成果颇多,概括起来可分为 3 个方面,具体表述如下:

1.2.2.1 各种假说并存

自 20 世纪 20 年代至今,很多学者对上覆岩层的附着状态及相关影响进行了大量研究,形成了一系列假说,这些假说对无煤柱沿空巷道围岩性状的研究产生了非常积极的作用。

1. 悬臂梁假说

1928 年,由德国学者纪泽和哈克提出,该假说能够较好地解释工作面周期来压的现象,但对上覆岩层结构形态的描述不够全面,没有考虑支承压力对破坏顶板岩层的影响。

2. 预成裂隙假说

1947 年,该假说由比利时学者 A. 拉巴斯提出。该假说较好地论证了工作面超前顶板岩体在支承压力的作用下产生的矿压裂隙。揭示了回采工作面周围存在着采动影响区、应力降低区和应力升高区,且论证了上述三个区域会随着工作面推进相应向前移动。该假说不能正确地解释采场上覆岩层的来压规律和周期性破坏,但正确地指出了其破坏的原因。

3. 铰接岩块假说

1954 年,苏联学者 T.H. 库兹涅佐夫提出该假说,认为针对裂隙带和冒落带两部分岩层的运动,采场支架有可能在"给定变形"和"给定载荷"两种条件下工作。但这一假说没有对铰接岩块间的平衡条件、支架与岩梁运动间的关系进行研究。

4. 砌体梁假说

该假说于 20 世纪 60 年代初,由中国矿业大学钱鸣高院士提出,并于 20 世纪 80 年代初期建立了采场岩体裂隙带的"砌体梁"结构模型。经过多年来不断发展,该假说已形成较为系统和完善的采场矿山压力理论[25-27]。

5. "关键层"理论

该假说于 20 世纪 80 年代,由钱鸣高院士与朱德仁教授共同提出。这一理论进一步完善了"砌体梁"假说,较为详细地揭示了关键层的 5 个特征:岩性特征(弹模大、强度高)、破断特征(该岩层破断导致局部或全部岩层的破断,从而引起大范围内岩层运动)、几何特征(厚度大)、变形特征(上层全体或局部与其同步协调)、支承特性(破断前是承载主体,破断后形成砌体梁,依然可能成为承载主体),并对关键层的判别和受力进行了分析。

6. 传递岩梁假说

该假说于 20 世纪 60 年代,由山东科技大学宋振骐院士提出。该假说明确了"矿山压力"与"矿山压力显现"两个基本概念间的区别与联系;揭示了"矿山压力"和"矿山压力显现"是有规律的,且这种规律是由岩层运动所决定的;指出矿山压力控制研究应该以岩层运动为中心,并针对不同采动时空条件下的采场矿山压力,创造性地建立了两个应力场理论,并以此奠定了"实用矿山压力理论"定量应用的基础。

1.2.2.2　力学模型研究现状

上述各种假说为上覆岩层的活动规律及破坏规律的研究指明了方向并给出了相应研究的指导思想及技术路线。在此基础之上,为了实现定量分析无煤柱沿空巷道围岩应力分布规律的目的,很多学者又从力学角度进行了大量细致的研究。

李学华等人建立了上覆岩体大、小结构的力学及其稳定性模型(图 1.1),分析探讨了巷道围岩变形的力学机制和变形基本规律,提出了综放沿空掘巷围岩大、小结构的观点[28]。

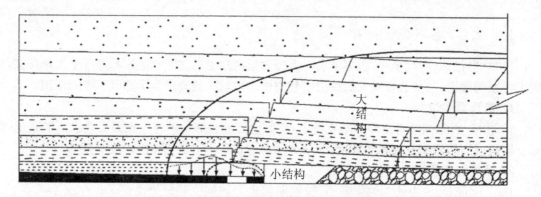

图 1.1　无煤柱开采"大、小结构"力学模型

柏建彪、侯朝炯等人建立了综放沿空掘巷老顶三角块结构力学模型(图 1.2~图 1.4),并研究了三角块结构在巷道不同阶段的稳定系数,对综放沿空掘巷围岩稳定性问题进行了较为深入研究[29]。

杨淑华等人提出了综放采场的两种典型顶板结构的动力和静力学特征,研究了综放采场支架载荷有时比分层开采大,但有时比分层开采小的力学机理。在动力学分析和实测的基础上,对综放支架选型、设计具有实际的指导意义[30]。

王卫军、侯朝炯、李学华通过现场观测和理论分析认为,厚煤层工作面采空侧煤体受到老顶压力作用,在煤体边缘形成一定宽度的塑性区。塑性区的宽度与老顶的活动规律、煤层和直接顶的厚度、力学特性有关,运用摩尔库仑准则建立了计算塑性区宽度的力学模型,提出了厚煤层沿空掘巷的定位方法。

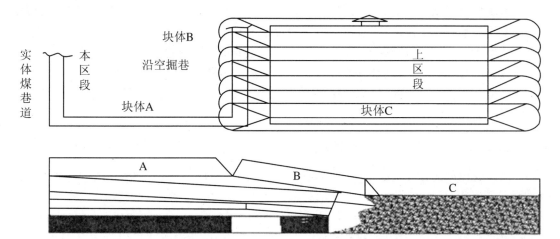

图 1.2 沿空掘巷三角块结构力学模型

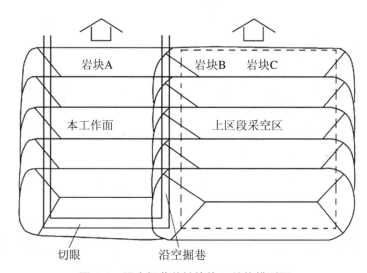

图 1.3 沿空掘巷关键块体 B 结构模型图

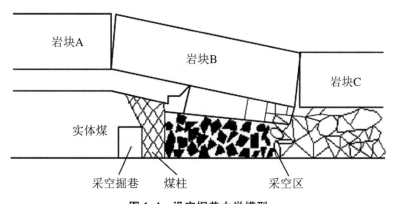

图 1.4 沿空掘巷力学模型

王卫军、侯朝炯、柏建彪根据砌体梁理论认为的老顶以给定变形方式作用于厚煤层沿空巷道围岩,应用能量原理分析了巷道围岩的变形机理,建立了巷道顶煤的力学模型,运用变分法对老顶给定变形下顶煤的变形进行了初步求解,并对顶煤下沉量与支护阻力、煤体弹性模量、巷道宽度的关系进行了探讨,同时在分析了厚煤层沿空巷道底板力学环境的基础上,建立了底板力学模型,计算了巷道、窄煤柱、高支承压力区底板岩层的相对位移。

涂敏、徐华成运用弹性地基及薄板理论建立了沿空掘巷顶板运动的力学模型,并用该模型分析了顶板的挠曲运动和内、外应力场,认为沿空掘巷合理位置应位于断裂顶板平衡岩梁保护之下的内应力场区内。

1.2.2.3 应力分布规律研究现状

上述力学模型的建立为沿空巷道围岩应力分布规律的研究奠定了较为坚实的基础,这方面的研究成果较多,具体如下:

谢和平等人对不同开采条件下采动力学行为进行了研究,总结了无煤柱开采、放顶煤开采与保护层开采对应的煤岩破坏时的支承压力依次递减的规律,探明了煤岩体采动力学行为与开采方式之间的关联性[30-33]。

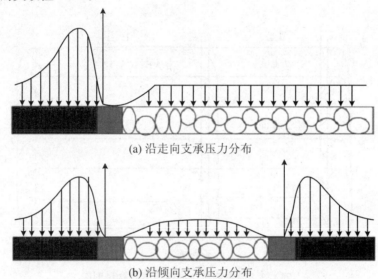

(a) 沿走向支承压力分布

(b) 沿倾向支承压力分布

图 1.5　长壁工作面周围支承压力分布

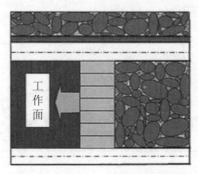

(a) 无煤柱布置方式(沿空留巷)

图 1.6　无煤柱开采布置及支承压力分布规律

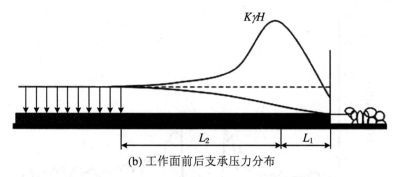

(b) 工作面前后支承压力分布

图 1.6 无煤柱开采布置及支承压力分布规律(续)

缪协兴等人通过数值模拟等手段对围岩支撑压力动态分布规律、围岩稳定性、综放开采顶煤的变形和破坏等内容进行了研究。司荣军等人总结了采场支承压力分布规律,确定了支承压力大小和峰值的位置(图 1.7)[34-37]。

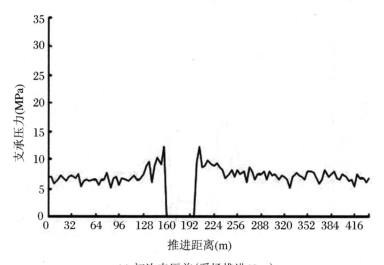

(a) 初次来压前(采场推进42 m)

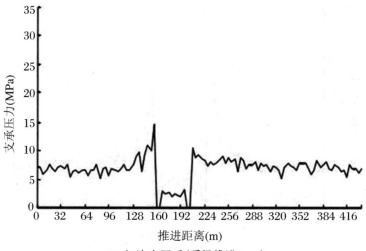

(b) 初次来压后(采场推进50 m)

图 1.7 支撑压力随工作面推进的规律

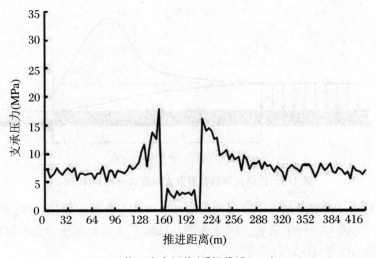

(c) 第一次来压前(采场推进56 m)

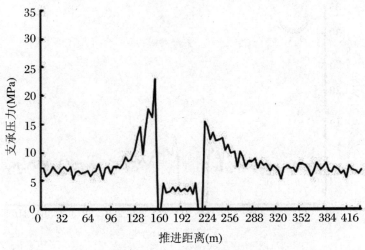

(d) 第一次来压后(采场推进62 m)

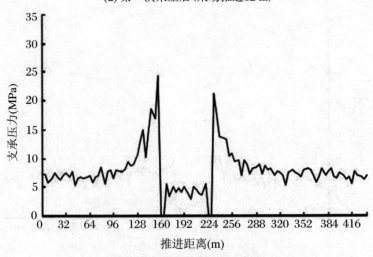

(e) 第二次来压前(采场推进68 m)

图 1.7　支撑压力随工作面推进的规律(续)

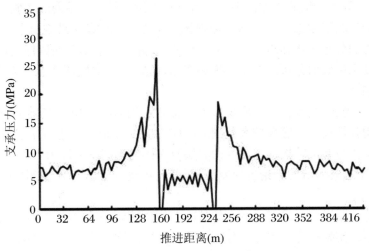

(f) 第二次来压后(采场推进76 m)

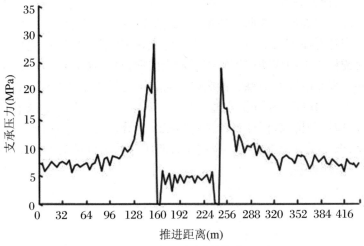

(g) 第三次来压前(采场推进82 m)

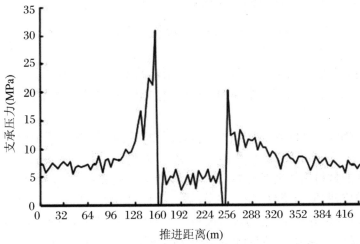

(h) 第三次来压后(采场推进92 m)

图 1.7　支撑压力随工作面推进的规律(续)

吴健、陆明心等人对综放工作面围岩应力分布规律进行了一系列的实验研究[38]。

陈永文、白义如、李学忠等人根据相似理论[39]，设计了厚煤层沿空掘巷的相似模拟模型，得出了支承压力的分布规律和沿空巷道的变形特征，并对沿空掘巷的锚杆支护进行了探讨。

高明中教授采用数值分析法并结合现场实际，研究了采空区压实状况对沿空掘巷围岩应力和位移的影响[40]。

王卫军、黄成光、侯朝炯在分析厚煤层沿空掘巷底板力学环境的基础上，建立了底板力学分析模型。运用弹性理论对底板较大范围内的应力应变分布规律进行了求解，认为厚煤层沿空掘巷的底鼓主要与巷道底板一定深度的岩层及实体煤侧高支承压力有关。

近年来，沿空掘巷领域的理论迅速发展，新思想新观点层出不穷，其中具有代表性的有以下几种：

孟金锁在分析厚煤层开采工艺特点的基础上，首次提出了厚煤层"原位"沿空掘巷的概念。

李学华、张农、侯朝炯等人用理论分析和数值模拟计算方法研究了厚煤层沿空巷道的围岩稳定性，分析了影响掘巷位置的几个因素，提出了沿空掘巷的合理位置。

柏建彪、王卫军、侯朝炯等人通过对厚煤层工作面采场应力进行分析，运用锚杆支护围岩强度强化理论，提出了厚煤层工作面沿空掘巷围岩控制的力学机理。

侯朝炯、李学华针对厚煤层沿空掘巷围岩的特点，提出了厚煤层沿空掘巷围岩大、小结构的稳定性原理，为锚杆支护的成功应用提供了理论依据；对老顶中的弧三角形关键块的受力特点、在掘巷期间和回采影响期间的稳定情况以及对其下的沿空掘巷的影响进行了分析。

杨永杰、姜福兴、宁建国等在分析合理留设煤柱尺寸确定原则的基础上，提出了针对顺槽具体地质条件采用理论分析、数值计算和工程实践综合分析确定合理小煤柱尺寸的方法。

陈建余、杨超、朱岳明等提出应用本煤层布置卸压巷并结合松动爆破技术解决软岩厚煤层沿空掘巷的维护有效性难题。

1.2.3 沿空掘巷的支护技术及理论研究现状

1.2.3.1 国内外沿空掘巷围岩控制技术现状

长期以来，关于完全沿空掘巷，国外公开的报道不多，报道较多的是沿空留巷[41-45]，主要包括苏联、英国、德国、波兰等国家。

针对沿空留巷，苏联提出了各类顶板下沿空留巷的可行性，给出了沿空留巷稳定性控制经验公式或理论计算方法，并对不同采深和岩性的沿空留巷的围岩移近量进行了大量实测，同时给出了计算方法。

同苏联一样，德国采用的无煤柱开采方法也多为沿空留巷，其早期采用的巷旁支护多为木垛、矸石带等，20世纪60年代后期，德国开始采用"石膏＋飞灰＋硅酸盐水泥""矸石＋胶结料"等水含量较低的材料用作巷旁充填，有效地降低了巷道变形量，从而实现较大断面巷道的二次利用，且不需修理，取得了良好的经济效益。而且，德国在埋深800～1000 m的煤层开采中成功地运用了沿空留巷技术，并通过实测得出了预计留巷移近量的经验公式。

英国的煤矿煤层多属薄煤层，因此多采用沿空留巷方式，矸石带是其基本的巷旁支护方式。近年来，英国在高水材料充填巷旁方面做了较为深入的研究，目前该巷旁支护材料在英国国内煤矿沿空留巷中已占90%左右。

波兰是国际上煤炭开采技术水平较高的国家之一,沿空留巷是其无煤柱开采的主要形式,其支护方式一般为巷内采用可缩式金属支架,巷旁采用混凝土或矸石带等。

锚杆支护是目前国外技术水平较先进的煤巷支护形式,如澳大利亚、美国已全面采用锚杆支护。国内的沿空巷道支护形式以20世纪90年代为界划分为两个阶段:① 20世纪90年代以前,中厚煤层中沿空掘巷一般采用金属支架,包括矿用工字钢支架和U形钢支架;② 20世纪90年代以后,中等稳定的综采沿空掘巷普遍采用锚杆支护,但厚煤层沿空掘巷锚杆支护技术尚处于试验阶段。

近年来,随着支护理论与技术水平不断提高,很多更为先进的支护技术得到进一步挖掘。

对于各种情况下的巷道,康红普教授先后提出了一系列较为系统的巷道支护的理论和技术,并进行了大量的实验研究[46-48],在围岩的承载机理、锚杆的支护强度、托盘的承载效应等方面取得了丰硕的成果,提出了一次支护原则、高预应力和预应力扩散原则、高预应力和预应力扩散原则、临界支护强度与刚度原则、相互匹配原则等理论。

中国矿业大学张农教授通过分析高强预应力支护控制顶板离层的机理,开发出了煤巷高强预应力锚杆支护技术,包括高性能预拉力锚杆、小孔径预应力锚索、钢绞线预拉力桁架、M形钢带和组合支护等几种新型实用的预应力控制手段[49,50]。

安徽理工大学郭兰波教授开发并成功应用了网壳支护技术[51-53]。

安徽理工大学经来旺教授通过对岩石流变性质的研究,揭示出巷道围岩质点的变形存在两个关键临界值 d_1 和 d_2,当围岩质点的应力强度比小于 d_1 时,岩石不发生蠕变;当围岩质点的应力强度比大于 d_1 同时小于 d_2 时,岩石发生稳定蠕变;当围岩质点的应力强度比大于 d_2 时,岩石发生不稳定蠕变(上述应力为围岩质点的最大与最小主应力之差,强度为岩石的单轴抗压强度)。依据上述研究,经来旺教授将巷道围岩由里至外划分为5个区域,如图1.8所示,并明确指出,在支护高地压软岩巷道时,必须在关键部位的安全区域设置锚索固定。

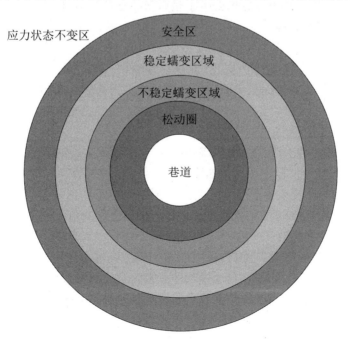

图1.8 巷道围岩变形区域划分示意图

基于上述机理,近年来,经来旺教授又发明了双网双盘混凝土生根网壳支护技术[54],成本仅为 36U 形金属支架支护成本的 50%～60%,但承载力却超过 36U 形棚的承载力。对于极松散煤层则给出了锚架组合支护结构,其较大程度地发挥了金属支架与锚杆的相互促强支护效应[55,56]。

任润厚通过对厚煤层工作面采空区侧煤体应力分布的数值模拟,运用极限平衡理论确定了沿空巷道窄煤柱的宽度,合理地进行了巷道定位。并提出了厚煤层沿空掘巷围岩控制机理和高强锚杆支护方案[57]。

康红普、王悦汉和陆士良等人[58-60]对受采动影响的软岩巷道采用了顶部卸压方法来降低应力。康红普[61,62]提出了治理软岩巷道底鼓的卸压维护方法并在煤矿工程实践中获得成功应用。

柏建彪和王襄禹[63]等对古汉山煤矿西大巷全断面采用了松动放矸卸压技术,并且现场应用效果良好。

1.2.3.2 围岩支护理论研究现状

1. 新奥法

20 世纪 60 年代,借助于前人经验,拉布采维茨提出了新奥法[64,65],时至今日,新奥法已是地下工程主要的设计与施工方法之一。20 世纪 70 年代末,国际岩石力学领域知名学者缪勒教授全面深入地评述了新奥法的思想和指导原则,使之快速推广至隧道工程之外的冶金、煤矿等矿山领域。

2. 联合支护理论

该理论主要是由我国的郑雨天、冯豫和陆家梁等[66-68]在新奥法的基础之上提出的,该理论主要针对软岩巷道的支护,是新奥法的重要补充与发展,其主要思想是:先柔后刚、先让后抗、柔让适度、稳定支护。基于该思想诞生了很多新的支护类型,具体包括锚注支护、铺喷网支护、锚带喷架和大弧板支护等。

3. 松动圈支护理论

由我国著名学者董方庭教授[69]提出,在这一理论中,董方庭教授不仅对巷道围岩松动圈进行了较为细致的分类,并依据相关原理确定了 2 次支护的时间,同时揭示出巷道支护的对象是松动圈的碎胀(有害)变形,且进一步指出巷道支护的强度主要取决于巷道松动圈的大小。

4. 工程地质学支护理论

该理论出自中国矿业大学(北京)何满潮教授[70,71],该理论基于软岩巷道变形的力学机制划分为结构变形类、应力扩容类和物化膨胀类。根据变形严重程度,每一小类又划分为 A、B、C、D 等级。何满潮教授认为现场软岩巷道变形的力学机制通常是以上三类变形力学机制共同作用的结果,实际操作时要尽可能将复合变形机制转化为单一类型变形机制进行处理。

5. 主次承载区支护理论

该理论认为当巷道开挖后,在围岩浅部的某些部位会形成张拉区,而其余部位为压缩区,深部则全部为压缩区(主承载区)。巷道浅部的张拉区通过有效支护的加固,也会具备一定的承载能力,但由于与主承载区相比,其承载能力仅起辅助作用,故称其为次承载区。巷道的稳定性取决于主、次承载区的相互协调作用。

6. 应力控制理论

该理论也称为让压法、卸压法、围岩弱化法等。在理论中,高应力软岩巷道的围岩变形压力几乎不能抗拒,但可以采用卸压的方法通过释放巷道围岩变形能来解决,以此达到削弱应力集中的目的,进而减少对支护的破坏。该理论至今仍有应用,具体方法有切缝、爆破。

20 世纪 70～80 年代是矿井巷道围岩变形控制理论飞速发展时期,这一时期,新奥法思想在我国煤矿软岩巷道支护中得到迅速推广,形成了很多围岩控制原理与技术,下面是对近年来该领域技术与理论的总结与分析。

钱鸣高院士[72,73]的研究认为软岩巷道的支护优化设计原则就是要释放出软岩巷道围岩巨大的变形能,同时又能在围岩出现松动破坏之前加强支护。

韩立军和蒋斌松等人[74,75]研究了构造复杂区域内煤巷存在的高地应力、围岩破碎和支护困难等,并提出了控顶卸压原理及"三铺支护"技术,并在实践中取得了良好的效果。

康红普、王金华、张农[76-83]等对近年来大量的锚杆支护工程实践进行了系统总结分析,他们认为在高地应力和大变形等巷道中,经常会出现锚杆破断现象,因此提出了高强度预应力锚杆支护理论,其应用效果良好。

袁溢[84]认为支护系统能否有效控制巷道围岩稳定性的关键在于支护系统能否与围岩协调变形,因此支护系统需要既能提供足够的支护抗力,又能够适应围岩大变形。

针对高应力巷道,崔树江等[85]认为单纯提高锚杆支护强度不能满足工程要求,他们在论文中介绍了对某孤岛工作面进行让压锚杆支护的例子。

针对极松散深厚煤层巷道和高应力软岩巷道,2010～2011 年,安徽理工大学经来旺教授先后提出了"支强压弱、支弱压强"原理[86]和"锚杆与支架相互促强"原理[87],并在淮北矿业股份有限公司涡北煤矿、许疃煤矿、青东煤矿、袁店二矿、袁庄煤矿、淮南矿业(集团)有限责任公司朱集煤矿和潘一矿东井得到了很好的实践与应用。

2012～2013 年,经来旺教授提出了围岩质点应力状态改变导致的围岩质点应力强度比变化才是软岩巷道变形不止的根本原因,并明确指出改善围岩质点的应力强度比应该是支护设计的根本出发点。针对不同的工程地质条件所表现出来的围岩变形的不同性状,研究并总结出了巷道围岩蠕变衰减规律,并成功对此实施了计算机动态仿真模拟,揭开了巷道二次支护原理的神秘面纱,为高应力软岩巷道及松散煤层巷道的支护设计提供了很好的参考依据。

康立军、郑行周、冯增强等人[88]通过现场观测和有限元数值计算,认为掘进和回采期间,影响巷道变形的首要因素是巷道围岩体的应力集中程度,其次是围岩体的自承能力,回采对巷道变形的影响大于掘进。

张迎弟、马华新等人[89]针对厚煤层沿空掘巷围岩变形较分层开采要剧烈的问题,提出厚煤层沿空掘巷矿压控制的基本思路,即通过控制巷道两帮的变形和位移,提高巷道两帮的承载能力,加强沿空掘巷上覆岩层的"压力拱"结构的稳定性,以使巷道两帮及顶底板产生均匀的变形。

1.2.4　与沿空掘巷技术有关的国内专利

1994 年 3 月:卜庆先、顾则仁、徐丙庚、许生荣、黄国民等人注册"用于煤矿井下沿空掘巷的巷道支护方法"的专利。

1997 年 10 月:姚国平注册"边界上(下)山沿空掘巷前进式开采方法"的专利。

2002 年 12 月:杜弟林注册"一种矿山用支撑柱"的专利。

2008 年 2 月:袁亮、程桦、薛俊华、郑是立、孙全业、孙道胜、卢平、王春林、曹广勇等人注册

"沿空留巷巷帮支护法"的专利。

2008 年 9 月:袁亮、刘泉声、薛俊华、肖春喜、高玮等人注册"大倾角厚煤层留小煤柱沿空掘巷帮部支护装置"的专利。

1.2.5　存在问题

① 完全沿空掘巷上方及采空区侧上覆岩层稳定过程及最终存在形式尚需进一步研究。

② 对于完全沿空掘巷至今尚无系统的理论与技术方面的分析与研究。

③ 对同一矿井及工程地质条件相近情况下,完全沿空掘巷与留设小煤柱沿空掘巷巷道受力、变形对比分析缺乏。

④ 对完全沿空掘巷的实施条件尚缺乏系统分析。

1.3　研究内容、关键问题

1.3.1　研究内容

本研究的主要内容是揭示实施完全沿空掘巷所必需的前提工作、完全沿空掘巷围岩力学性状、巷道关键支护技术和同等工程地质条件和支护形式下完全沿空掘巷与留设小煤柱沿空掘巷巷道稳定性差异分析。为了实现这一目标,研究主要包括以下几个方面:

① 许疃煤矿 $8_2$14 工作面及附近工程地质情况分析。

② 许疃煤矿 $8_2$14 风巷实施完全沿空掘巷条件分析。

③ 针对 $8_2$14 风巷工程地质状况, $8_2$14 风巷(实施完全沿空掘巷)上覆岩层工程力学性状研究。

④ 巷道支护方式及关键技术研究。

1.3.2　拟解决的关键问题

对上述研究需解决的关键问题有两个:首先是对许疃煤矿 $8_2$14 风巷实施完全沿空掘巷条件的分析,其次是对 $8_2$14 风巷(实施完全沿空掘巷)上覆岩层工程力学性状的研究。

至今为止,国内外关于完全沿空掘巷的公开报道很少,真正实施完全沿空掘巷的工程实践也很少,其主要原因在于这种巷道工程的实施需要满足较严苛的前提条件,其中有些条件自然形成,无需再做准备,而另外一些条件则需提前准备并实施一定的辅助工程方能满足。实施这些辅助工程需要事前进行大量的分析与研究,辅助工程还需实施得非常细致。在水、瓦斯、自燃等问题上均要做到万无一失方可实施完全沿空掘巷开采。因此,对实施完全沿空掘巷工程的前提条件的研究构成了本研究的一个关键问题。

本研究的另外一个关键问题是上覆岩层的工程力学性状。至今为止,对于上覆岩层的活动情况、断裂方式、力学模型的研究仍处于多种假设并存状态,尚没有形成一个公认的理论。这充分说明了上覆岩层的活动、断裂与工程地质情况有关,对应不同的工程地质情况,上覆岩层的活动、断裂情况与最后的赋存状况各不相同。故而许疃 8_214 风巷实施完全沿空掘巷不能直接套用现存的理论,尚需分析、研究和建立符合自身状况的力学模型及相关解决对策。

1.4 研究方法、技术路线和主要工作量

1.4.1 研究方法

应用一系列的矿压理论、力学理论,针对许疃煤矿 8_214 工作面风巷完全沿空情况的矿压显现特征,建立上覆岩层压力分布规律的力学模型,并给出相应完全沿空掘巷巷道支护设计的相关力学参数的确定方法,建立并形成中厚煤层完全沿空掘巷安全开采技术体系。

1. 理论研究方法

主要运用矿山岩石力学、弹塑性力学、结构力学、矿山压力与岩层控制理论等方法进行研究。具体包括:上覆关键层力学模型的确立、支承压力极限平衡状态的研究以及支承压力分布规律的分析与研究。

2. 数值模拟研究方法

基于许疃煤矿的地层条件,利用数值模拟的方法,建立二维数值模拟模型,对中厚煤层完全沿空掘巷进行数值分析,研究分析上覆岩层的受力状态及变形规律。

根据分析结果,分析完全沿空掘巷顶板稳定性的影响,为完全沿空掘巷工程实践提供依据。

3. 现场实测研究方法

采用"支架与围岩之间相互作用力实测与巷道围岩分阶段变形实测的方法"观测与分析完全沿空巷道围岩应力性状,并与理论分析结果进行对比,以验证采场上覆岩层的运动规律与支撑压力的分布规律。

1.4.2 技术路线

本研究具体的技术路线如图1.9所示。

1.4.3 主要工作量

本研究工作主要包括以下四大方面:

1. 现场调研,资料收集

内容包括许疃煤矿相关的工程地质、水文地质资料的收集,近年来相关研究成果、现场实测数据的收集、整理和研究,耗时约4个月。

2. 完全沿空掘巷实施条件分析研究及辅助工程设计与实施

依据工程地质资料对许疃煤矿 8_214 风巷工程地质、水文地质及周围采空区的各种情况进行细致分析与研究,依据研究结果设计辅助工程。该部分内容耗时3个月左右。

3. 理论求解

上覆关键层力学模型的确立、支承压力极限平衡状态的研究、支承压力分布规律的分析与研究,包括相关实验室试验、数值分析等内容。该部分是研究的关键,也是难点所在,涉及较多的理论分析。该部分内容研究耗时约 1 年。

4. 现场工业性试验

包括辅助工程实施、相关地应力测试、8_214 完全沿空掘巷实施、现场取样、现场测试与监测等内容。耗时 6 个月左右。

上述部分相关内容可以交叉进行,包括论文撰写共需时 24 个月左右。

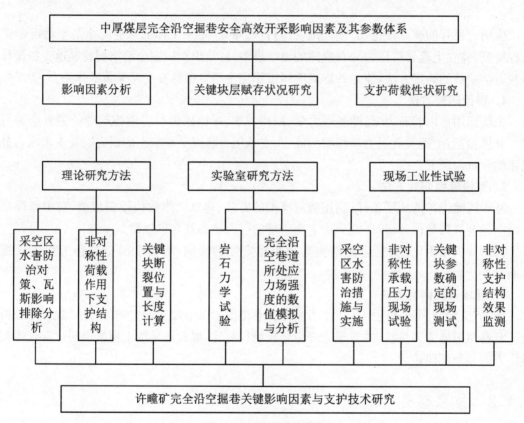

图 1.9　研究技术路线

本 章 小 结

本章介绍了本研究提出的背景及意义,讨论了沿空掘巷的发展历史及现状、完全沿空掘巷围岩力学性状的研究现状,包括各种假说的主要思想、各种力学模型的研究现状、上覆岩层应力分布规律研究现状、国内外沿空掘巷围岩控制技术现状、国内外沿空掘巷围岩控制技术现状和部分相关专利情况,并对存在的问题进行了剖析。最后提出了本研究的内容、实施方法和技术路线,并对本次研究的主要工作量进行了总结。

2 许疃煤矿及 $8_2$14 风巷工程地质概况

很长时间以来,国内外一直都在采用沿空掘巷技术,具体的沿空掘巷有三种类型:留设大、小煤柱沿空掘巷和完全沿空掘巷。20 世纪 50~90 年代,我国较多采用留设大煤柱沿空掘巷;20 世纪 90 年代至 21 世纪初,留设小煤柱沿空掘巷得到迅速发展;近年来,国内基本采用了留设小煤柱沿空掘巷。但时至今日,完全沿空掘巷方面实践的案例依然很少,见于公开出版物的仅几例[1-6]。同留设大、小煤柱沿空巷道比较,完全沿空掘巷虽然具有非常明显的优点,但是因其实施条件太过复杂、实施过程中的安全隐患较难克服等因素,很多煤矿企业不愿为之。

完全沿空掘巷的实施除了与某些共同因素相关外,还与煤矿、采区的工程地质情况、巷道周边工作面的具体情况相关,也与采区地应力等因素密切相关。

2.1 许疃煤矿工程地质概况

2.1.1 矿井构造特征

2.1.1.1 区域地质构造基本特征

淮北煤田大地环境处在华北古大陆板块东南缘、豫淮坳褶带东部、徐宿弧形推覆构造中南部。东以郯庐断裂为界与华南板块相接,北向华北沉陷区,西邻太康隆起和周口坳陷,南以蚌埠隆起与淮南煤田相望。淮北煤田的区域基底格架受南、东两侧板缘活动带控制,总体表现为受郯庐断裂控制的近南北向(略偏北北东)褶皱断裂,叠加并切割早期的东西向构造,形成了许多近似网状断块式的隆坳构造系统(图 2.1),且以低次序的北西向和北东向构造分布于断块内,且以北东向构造为主。

随着徐宿弧形推覆构造的形成和发展,形成了一系列由南东东向北西西推掩的断片及伴生的一套平卧、歪斜、紧闭线形褶皱,并因后期裂陷作用、重力滑动作用及挤压作用所叠加而更加复杂化。推覆构造分别以废黄河断裂和宿北断裂为界,自北而南可分为北段北东向褶皱带,中段弧形褶断带与南部北西向褶断带。

临涣矿区位于淮北煤田的西南部,在环境处于徐宿弧形推覆构造南段前缘外侧的童亭背斜,南有光武—固镇断裂,北有宿北断裂,东邻宿南向斜,西有丰县—口孜集断裂。特定的区域地质构造背景,决定了临涣矿区经受过多期构造体系控制,经历了不同方向构造应力作用,形成了现今复杂的构造轮廓。本区既有近东西向次级褶曲和压性断层,又有大中型北北东

（NNE）向褶皱和断层，两者互相干扰、叠加，充分说明本区实质上是两期或两期以上不同方向的构造体系在同一地区的大角度复合。新体系褶皱（NNE 向）叠加、跨越在老体系（近 NE 向）褶皱之上，新体系断层切割、改造老体系的褶皱和断裂，而老体系的构造形迹又限制、阻截了新体系构造形迹的发育和延展（图 2.2）。含煤岩系的基底由奥陶系中下统地层组成。

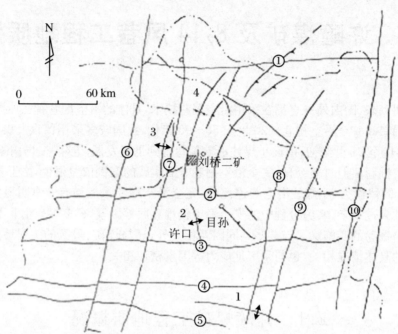

① 丰沛断层；② 宿北断裂；③ 光武—固镇断裂；④ 太和—五河断裂；⑤ 刘府断裂；⑥ 夏邑断裂；
⑦ 丰县—口孜集断裂；⑧ 固镇—长丰断裂；⑨ 灵璧—武店断裂；⑩ 郯庐断裂
1. 蚌埠复背斜；2. 童亭褶皱系；3. 永城复背斜；4. 大吴集复向斜

图 2.1　徐州—淮北地区构造纲要图

2.1.1.2　矿井构造

许疃煤矿位于童亭背斜的西南部，为一走向近南北、向东倾斜的单斜构造，局部发育次级褶曲，导致煤层和地层呈波状起伏。地层倾角北部 8～18°，南部 10～25°。断裂构造较为发育，已查出落差大于 10 m 的断层 23 条（图 2.3）。

根据本矿井的构造组合，结合区域构造应力场分析，本矿井构造的形成主要为临涣背斜形成时的构造应力及后期近东西向的剪切力综合作用的结果。

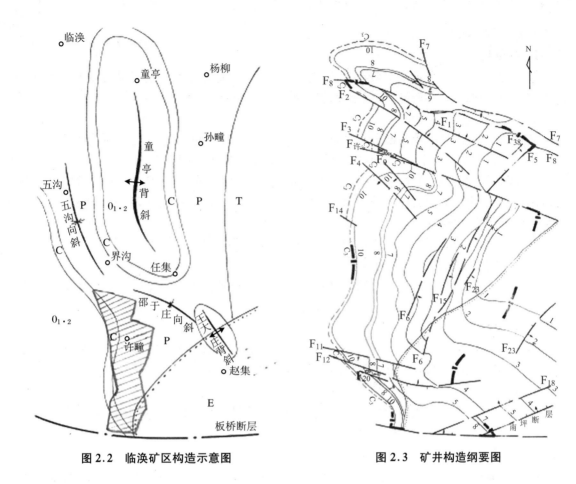

图 2.2　临涣矿区构造示意图　　　　图 2.3　矿井构造纲要图

2.1.2　开采方法与顶底板条件

2.1.2.1　各可采煤层的开采方法

本矿可采煤层为 2_4、3_2、4_2、5_1、5_2、7_1、7_2、8_2、10_1 和 11_2，其中 2_4、10_1、11_2 为不稳定煤层，其他为较稳定煤层，3_2、7_2 和 8_2 煤层是主采煤层，稳定程度相对更高些；2_4、3_2、10_1 和 11_2 煤层因与其他煤层间距较小，采用单一开采，其他煤层采用联合开采。使用炮采和机采，以采区前进工作面后退方式开采。顶板管理采用全部陷落法，目前开拓的 8_1、8_2 采区工作面为走向长壁布置方式。

2.1.2.2　井巷工程地质概况

采掘工程施工实践表明，在 8_1、8_2 采区开采的 7_1、7_2、8_2 煤层中，7_2、8_2 为较稳定的中厚煤层，7_2 煤层顶板以砂岩、泥岩为主，8_2 煤层顶板基本上为薄层理的砂岩，顶板条件相对较好。这 3 层煤的顶板属中等稳定，周期来压明显。井巷工程揭露表明，断裂构造对煤层顶板破坏严重，其顶底板施工条件变差。

2.1.2.3　可采煤层及顶、底板岩性特征

本矿可采煤层自上而下为 2_4、3_2、4_2、5_1、5_2、7_1、7_2、8_2、8_3、10_1、11_2 共 11 层，各煤层及顶底

板岩性特征分述如下：

1. 2_4 煤层

属不稳定煤层，可采范围主要在北部，结构较简单，以无夹矸者为主。煤层顶板岩性以泥岩为主，其次为细砂岩和粉砂岩；底板以泥岩为主，少见砂岩。

2. 3_2 煤层

属较稳定煤层，矿内绝大部分可采，是主采煤层，结构较简单，以一层夹矸者为主。

煤层顶板以泥岩为主，多为块状，有时还具水平层理或隐水平层理。

许疃断层以北由浅及深，顶板一般具增厚的趋势，厚度为 $0.81\sim12.31$ m，一般厚 2 m；断层以南的一、二水平的泥岩厚度分别为 $0.73\sim18.71$ m 和 $0.82\sim9.95$ m，一般厚度 1 m。夹粉砂岩或砂岩顶板，偶见伪顶。

底板一般为块状、团块状泥岩，层厚大于 1.50 m，少见粉砂岩及伪底。

3. 4_2 煤层

属不稳定煤层，矿内大部分可采，结构较简单，以无夹矸者为主。煤层顶板岩性以砂岩为主，其次为泥岩和粉砂岩；底板以泥岩为主，其次为粉砂岩。

4. 5_1 煤层

属不稳定煤层，矿内大部分可采，结构较简单，一般在顶部有薄层碳质泥岩夹矸。煤层顶板以泥岩为主，其次为粉砂岩和砂岩；底板以泥岩为主，少见粉砂岩。

5. 5_2 煤层

属不稳定煤层，矿内大部分可采，结构较简单。煤层顶板岩性以泥岩为主，其次为粉砂岩和砂岩；底板以泥岩为主，局部为粉砂岩。

6. 7_1 煤层

属较稳定煤层，矿内绝大部分可采，为主采煤层，结构较简单，无夹矸及具一层夹矸者占大多数。煤层顶板岩性以砂岩、泥岩为主；底板以泥岩为主，其次为粉砂岩。

7. 7_2 煤层

属较稳定煤层，矿内大部分可采，为主采煤层，结构复杂。

一水平顶板以砂岩为主，厚度为 $0.75\sim20.59$ m，变化较大，一般厚度大于 4 m。F_8—许疃断层和 7_1 线—7_5 线间泥岩呈不规则窄条带状展布，偶见伪顶。

二水平顶板岩性较杂，砂岩区和泥岩区呈姜片状相间，均夹粉砂岩，未见伪顶。砂岩厚度为 $2.30\sim21.78$ m，变化较大，一般厚度大于 5 m；泥岩厚度为 $0.62\sim5.30$ m，变化较大，一般厚度大于 1 m，所夹粉砂岩一般厚 $1\sim2$ m。

底板以块状、团块状泥岩为主，夹粉砂岩，层厚一般大于 1.50 m，偶见伪底。

顶板砂岩有时发育薄层状水平层理及斜层理和水平缓波状层理。

8. 8_2 煤层

属较稳定煤层，矿内绝大部分可采，为主采煤层，结构较简单，当具薄层夹矸时，即与 8_3 合并为一个煤层。

顶板以砂岩为主，一般发育水平层理、薄层状水平层理和薄层状斜层理。经送样（638、746、7412、7412 孔）镜下鉴定：胶结类型为孔隙式、基底式，胶结物有泥质、钙质、硅质等。砂岩厚度为 $0.61\sim30.38$ m，变化较大，一般厚度大于 5 m。65－663 孔～64－651 孔～665 孔～6723 孔～7212 孔呈北西—南东向的不规则条带状泥岩区，层厚一般 $1.00\sim1.5$ m，少见伪顶。

底板以块状、团块状泥岩为主，夹粉砂岩，层厚一般大于 1.5 m，偶见伪底。

9. 8_3 煤层

属不稳定煤层,矿内部分可采,结构较简单。煤层顶底板岩性均以泥岩为主,有少量碳质泥岩;底板以泥岩为主,少见碳质泥岩。

10. 10_1 煤层

属较稳定煤层,矿内许疃断层以北大部分可采,为主采煤层,结构较简单。煤层顶板岩性以砂岩、泥岩为主,局部为粉砂岩;底板以泥岩为主,少量砂岩和粉砂岩。

11. 11_2 煤层

属不稳定煤层,矿内部分可采,结构较简单。煤层顶板以砂岩、粉砂岩为主,次为泥岩;底板以粉砂岩、泥岩为主,局部砂岩。

煤层顶、底板岩石的完整性及裂隙发育程度受地应力所制约。沿断层附近全孔(669、6610、6822、699、739 等孔)或层段(641、647、6722、7017 等孔)岩芯间断破碎,呈棱角状、裂隙发育,具挤压、滑面、擦痕,构造现象明显。经钻孔揭露许疃断层、F_5、F_6 和板桥断层破碎带厚度依次为 0.30~26.33 m、0.67~22.33 m、1.75~9.99 m、70.88 m,其他断层破碎带厚度一般为1.10~37.77 m;有时亦波及煤层顶、底板,如 669、7410、6619、699 等孔,3_2 煤层的顶底板裂隙发育,具滑面及擦痕,有时稍破碎,亦可见破碎带。

6722、749、7414、753、759、7813 等孔,7_2 煤层的顶、底板破碎,呈棱角状,岩性杂,具钙质充填的裂隙,时而为破碎带。

624、625、65—663、696、7113、755、759、761—7813 等孔,8_2 煤层顶、底板破碎,呈角砾状,裂隙发育,具滑面、擦痕,偶尔见破碎带。

2.1.2.4 岩石物理力学性质

本矿精查期间,对主采煤层 3_2、7_2、8_2 煤层顶底板和运输大巷及总回风巷部分岩石做了岩石物理力学性质试验,其结果见表 2.1 和表 2.2。

由表中可以看出,主采煤层顶底板相同岩性的岩石物理力学性质差异不大,力学试验指标平均值有所波动。不同岩石承受载荷的能力不同,一般是砂岩大于粉砂岩,粉砂岩大于泥岩,而浅部露头风化带受地下水作用影响,岩石的强度明显降低。

矿床为半坚硬岩类层状矿床,分析发现,主采煤层顶底板不同岩石的强度不一:砂岩一般胶结良好,坚硬致密,抗压强度高,属硬岩类,工程地质条件较好;粉砂岩属中硬岩类;泥岩相对抗压强度低,属软岩类。断层面附近和基岩风化带均属软弱带,总的来说,该矿工程地质条件属中等。

按煤炭科学院煤层顶底板岩性指标分类:砂岩属中等稳定型,粉砂岩属中等—不稳定型,泥岩属不稳定型。初期采区井巷工程 82 煤层运输大巷及回风巷可能属不稳定型。

载荷能力砂岩高于粉砂岩,粉砂岩通常高于泥岩,但有时粉砂岩与泥岩无明显差别。

以煤灰科学院牛锡倬提出的分类方案(直接顶、底板岩性指标)为依据,结合岩芯完整程度,考虑了区域资料,对煤层顶、底板岩石的稳定性初步定为:砂岩属中等稳定型、粉砂岩属中等—不稳定型、泥岩属不稳定型。

2.1.3 矿井地质构造复杂程度的评定

2.1.3.1 矿井构造形态

许疃矿井位于淮北煤田临涣矿区的南部,构造位置位于童亭背斜的西南端。矿井总体构造形态为一走向近南北,向东倾斜的单斜构造。沿走向有次级褶曲发育,并伴有多组断裂构造,地层倾角较缓。

2.1.3.2 断层

根据钻探、地震资料和建井期井巷揭露,矿井内共组合落差大于(等于)10 m 的断层 23条。按力学性质划分:正断层 10 条,占 43.5%,逆断层 13 条,占 56.5%;按断层落差大小划分:落差大于等于 10 m 而小于 20 m 的断层 10 条,落差大于等于 20 m 而小于 30 m 的断层 2条,落差大于等于 30 m 而小于 50 m 的断层 2 条,落差大于等于 50 m 的断层 9 条。

矿井内小断层(落差小于 10 m)比较发育,依据地震和建井巷道共揭露 172 条,其中正断层 115 条,占 66.9%,逆断层 57 条,占 33.1%。根据相邻临涣、童亭、海孜等矿井生产实际情况,小断层与之伴生的小褶曲、牵引和层间滑动等构造,破坏了煤层的稳定性,改变了煤层的原存空间关系,已经成为影响矿井生产的重要地质因素之一。

2.1.3.3 褶曲

矿井内褶曲不甚发育,仅在北部许疃断层附近发育次级褶曲张家向斜和 72～75 勘探线之间 5 煤层(组)浅部煤层露头线的走向发生扭曲。次级褶曲的发育使附近地层倾角发生变化,呈现波状起伏。评定褶曲为 I 类。

2.1.3.4 岩浆岩

依据现有资料,矿井内岩浆岩不发育,各可采煤层没有或很少受岩浆侵入的影响,仅在煤变质程度上发现矿井内煤层受深部或相邻矿井岩浆侵入影响,导致变质程度有所提高。岩浆侵入对煤层影响评为 I 类。

2.1.3.5 综合评定

矿井内断层、褶曲及岩浆侵入等对煤层的影响因素,以断层的影响因素为主,综合评定地质构造对采区的合理划分有一定影响,属 II 类。

2.1.4 $8_2 14$ 工程地质概况

2.1.4.1 $8_2 14$ 风巷相邻采空区情况

$8_2 14$ 风巷与 $8_2 12$ 采空区毗邻,与上覆的 $7_2 14$ 采空区竖直间距 16 m 左右,水平间距不大于 30 m。

$7_2 14$ 工作面里段于 2009 年 9 月 30 日收作,外段于 2010 年 7 月 31 日收作,其上部 $7_1 14$

工作面也早已回采,$7_2 14$ 采空区充水水源为 $7_1 14$ 采空区动态水及 7_2 煤层顶板砂岩裂隙水。$8_2 12$ 工作面早已于 2006 年 6 月 26 日收作,内部积聚着大量的老塘水。$8_2 12$ 工作面采空区与 $8_2 14$ 风巷毗邻,$7_2 14$ 工作面位于 $8_2 14$ 工作面斜上方且距离较近。$7_2 14$ 采空区水源为 $7_1 14$ 采空区动态水,$7_2 14$、$8_2 12$ 采空区通过裂隙相通,因此 3 个采空区之间存在水力通道,所以,$8_2 14$ 风巷采用完全沿空掘巷方式施工将直接受到 $8_2 12$、$7_2 14$ 和 $7_1 14$ 这 3 个采空区老塘水的威胁。

$8_2 12$ 工作面顶板软弱,经过 5 年的时间,已冒落得十分充分,虽然冒落岩块并未重新胶结,但岩块之间密实性较好,$8_2 14$ 风巷掘进过程中迎头发生"窜矸"的情况基本可以排除。

2.1.4.2 $8_2 14$ 风巷围岩性质

1. 8_2 煤层顶底板岩性特征

本采区 24 个钻孔中共有 19 个钻孔见 8_2 煤层。根据顶、底板类型划分方案将 8_2 煤层顶板划分为直接顶、老顶和伪顶三种类型;底板可划分为直接底和老底两种类型。

老顶:岩性以细砂岩为主,次为中砂岩,个别地段为粉砂岩。在 19 个见煤钻孔中,18 个有老顶,占 94.7%;老顶厚度 4.65~12.85 m,岩层倾角 $15°$。

直接顶板:只有 6 个钻孔有直接顶分布,岩性多为粉砂岩、细砂岩,其厚度为 1.05~24 m,岩层倾角 $15°$。

老底:岩性以泥岩为主,占比为 78.9%,次为粉砂岩,细砂岩分布范围小,老底厚度为 1.27~9.95 m。

直接底:岩性以泥岩为主,大部分地段缺失,厚度为 0.62~0.96 m。

8_2 煤层顶底板岩性特征详见表 2.1。

表 2.1 8_2 煤层顶底板岩性特征统计表

孔号	老顶		直接顶		伪顶		直接底		老底		占比 K
	岩性	厚度 (m)	岩性	厚度 (m)	岩性	厚度 (m)	岩性	厚度 (m)	岩性	厚度 (m)	
80-2	细砂岩	9.61							粉砂岩	9.62	45%
78-8	中砂岩	4.68	粉砂岩	1.38			泥岩	0.62	细砂岩	2.29	45%
77-5											0
77-6	细砂岩	10.79	细砂岩、粉砂岩、砂岩、泥岩、煤、泥岩、细砂岩	18.5					泥岩	8.3	50%
77-8	细砂岩	8.98	粉砂岩	1.48			泥岩、炭质泥岩	0.75			51%
08	砂岩	5.17	无	1.05					泥岩	2.75	49%
75-76-3	细砂岩	5.32							泥岩	1.37	24%
76-2	细砂岩	5.35							泥岩	2.54	18%
75-76-2	细砂岩	9.28							泥岩	9.95	51%

续表

孔号	老顶		直接顶		伪顶		直接底		老底		占比 K
	岩性	厚度(m)	岩性	厚度(m)	岩性	厚度(m)	岩性	厚度(m)	岩性	厚度(m)	
75-6			泥岩、粉砂岩、砂岩、粉砂岩、砂岩、泥岩	24					泥岩	1.8	27%
75-5	细砂岩	10.25							泥岩	4.05	60%
75-4	中砂岩	9.2							泥岩	3.28	40%
74-14	细砂岩	4.72							泥岩	1.49	49%
74-75-2	细砂岩	8.84							泥岩	1.5	35%
74-6	细砂岩	9.1					中砂岩	0.95	泥岩	1.77	52%
67-15	砂岩	7.96					泥岩	0.96	砂岩	7.44	74%
74-9	细砂岩	7.95			泥岩	0.6			泥岩	1.27	68%
73-74-2	细砂岩	10							粉砂岩	2.67	36%
73-11	细砂岩	4.65	粉砂岩	3.48	炭质泥岩	0.1			泥岩	2.04	19%
75-9	细砂岩	8.22			砂泥岩互层	0.63			泥岩	2.02	69%
78-11	细砂岩	12.85							泥岩	1.45	62%

2. 8_2 煤层顶板岩体体类型

本采区 3 个钻孔 67-15、74-9、75-9 的 8_2 煤层顶板岩体为硬质岩体；12 个钻孔 80-2、78-8、77-6、08、75-76-2、75-5、75-4、74-14、74-75-2、74-6、7374-2、78-11 的 8_2 煤层顶板岩体为中硬岩体；其余 4 个钻孔的 8_2 煤层顶板岩体为软质岩体。

表 2.2 煤层顶板岩体岩性类型表

顶板岩体岩性类型	占比 K	主要岩性
硬质岩体	>65%	砂岩、粉砂岩
中硬岩体	35%～65%	粉砂岩、粉砂质泥岩、泥岩
软质岩体	<35%	泥岩、粉砂质泥岩、煤层、构造破碎岩石、风化带岩石

3. 8_2 煤层顶、底板岩石物理力学性质

综上所述，8_2 煤层顶板岩性以砂岩为主，根据钻孔 K 值判断：局部顶板为硬质岩体属稳定型顶板，大部分地段顶板为中硬岩体属较稳定型顶板，部分地段为不稳定型顶板。

$8_2$14 风巷所处层位及上、下顶底板岩性综合柱状如图 2.4 所示,综合柱状显示 8_2 煤直接顶为一层厚 1.42～3.13 m 的粉砂岩,该层粉砂岩属泥质胶结、水平层理。8_3 煤底板为一层厚 1.90～4.30 m 的泥岩,含植物化石。8_2 煤老顶为中厚层状的细砂岩,裂隙发育、含水,厚度 8～16 m。8_3 煤直接底的下方也是一层中厚层状细砂岩。上、下顶底板的岩石物理力学性质见表 2.3。

表 2.3　岩石物理力学性质测试结果表

煤层	顶底板	岩石名称	30° 正应力 平均	30° 正应力 变异范围	30° 剪应力 平均	30° 剪应力 变异范围	45° 正应力 平均	45° 正应力 变异范围	45° 剪应力 平均	45° 剪应力 变异范围	60° 正应力 平均	60° 正应力 变异范围	60° 剪应力 平均	60° 剪应力 变异范围	凝聚力系数	内摩擦角
8_2	顶板	粉砂岩	68	60～80	38	60～80	40	37～43	48	44～51	26	23～28	37	33～41	18	36.15
		砂泥岩互层	34	93～94	94	93～94	253	228～285	213	191～2 329	422	350～466	295	245～326	36	32.53
		砂岩	137 173	136～138 165～181	137 173	136～138 165～181	73 101	66～80 81～128	87 125	78～95 97～152	40 64	35～45 48～79	58 91	51～64 68～113	27 44	39.03 36.52
	底板	泥岩	86	71～101	86	71～101	54	47～60	64	56～72	34		49		25	35.32
		粉砂岩	89	70～107	89	70～107	93	82～96	85	76～93	109	96～117	85	78～90	29.5	33.21
		砂岩	97 136	93～100 134～138	97 136	93～100 134～138	222 82	189～255 72～85	187 98	159～214 93～102	415 50	44～55	290 71	63～79	46 35	31.21 37.08

煤层	顶底板	岩石名称	物理性质试验 密度比重(g/cm³)	物理性质试验 容重(g/cm³)	物理性质试验 含水量	物理性质试验 孔隙率	力学性试验 自然状态抗压强度(kg/cm²) 平均	力学性试验 自然状态抗压强度(kg/cm²) 变异范围	普氏硬度系数	单向抗拉强度(kg/cm²) 平均	单向抗拉强度(kg/cm²) 变异范围
8_2	顶板	粉砂岩	2.76	2.55	3.53%	10.8%	373	283～462	3.8	14.5	10.6～20.3
		砂泥岩互层	2.82	2.73	1.04%	4.23%	794	594～1 036		27.5	25.2～31.6
		砂岩	2.69	2.58	1.22%	5.48%	738	469～810		16.8 48.1	10.3～30.2 38.8～58.1
	底板	泥岩	2.77	2.68	1.88%	4.83%	397	245～488			
		粉砂岩	2.68	2.56	1.43%	5.80%	517	433～598		21.5	18.6～23.9
		砂岩	2.76	2.68	0.92%	3.98%	10 202 766	517～1 436 611～914		26.1 31.6	12.2～33.4 20.4～43.5

上述岩层结构随着 $8_2$12 采空区地推进,将形成较为理想的断裂带结构,对完全沿空掘巷

工程的实施十分有利。另外,虽然 8_2 煤与 8_3 煤直接顶底板岩性并不理想,但由于厚度较薄,围岩变形动力有限,也就为后续巷道支护提供了十分有利的条件。

2.1.4.3　8 煤层赋存情况

8_2 煤层煤厚 $0.64 \sim 3.67$ m,平均 2.18 m,煤层结构简单。煤层顶板以砂岩为主,次为泥岩,属较稳定煤层具体特征见图 2.5。8_3 煤层距 8_2 煤层 $0 \sim 5$ m,平均 2.1 m,煤厚 $0 \sim 0.83$ m,在采西南部存在小块可采区。煤层结构简单,煤层顶板以泥岩为主,根据"首检报告",8_3 煤层属不稳定煤层。

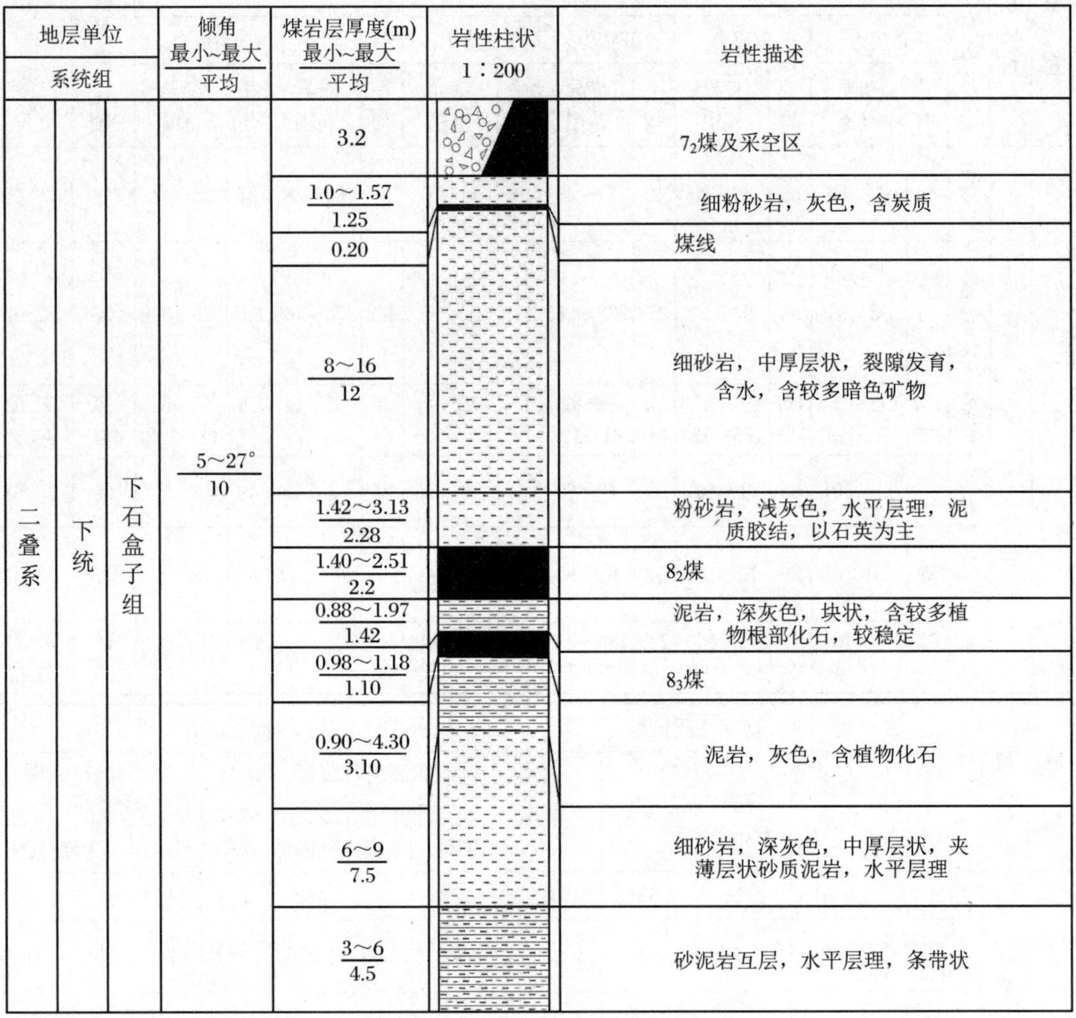

地层单位			倾角 最小~最大 平均	煤岩层厚度(m) 最小~最大 平均	岩性柱状 1∶200	岩性描述
系统组						
二叠系	下统	下石盒子组	$\dfrac{5 \sim 27°}{10}$	3.2		7_2 煤及采空区
				$\dfrac{1.0 \sim 1.57}{1.25}$		细粉砂岩,灰色,含炭质
				0.20		煤线
				$\dfrac{8 \sim 16}{12}$		细砂岩,中厚层状,裂隙发育, 含水,含较多暗色矿物
				$\dfrac{1.42 \sim 3.13}{2.28}$		粉砂岩,浅灰色,水平层理,泥 质胶结,以石英为主
				$\dfrac{1.40 \sim 2.51}{2.2}$		8_2 煤
				$\dfrac{0.88 \sim 1.97}{1.42}$		泥岩,深灰色,块状,含较多植 物根部化石,较稳定
				$\dfrac{0.98 \sim 1.18}{1.10}$		8_3 煤
				$\dfrac{0.90 \sim 4.30}{3.10}$		泥岩,灰色,含植物化石
				$\dfrac{6 \sim 9}{7.5}$		细砂岩,深灰色,中厚层状,夹 薄层状砂质泥岩,水平层理
				$\dfrac{3 \sim 6}{4.5}$		砂泥岩互层,水平层理,条带状

图 2.4　$8_2$14 工作面综合柱状图

2.1.4.4　8 煤的自燃发火情况

8_2 煤层属于Ⅱ类自燃发火煤层,最短发火周期为 94 天,具体见表 2.4。

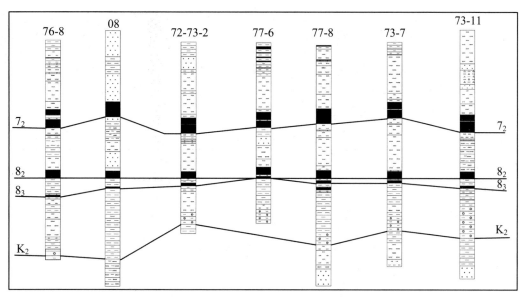

图 2.5 8 煤层(组)岩煤层组合特征图

表 2.4 煤的自燃倾向测定结果统计

煤层	燃点(℃)			ΔT(℃)				结论
	原样 最小～最大 一般范围	氧化样 最小～最大 一般范围	还原样 最小～最大 一般范围	ΔT_1(点)	ΔT_2(点)	ΔT_3(点)	ΔT_4(点)	
2_4	— 330～350	— 331～337	— 351～355				2	不自燃发火
3_2	338～365 340～355	329～362 330～355	346～367 345～365		1	1	15	有可能自燃发火—不自燃发火
4_2	329～360 330～355	319～353 330～350	347～367 345～360			5	11	有可能自燃发火—不自燃发火
5_1	337～376 340～360	321～373 330～350	348～376 345～365	1		4	11	有可能自燃发火—不自燃发火
5_2	341～359 340～360	313～355 330～350	347～366 345～365			1	15	有可能自燃发火—不自燃发火
7_1	333～378 345～365	328～363 335～355	347～379 345～370	1		1	12	有可能自燃发火—不自燃发火
7_2	336～371 345～365	330～368 340～365	342～378 345～370			3	16	有可能自燃发火—不自燃发火
8_2	333～372 340～365	321～366 330～360	345～374 345～370	1		6	25	有可能自燃发火—不自燃发火
8_3	— 340～367	— 335～361	— 348～370				3	不自燃发火
10_1	— 355～365	— 353～361	— 362～370					不自燃发火
11_2	352～374 355～370	323～369 345～370	355～375 355～375			1	4	有可能自燃发火—不自燃发火

2.1.4.5　8_2 煤层甲烷特征

8_2 煤层本身瓦斯含量较高,该煤层属突出煤层,其瓦斯含量情况见表 2.5。由于 $8_2$14 上区段的 $8_2$12 工作面沿煤层露头布置,瓦斯释放充分,故 8_2 煤层整体瓦斯含量虽然很高,但 $8_2$12 工作面局部的瓦斯含量却很低。

表 2.5　煤层甲烷特征表

煤层编号	第一水平				第二水平				矿井平均采样标高 (m)	矿井平均 CH_4 含量 (ml/gr)
	采样深度 (m)	CH_4 成分 最小~最大	CH_4 含量		采样深度 (m)	CH_4 成分 最小~最大	CH_4 含量			
			最小~最大 平均(点)	>10 (点)			最小~最大 平均(点)	>10 (点)		
3_2	436.99~569.24	9.90%~69.52%	0.05~3.75 1.94(6)	0	577.55~847.32	47.48%~91.78%	2.73~6.20 4.68(8)	0	−574	3.93
7_2	426.64~564.03	42.89%~95.79%	1.87~7.94 4.85(15)	0	621.52~876.42		2.27~8.34 5.38(12)	0	−599	5.02
8_2	326.06~574.40	15.93%~87.96%	0.58~6.05 3.23(20)	0	577.20~794.54		2.02~10.08 6.15(11)	1	−538	5.00

2.2　8_2 采区原始地应力测试

2.2.1　测试地点选择

−500 m 水平包含 3 个采区,即 8_1、8_2、8_2 下,其中既有未受扰动的原始地应力存在,也有次生应力升高区域和次生应力降低区域。

图 2.6 中,本研究地应力测试点布置在图左上角部位所标注的 −500 m 水平原始地应力测点处,测点的竖向位置处于 8 煤层底板内。该测点周围 100 m 范围内无大断层,50 m 范围内无断层,故测得数据应十分接近原始地应力。获得该数据对 $8_2$14 完全沿空掘巷上覆岩层活动规律及巷道支护方式的研究有很大作用。

2.2.2　钻孔布置方式

该测试点位于 −500 m 水平南翼轨道大巷的最里端,区域内的巷道允许测试人员施工一个竖直测试钻孔及两个水平测试钻孔,并按照经典的三孔套筒致裂理论对测试结果进行分析。

竖直钻孔测试位置埋藏深度为 526 m,两个水平孔测试位置埋藏深度为 510 m。

2.2.3　测试方法与原理

测试方法为三孔正交地应力测试法,测试原理为套筒致裂测试地应力[90]。

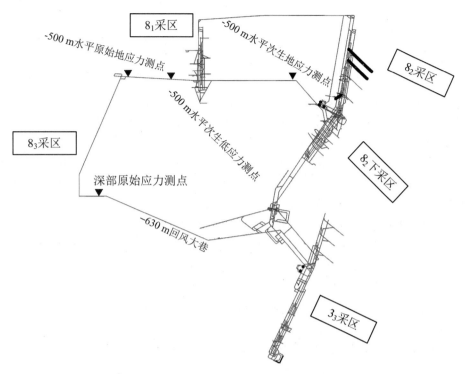

图 2.6 8 煤底板原始地应力测点平面位置示意图

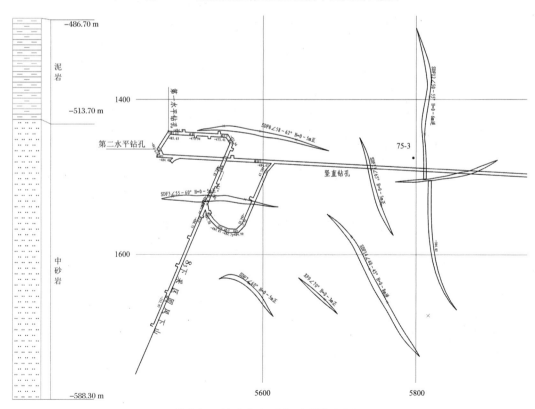

图 2.7 8 煤底板原始地应力测点测试钻孔布置(平剖面图)

2.2.4 测试结果

三孔正交地应力测试法需要在测点处钻取3个互相垂直的钻孔,通过套筒致裂分别获取套筒致裂压力,然后通过换算获得测孔孔壁致裂压力。该测试点处的三个测孔的套筒致裂压力与孔壁致裂压力的测试与换算过程如下:

1. 竖直钻孔

竖直钻孔位于－500 m南翼轨道大巷的一个钻场内,采用∅63.5 mm的取芯钻头全程取芯施工,钻孔深度17 m。根据所取岩芯可看到钻孔底部1.5 m范围内为砂岩。钻孔施工完毕后,将JHDC－1套筒致裂仪的测试套筒(外径65 mm)下到钻孔内约17 m深处,并结合地质罗盘对橡胶套筒进行定位,而后开动油泵进行致裂测试。

致裂完毕后,将致裂套筒取出,并根据套筒外壁上的印痕确定致裂方位。套筒上的致裂痕迹有两个基本特征:与套筒轴线平行且在套筒外壁对称分布,用手摸时能明显感觉到其突起的特征。

此次测试采用的压力记录设备记录频率更高,由原来的1 Hz提高到50 Hz。记录时间从2011年8月24日16时22分39秒0微秒开始,到2011年8月24日16时23分52秒60微秒结束,共得到压力数据3 655个,并以此获得压力测试曲线(图2.8)。

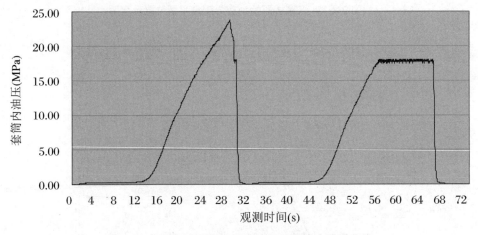

图2.8 8煤底板原始地应力测点竖直钻孔致裂曲线

根据致裂曲线,钻孔致裂时,套筒内的油压 $T_{x,y}$ 为17.82 MPa。

套筒致裂压力计算涉及因素包括:套筒内外径尺寸、致裂钻孔内径、橡胶压缩弹性模量、橡胶泊松比等。

已知:套筒原始内径 $d=40$ mm、外径 $D=65$ mm、压缩弹性模量 $E=0.090$ GPa、泊松比 $\mu=0.47$、致裂钻孔直径 $d_0=69$ mm。

首先,计算套筒外径扩大至69 mm时,套筒径向应变如下:

$$\varepsilon' = \frac{u}{1-u} \times \frac{\pi d_0 - \pi d}{\pi d} = \frac{0.47}{1-0.47} \times \frac{69-65}{65} = 0.055$$

于是可进一步计算出套筒壁的减少量 Δt_1 如下:

$$\Delta t_1 = \frac{\varepsilon'(D-d)}{2} = \frac{0.055 \times (65-40)}{2} = 0.6\,875\,(\text{mm})$$

在套筒内油压增至致裂压力 $T_{x,y}$ 后,套筒壁因径向作用压力壁厚大幅减小,令壁厚因油压的作用的减少量为 Δt_2,则

$$\Delta t_2 = \frac{T_{x,y}}{E}\left(\frac{D-d}{2} - \Delta t_1\right) = \frac{17.82}{90} \times \left(\frac{65-40}{2} - 0.6875\right) = 2.3389 \text{(mm)}$$

由此可以得到致裂时套筒壁厚总的减少量 Δt 等于:

$$\Delta t = \Delta t_1 + \Delta t_2 = 0.6875 + 2.3389 = 3.0264 \text{(mm)}$$

于是钻孔致裂时套筒的内外径分别为

$$D' = 69 \text{ mm}$$

$$d' = 69 - (25 - 2 \times 3.0264) = 50.0528 \text{(mm)}$$

忽略掉因套筒直径改变而消耗掉的油压,则套筒与钻孔之间的压力,即致裂压力如下:

$$P_{x,y} = \frac{d'}{D'} \times T_{x,y} = \frac{50.0528}{69} \times 17.82 = 12.9267 \text{(MPa)}$$

由此,可以得到竖直钻孔的致裂方程:

$$\sigma_y - 3\sigma_x + 12.93 = 0 \qquad\qquad (2-1)$$

竖直钻孔的成功致裂还给出了另外一个极其重要的信息:致裂裂纹方位为 $90°$,说明正南北方向为最小水平主应力方向。有了这样一个结果就可以沿 $270°$ 方位在该钻场内布置第一个水平钻孔。

2. 第一水平钻孔测试结果

第一水平钻孔的施工方法及测试过程与竖直钻孔的没有差别,钻孔深度 17 m,致裂裂纹方向与竖直钻孔相同,致裂裂纹面为一竖直平面。从 2011 年 8 月 27 日 15 时 12 分 19 秒 0 微秒开始,到 2011 年 8 月 27 日 15 时 13 分 17 秒 540 微秒结束,共得到压力数据 2 929 个,第一水平钻孔的致裂曲线如图 2.9 所示。

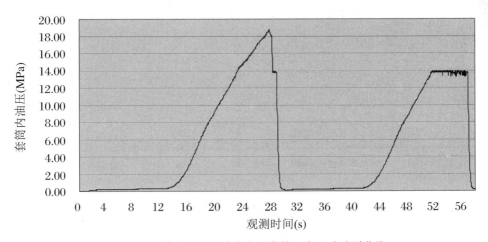

图 2.9 8 煤底板原始地应力测点第一水平孔致裂曲线

根据致裂曲线可知,钻孔致裂时,套筒内的油压 $T_{y,z}$ 为 13.74 MPa,在基本参数相同的前提下,采用类似的方法推到致裂方程:

首先,计算套筒外径扩大至 69 mm 时,套筒径向应变如下:

$$\varepsilon' = \frac{u}{1-u} \times \frac{\pi d_0 - \pi d}{\pi d} = \frac{0.47}{1-0.47} \times \frac{69-65}{65} = 0.055$$

于是可进一步计算出套筒壁的减少量 Δt_1:

$$\Delta t_1 = \frac{\varepsilon'(D - d)}{2} = \frac{0.055 \times (65 - 40)}{2} = 0.687\ 5\ (\text{mm})$$

在套筒内油压增至致裂压力 $T_{1,x}$ 后，套筒壁因径向作用压力，壁厚将大幅减小，令因油压的作用壁厚的减少量为 Δt_2，则 Δt_2 等于：

$$\Delta t_2 = \frac{T_{y,z}}{E}\left(\frac{D - d}{2} - \Delta t_1\right) = \frac{13.74}{90} \times \left(\frac{65 - 40}{2} - 0.687\ 5\right) = 1.803\ 4\ (\text{mm})$$

由此可以得到致裂时套筒壁厚总的减少量 Δt：

$$\Delta t = \Delta t_1 + \Delta t_2 = 0.687\ 5 + 1.803\ 4 = 2.490\ 9\ (\text{mm})$$

于是钻孔致裂时套筒的内、外径分别为

$$D' = 69\ \text{mm}$$

$$d' = 69 - (25 - 2 \times 2.490\ 9) = 48.981\ 8\ (\text{mm})$$

忽略掉因套筒直径改变而消耗掉的油压，则套筒与钻孔之间的压力（致裂压力）为

$$P_{y,z} = \frac{d'}{D'} \times T_{y,z} = \frac{48.981\ 8}{69} \times 13.74 = 9.753\ 8\ (\text{MPa})$$

由此，可以得到第一水平钻孔的致裂方程：

$$\sigma_z - 3\sigma_y + 9.75 = 0 \tag{2-2}$$

3. 第二水平钻孔测试结果

第二水平钻孔在 -500 m 南翼轨道大巷停头位置车场沿 $180°$ 方位施工，施工方法及测试过程与第一水平钻孔完全相同，钻孔深度 17 m，致裂裂纹面与竖直平面夹角 $23°$。

工程从 2011 年 8 月 29 日 17 时 10 分 10 秒 0 微秒开始，到 2011 年 8 月 29 日 17 时 11 分 18 秒 80 微秒结束，共获得压力数据 3 406 个，第一水平钻孔的致裂曲线如图 2.10 所示。

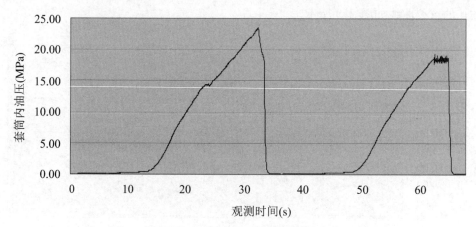

图 2.10　-500 m 水平原始地应力测点第二水平孔致裂曲线

根据致裂曲线，钻孔致裂时套筒内油压 $T_{x,z} = 18.26$ MPa。

在基本参数相同的前提下，采用与第一水平钻孔完全相同的方法推导致裂方程。

首先，计算套筒外径扩大至 69 mm 时，套筒径向应变：

$$\varepsilon' = \frac{u}{1 - u} \times \left(\frac{\pi d_0 - \pi d}{\pi d}\right) = \frac{0.47}{1 - 0.47} \times \left(\frac{69 - 65}{65}\right) = 0.055$$

于是可进一步计算出套筒壁的减少量 Δt_1：

$$\Delta t_1 = \frac{\varepsilon'(D - d)}{2} = \frac{0.055 \times (65 - 40)}{2} = 0.687\ 5\ (\text{mm})$$

在套筒内油压增值致裂压力 $T_{x,z}$ 后,套筒壁因径向作用压力,壁厚将大幅减小,令因油压作用所致壁厚减少量为 Δt_2,则

$$\Delta t_2 = \frac{T_{x,z}}{E}\left(\frac{D-d}{2}-\Delta t_1\right) = \frac{18.26}{90}\times\left(\frac{65-40}{2}-0.687\ 5\right) = 2.396\ 6\ (\text{mm})$$

由此可以得到致裂时套筒壁厚总的减少量 Δt 等于

$$\Delta t = \Delta t_1 + \Delta t_2 = 0.687\ 5 + 2.396\ 6 = 3.084\ 1\ (\text{mm})$$

于是钻孔致裂时套筒的内外径分别为

$$D' = 69\ \text{mm}$$
$$d' = 69 - (25 - 2\times3.084\ 1) = 50.168\ 2\ (\text{mm})$$

忽略掉因套筒直径改变而消耗掉的油压,则套筒与钻孔之间的压力,即致裂压力:

$$P_{x,z} = \frac{d'}{D'}\times T_{x,z} = \frac{50.168\ 2}{69}\times18.26 = 13.276\ 4\ (\text{MPa})$$

由此,可以得到如下方程:

$$P_{\max} - 3P_{\min} + 13.28 = 0$$

其中的变量有如下关系:

$$\begin{cases} P_{m,z,x} = \dfrac{\sigma_x+\sigma_z}{2} + \dfrac{\sigma_x-\sigma_z}{2}\cos2\alpha + \tau_{x,z}\sin2\alpha \\[2mm] P_{\min} = \dfrac{\sigma_x+\sigma_z}{2} - \dfrac{\sigma_x-\sigma_z}{2}\cos2\alpha - \tau_{x,z}\sin2\alpha \\[2mm] \tan2\alpha = \dfrac{2\tau_{x,z}}{\sigma_x-\sigma_z} \\[2mm] \alpha\ \text{为致裂裂面与}\ x\ \text{的角},\alpha = 67° \end{cases}$$

$$\begin{cases} P_{m,z,x} = \dfrac{\sigma_x+\sigma_z}{2} + \dfrac{\sigma_x-\sigma_z}{2}\cos2\alpha + \dfrac{\sigma_x-\sigma_z}{2}\tan2\alpha\sin2\alpha \\[2mm] P_{\min} = \dfrac{\sigma_x+\sigma_z}{2} - \dfrac{\sigma_x-\sigma_z}{2}\cos2\alpha - \dfrac{\sigma_x-\sigma_z}{2}\tan2\alpha\sin2\alpha \end{cases}$$

$$\begin{cases} P_{m,z,x} = \left(\dfrac{1}{2}+\dfrac{1}{2}\cos2\alpha+\dfrac{1}{2}\tan2\alpha\sin2\alpha\right)\sigma_x + \left(\dfrac{1}{2}-\dfrac{1}{2}\cos2\alpha-\dfrac{1}{2}\tan2\alpha\sin2\alpha\right)\sigma_z \\[2mm] P_{\min} = \left(\dfrac{1}{2}-\dfrac{1}{2}\cos2\alpha-\dfrac{1}{2}\tan2\alpha\sin2\alpha\right)\sigma_x + \left(\dfrac{1}{2}+\dfrac{1}{2}\cos2\alpha+\dfrac{1}{2}\tan2\alpha\sin2\alpha\right)\sigma_z \end{cases}$$

用 σ_z 及 σ_x 表示的致裂方程可表述为

$$(-1+2\cos2\alpha+2\tan2\alpha\sin2\alpha)\sigma_x + (-1-2\cos2\alpha-2\tan2\alpha\sin2\alpha)\sigma_z + p_{x,z} = 0$$

$$(2-3)$$

将式(2-1)、式(2-2)、式(2-3)联立可得

$$\begin{cases} \sigma_x = \dfrac{(-1-2\cos2\alpha-2\tan2\alpha\sin2\alpha)(p_{x,y}-p_{z,y}) + p_{x,z}}{2} \\[3mm] \sigma_y = \dfrac{\sigma_x+p_{x,y}}{3} \\[3mm] \sigma_z = 3\sigma_y - p_{z,y} \\[3mm] \tau_{xz} = \dfrac{(\sigma_x-\sigma_z)\tan2\alpha}{2} \end{cases}$$

$$(2-4)$$

2.2.5 8煤底板原始地应力测试结果分析

1. 原始地应力分析

将 $p_{x,y} = 12.93\,\text{MPa}$、$p_{y,z} = 9.75\,\text{MPa}$、$p_{x,z} = 13.28\,\text{MPa}$、$\alpha = 67°$ 代入式（2-4），可得

$$\begin{cases} \sigma_x = 9.627\,8\,\text{MPa} \\ \sigma_y = 7.519\,3\,\text{MPa} \\ \sigma_z = 12.807\,8\,\text{MPa} \\ \tau_{x,y} = 1.646\,5\,\text{MPa（方向）} \end{cases} \tag{2-5}$$

2. 构造应力分析

上述为测试点原始地应力的测试结果，下面分析测试点构造应力、自重应力、岩石泊松比和上覆岩层的容重。

图 2.11 所示为岩层倾向的构造应力状态，据图可知，原始地应力中的切应力应为岩层倾向构造应力形成的。

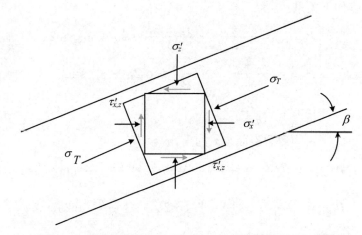

图 2.11 构造应力单元体与原始地应力单元体关系示意图

依据图 2.11，可得倾向构造应力 σ_T：

$$\sigma_T = -\frac{2\tau'_{x,z}}{\sin 2(-\beta)} = \frac{2\tau_{x,z}}{\sin(2\beta)} = 6.586\,0\,(\text{MPa}) \tag{2-6}$$

依据求得的 σ_T，利用平面应力状态的基本理论可得

$$\begin{cases} \sigma'_x = \dfrac{\sigma_T}{2} + \dfrac{\sigma_T}{2}\cos 2(-\beta) = \left[1 + \cos(2\beta)\right]\dfrac{\sigma_T}{2} = 6.144\,8\,(\text{MPa}) \\ \sigma'_z = \dfrac{\sigma_T}{2} + \dfrac{\sigma_T}{2}\cos 2(90^0 - \beta) = \left[1 - \cos(2\beta)\right]\dfrac{\sigma_T}{2} = 0.441\,2\,(\text{MPa}) \end{cases} \tag{2-7}$$

利用式（2-7）求得的结果，结合式（2-5）的相应数值，可求得 z 方向和 x 方向的自重应力如下：

$$\begin{cases} \sigma_{gx} = 3.483\,0\,\text{MPa} \\ \sigma_{gz} = 12.366\,7\,\text{MPa} \end{cases} \tag{2-8}$$

因上覆岩层的平均容重又等于：

$$\sigma_{g,z} = \gamma \cdot g \cdot h \tag{2-9}$$

故可求得上覆岩层的平均容重为

$$\gamma = \frac{\sigma_{g,z}}{g \cdot h} = \frac{12.366\ 7}{10 \times 526} = 0.002\ 35\ (\text{kg/m}^3) \tag{2-10}$$

又由于竖向自重应力与水平自重应力之间存在下述关系：

$$\sigma_{g,x} = \lambda\sigma_{g,z} = \frac{u}{1-u}\sigma_{g,z} \tag{2-11}$$

联立式(2-7)和式(2-10)，即可求得测点位置岩石的泊松比：

$$u = \frac{\sigma_{g,x}}{(\sigma_{g,z} + \sigma_{g,x})} = \frac{3.483\ 0}{12.366\ 7 + 3.483\ 0} = 0.220 \tag{2-12}$$

于是可求得 y 向自重应力为

$$\sigma_{g,y} = \lambda\sigma_{g,z} = \frac{u}{1-u}\sigma_{g,z} = \frac{0.220}{1-0.220} \times 12.366\ 7 = 3.483\ 0\ (\text{MPa}) \tag{2-13}$$

将式(2-4)中的 σ_y 减去式(2-12)中的 $\sigma_{g,y}$，求得 y 向构造应力如下：

$$\sigma'_y = \sigma_y - \sigma_{g,y} = 7.5192 - 3.4830 = 4.0363\ (\text{MPa}) \tag{2-14}$$

汇总的测试点三方向的构造应力如下：

$$\begin{cases} \sigma'_x = 6.144\ 8\ \text{MPa} \\ \sigma'_y = 4.036\ 3\ \text{MPa} \\ \sigma'_z = 0.441\ 2\ \text{MPa} \end{cases} \tag{2-15}$$

3. 主应力计算与分析

依据式(2-4)求得的测试点处的切应力情况可知，y 向是一主方向，另两个主应力与主方向可由下式确定：

$$\begin{cases} \sigma_1 = \dfrac{\sigma_x + \sigma_z}{2} + \sqrt{\left(\dfrac{\sigma_x - \sigma_z}{2}\right)^2 + \tau_{x,z}{}^2} \\[2mm] \sigma_3 = \dfrac{\sigma_x + \sigma_z}{2} - \sqrt{\left(\dfrac{\sigma_x - \sigma_z}{2}\right)^2 + \tau_{x,z}{}^2} \\[2mm] \tan 2\alpha_0 = \dfrac{2\tau_{x,z}}{\sigma_x - \sigma_z} \end{cases} \tag{2-16}$$

$$\begin{cases} \sigma_1 = 13.506\ 7\ \text{MPa} \quad (\text{与直方向角 } 23.011\ 67°,\text{与岩角 } 51.988\ 33°) \\ \sigma_2 = 7.519\ 3\ \text{MPa} \quad (\text{与岩走向一致}) \\ \sigma_3 = 8.928\ 9\ \text{MPa} \quad (\text{与 } \sigma_1 \text{ 相差 } 90°) \end{cases} \tag{2-17}$$

3 相邻工作面开采对 $8_2$14 风巷影响分析(数值模拟)

$8_2$14 风巷地理位置特殊,上方有已经开采的 $7_2$14 工作面,左侧为已经开采的 $8_2$12 工作面,因此 $8_2$12 采空区实体煤一侧一定范围内的应力分布与一般的采空区边缘的应力分布会有一定的差异。下面通过计算机数值模拟技术对 $8_2$12 采空区侧向一定范围内实体煤中的竖向应力与水平应力在 $7_2$14 工作面和 $8_2$14 工作面开采后的重新分布的情况进行分析以确定完全沿空巷道的合理性。结果表明,从支护压力的角度出发,完全沿空巷道是最佳选择。

3.1 计算模型概况

3.1.1 几何尺寸

此次数值模拟建立平面模型,对 $7_2$14、$8_2$12 两工作面的开采及 $8_2$14 风巷的开挖进行模拟(图 3.1)。模型水平长度 180 m,竖直高度 110 m,其中包括右上方区域表示的 $7_2$14 工作面、右下方区域表示的 $8_2$12 工作面和拱形的 $8_2$14 风巷。$7_2$14 工作面总长 220 m,被模拟部分长 76 m;$8_2$12 工作面总长 180 m,被模拟长度 80 m,均符合数值计算模型基本要求。

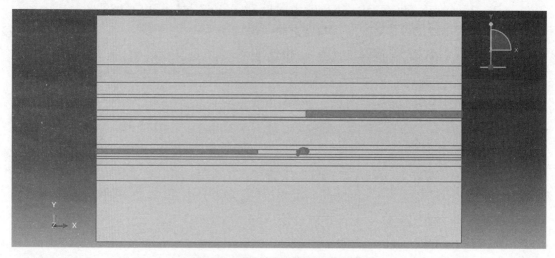

图 3.1 数值计算模型的几何外观

3.1.2 材料属性

模型包含 16 层煤岩层,岩层厚度及岩性数据来自实测结果,如图 3.2 所示。各项参数中,上行数值表示煤岩层原有参数,下行表示 $7_2$14、$8_2$12 工作面开采所产生松散区域内松散体的力学性能。

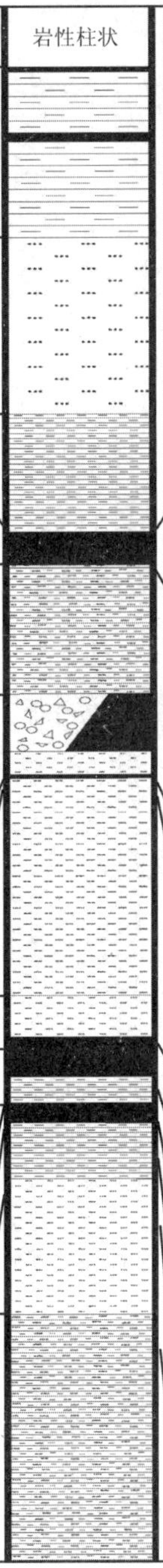

岩性 密度(m)	岩性柱状	密度 kg/m³	弹性模式 (GPa)	泊松比	内摩擦角 (°)	内聚力 (MPa)
泥岩及煤线 24		2 200 1 800	5 0.5	0.23 0.06	38 25	5 0.3
砂岩 8.6		2 400 1 800	20 0.5	0.22 0.06	35 25	10 0.3
泥岩 5.8		2 200 1 800	5 0.5	0.23 0.06	38 25	5 0.3
7_1煤 1.6		1 400 1 800	2 0.5	0.29 0.06	30 25	3 0.3
泥岩粉砂岩互层 (泥岩为主) 6		2 200 1 800	5 0.5	0.23 0.06	38 25	5 0.3
7_2煤及采空区 3.2		1 400 1 800	2 0.5	0.29 0.06	30 25	3 0.3
细粉砂岩 1.25		2 200 1 800	5 0.5	0.23 0.06	38 25	5 0.3
煤线/0.20		1 400 1 800	2 0.5	0.29 0.06	30 25	3 0.3
细砂岩 (裂隙发育) 12		2 200 1 800	15 0.5	0.21 0.06	35 25	9 0.3
粉砂岩 2.28		2 400 1 800	20 0.5	0.21 0.06	35 25	10 0.3
8_2煤 2.2		1 400 1 800	2 0.5	0.29 0.06	30 25	3 0.3
泥岩 1.12		2 200 1 800	5 0.5	0.23 0.06	38 25	5 0.3
8_3煤 1.10		1 400 1 800	2 0.5	0.29 0.06	30 25	3 0.3
泥岩 3.10		2 200 1 800	5 0.5	0.23 0.06	38 25	5 0.3
细砂岩 7.5		2 400 1 800	20 0.5	0.21 0.06	35 25	10 0.3
砂泥岩互层 4.5		2 400 1 800	15 0.5	0.19 0.06	33 25	7 0.3

图 3.2 模拟材料力学参数标注图

据此可以确定的两工作面中产生的松散区域如图 3.3 所示。

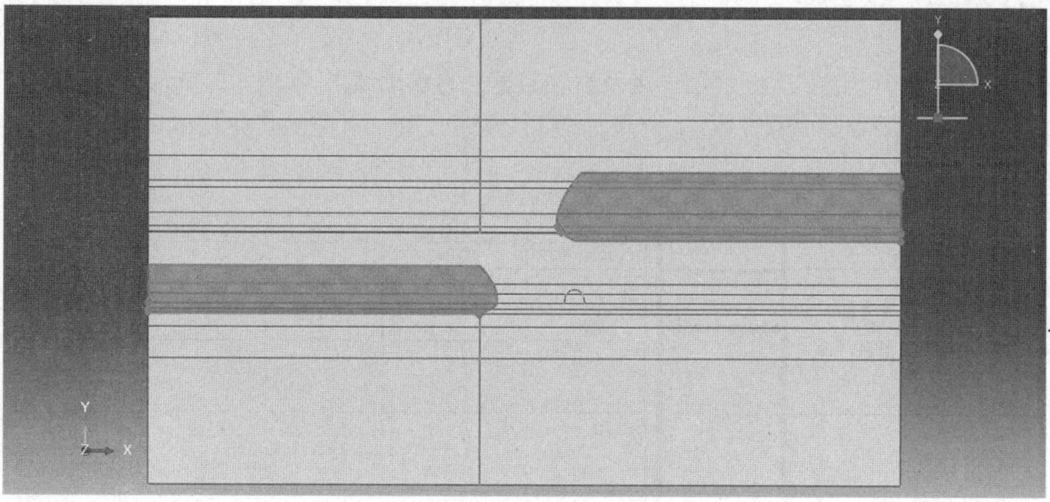

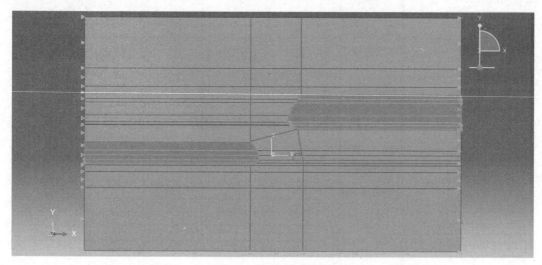

图 3.3　两工作面开采所产生的松散区域

3.1.3　边界条件

如图 3.4 所示,将模型左右边界水平位移设定为零,下边界竖直方向位移设定为零,以此为模型的边界条件。

图 3.4　模型边界条件

3.1.4　网格划分

模型中的网格密度并不是均一,8_214 风巷及两工作面端部的网格密度最高,模型边缘的网格密度则低了许多,密度差超过 10 倍,这样可以更高效地利用有限的计算机资源。模型内包括大约 22 200 个节点(20 个计算模型不尽相同)、22 300 个 4 节点四边形单元,还包括 99 个模拟 U 形棚支架节点,98 个双节点杆单元。网格划分效果如图 3.5 所示。

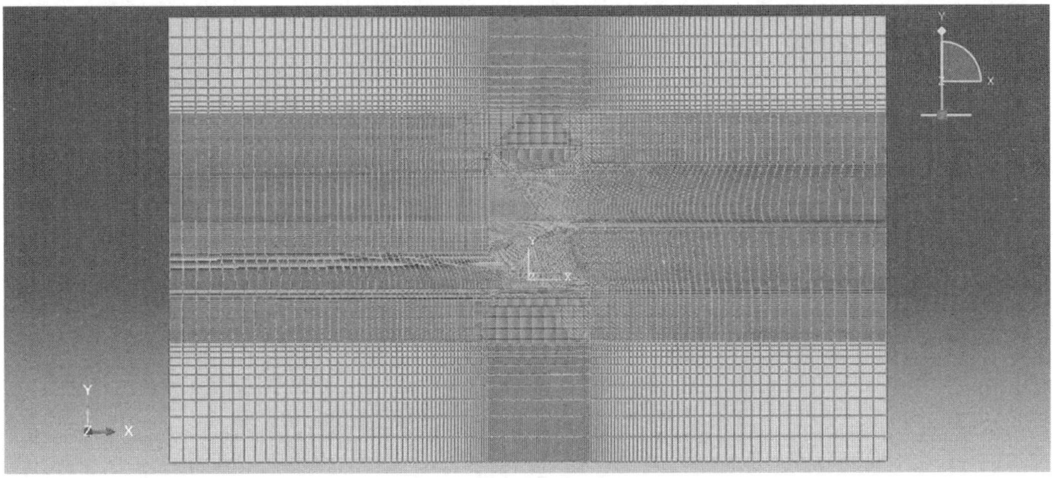

图 3.5 　网格划分效果图

3.1.5 　模拟步骤

数值计算过程主要包括以下 4 个步骤:

① 地应力附加;

② 7_2 14 工作面开采(松散区域材料属性变更);

③ 8_2 12 工作面开采(松散区域材料属性变更);

④ 8_2 14 风巷开挖。

3.1.6 　地应力覆加效果

8_2 14 风巷埋藏深度约为 422 m,本模型的上边界的埋藏深度为 355 m,下边界埋藏深度为 465 m。上边界受到上覆岩层产生的 8.4 MPa 的压力,模型本身还有自身质量产生的线性增长的自重应力。模型的侧向应力与竖向压力之比为 0.8。

地应力覆加后,模型范围内只因局部网格不均匀产生了 10^{-6} 级别的变形,而应力分布与真实的地应力非常吻合。

相关模拟结果见图 3.6~图 3.8。

图 3.6　地应力覆加后模型内的竖向应力分布

图 3.7　地应力覆加后模型内的水平应力分布

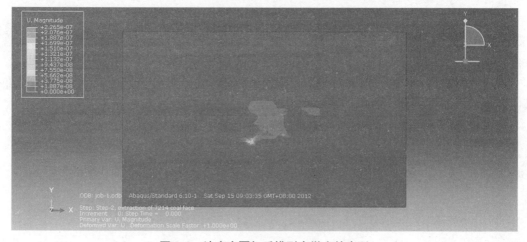

图 3.8　地应力覆加后模型内微小的变形

3.2　7_2 14 工作面开采的模拟

利用前文的分析结果,用实测的"残余强度"来替代 7_2 14 工作面开采所产生松散体范围内的煤岩体的力学性能,以此模拟该工作面开采所产生的影响。

如图 3.9 所示,可以看到 7_2 14 工作面"开采后",模型内产生了 0.3 m 的竖直向下的位移,位移总量及位移效果与现场实际非常吻合。

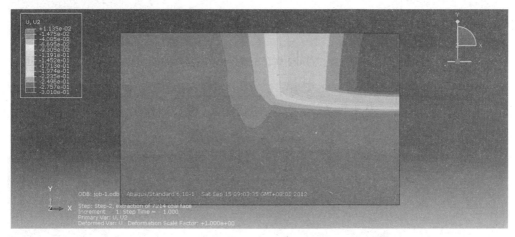

图 3.9　7_2 14 工作面开采后模型内的竖直向下位移

从图 3.10、图 3.11 还可以看出,采空区及周边区域的竖向压力及水平压力都比较小,较大的压力集中于实体侧的煤岩。合理的沿空掘进巷道的位置绝对不能是应力升高区域,应力降低区和近似原始应力区都是可以考虑的,从提高煤炭采出率的角度来看,在其他条件允许的情况下,将巷道布置在靠近原工作面的采空区是最合理的。

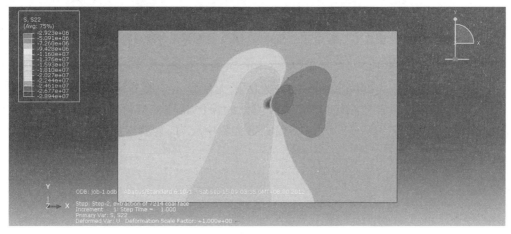

图 3.10　7_2 14 工作面开采后模型内竖直应力

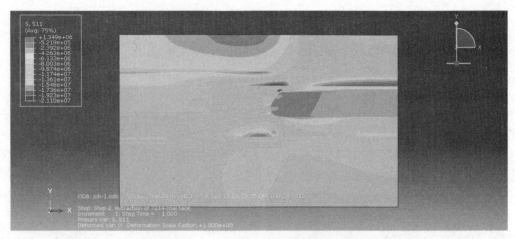

图 3.11　$7_2 14$ 工作面开采后模型内水平应力

　　$7_2 14$ 工作面开采后，以采空区边界为原点，作出实体煤侧 26 m、采空区侧 14 m 范围内，共 40 m 范围内竖直方向应力及水平方向应力的变化曲线，作为确定 7_2 煤沿空掘巷煤柱尺寸的依据。

图 3.12　$7_2 14$ 工作面开采后应力分布重点考察路径

　　由图 3.13 可以清楚地看到，开采 7_2 煤中的一个工作面后，采空区向内 7.5 m，存在着一个水平应力及竖直应力都降低的区域。此区域无疑是沿空掘进巷道的最理想范围。如果一定要把沿空巷道布置在原始应力区域，留设的保护煤柱将接近 30 m，无疑造成极大的浪费。将煤柱宽度设定为 7.5～15 m 将面临巨大集中应力，巷道支护势必极为困难。

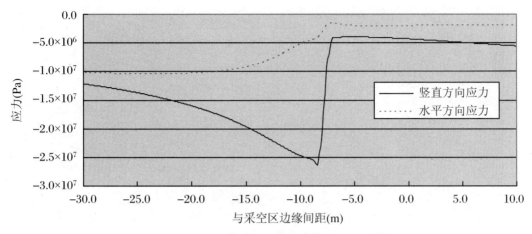

图 3.13　$7_2$14 工作面开采后考察路径上各点应力

3.3　$8_2$12 工作面开采的模拟

$8_2$12 工作面与 $7_2$14 工作面采空区相距较近，两工作面开采工作产生的次生应力势必叠加，为确定 $8_2$14 风巷位置带来很大的影响。

模拟结果显示，两工作面全部开采后，$8_2$12 工作面采空区周边产生的水平应力及竖直应力集中均达 $7_2$14 的两倍，但是在 $8_2$12 工作面松散区域及周边仍能找到应力降低区，该应力降低区无疑是 $8_2$14 风巷沿空掘进的最佳位置。

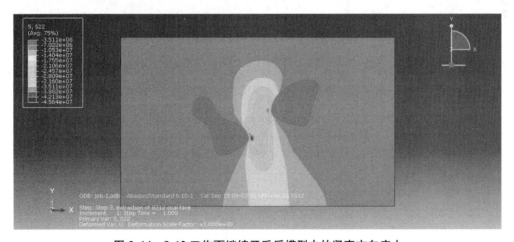

图 3.14　$8_2$12 工作面继续开采后模型内的竖直方向应力

由于两工作面开采造成严重的叠加应力集中，可供 $8_2$14 风巷选址的应力降低区很小，只在采空区边缘向实体煤侧 4.5 m 的范围内。

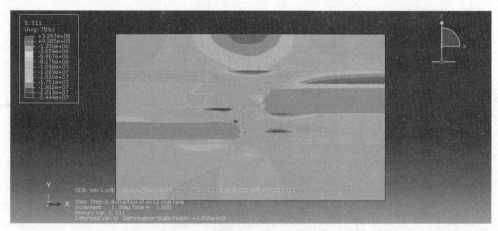

图 3.15 $8_2 12$ 工作面继续开采后模型内的水平方向应力

$8_2 12$ 工作面开采后，为准确找到应力降低区的位置，对图 3.16 所示路径的竖直方向压力及水平方向压力进行详细考察。

图 3.16 $8_2 12$ 工作面开采后应力分布重点考察路径

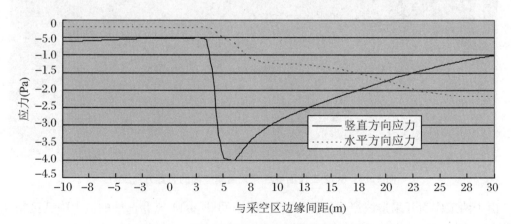

图 3.17 两工作面开采后考察路径上各点应力

本 章 小 结

数值计算结果表明,从支护压力的角度考虑,$8_2$14 风巷的最佳选址方案就是紧贴 $8_2$12 采空区,否则支护将非常困难。

4　$8_2 14$ 影响完全沿空掘巷的关键因素及解决对策

完全沿空掘巷的影响因素很多,其中最关键的 4 个影响因素分别是:采空区内老塘水、采空区内瓦斯、采空区内易自燃的余煤及施工过程中采空区窜矸。老塘水是影响巷道掘进效率的重要障碍,也是引发煤矿事故的重大隐患,如不能事先排除,就无实施完全沿空巷道的可能;若强行施工,巷道将成为老塘水的泄水通道,会发生严重灾害。瓦斯含量是完全沿空掘巷能否实施的又一重要影响因素,如该煤层瓦斯含量较高,则采空区内势必集聚着大量瓦斯,一旦发生涌突情况,矿灾难以避免。煤的自燃是完全沿空掘巷的又一阻碍因素,由于巷道与采空区之间难以完全隔离,巷道与采空区之间相互窜风难以避免,一旦空气渗流进入采空区,余煤必将发生自燃,将导致严重后果,而窜矸则会导致严重人身安全问题。

上述是决定完全沿空掘巷能否顺利实施的 4 大基本因素,能否处理妥当决定了完全沿空掘巷实施的成败。当然,只要科学分析、充分准备,在任何复杂情况下均可以实施完全沿空掘巷。下面以安徽淮北股份有限公司许疃煤矿 $8_2 14$ 风巷为例来详细剖析完全沿空掘巷的影响因素与解决对策。

4.1　$8_2 14$ 完全沿空掘巷基本影响因素

4.1.1　老塘水因素

$8_2 14$ 上方有两个采空区 $7_2 14$ 和 $7_1 14$,这两个采空区之间的水力因断层和裂隙的原因而相互沟通。两个采空区收作距今均已有较长时间,其中 $7_2 14$ 工作面(里段)于 2008 年 10 月开始回采,至 2009 年 9 月 30 日回采完毕,外段炮采工作面至 2010 年 7 月 31 日回采完毕;位于上部的 $7_1 14$ 工作面在更早的时候已经收作,$7_2 14$ 采空区内的水源是 $7_1 14$ 采空区内的动态水和 7_2 煤层上方顶板砂岩中的裂隙水。$8_2 12$ 采空区与 $7_2 14$ 采空区在开采 $7_2 14$ 时已导通,$7_2 14$ 采空区的最低点比 $8_2 12$ 采空区大部分位置要低,导通的目的是为了保障 $7_2 14$ 开采过程的安全,因此,上述 3 个采空区之间存在水利联系。

$7_2 14$ 工作面(采空区)里段低,外段高,老塘水不能自流排出,在里段形成大面积的采空积水区,积水面积 91 580 m^2,积水量约 68 950 m^3,积水长度 495 m,水头高度 26.118 m。根据现有资料分析,$7_2 14$ 采空区积水量由静态水量和动态水量两部分构成,其中静态水量 68 950 m^3;动态水即老空区范围内的顶板淋水及 $7_1 14$ 采空区动态水,动态水聚积到老空区后即转化为老空区静态水量;老空区静态水达到一定水平后外溢,通过 $7_2$14 机巷流入井巷排水系统。因此,该区 $7_2$14 采空区积水量就是老空区静态水量。在探放水过程中,随着老空区静态水不断被疏放减少,动态水则不断以顶板淋水聚积的方式对老空区静态水进行补充,从而在该环境下构成水量补给循环。

$8_2$14 工作面在 $7_2$14 采空区下方,$7_2$14 下采空区与 8_2 煤的层间距为 8.4~19.6 m,平均14 m,水平间距不大于 30 m。在不进行探放水的情况下,$7_2$14 采空区积水将对 $8_2$14 风巷的施工构成较大的水害影响。

4.1.2　瓦斯涌突因素

8_2 煤瓦斯平均含量很高,该煤层属国家确定的双突煤层。一般情况下,该煤层内各采空区均会聚集大量的瓦斯,一旦某些条件形成,瓦斯涌出不可避免。通常情况下,完全沿空掘巷如存在下列特征,则瓦斯超限难以避免。

① 完全沿空掘巷与采空区连通,当采空区积聚瓦斯压力大于掘进顺槽内空气压力时,就造成采空区瓦斯向顺槽内泄漏,造成掘进巷道内瓦斯浓度升高,掘进巷道长度越长,瓦斯浓度升高越大,管理不好很容易超限;

② 与沿空顺槽有漏风联系的通风系统发生变动(如风门开启、局部通风机位置变动、风门位置移动、风向改变、密闭遭破坏等)时,沿空巷道内空气相对压力会低于采空区瓦斯压力,沿空掘巷内瓦斯含量可能增大,甚至超限。

基于上述因素,瓦斯构成了完全沿空掘巷的一个重要影响的因素。

4.1.3　煤层自燃因素

表 2.4 的相关数据表明,8_2 煤层属于 Ⅱ 类自燃发火煤层,最短发火周期为 94 天,而 $8_2$14 自巷道开始施工至服务期满至少超过 2 年,因此存在采空区余煤自燃的基本条件,如若处理不当,一旦发火,停工减产不可避免。

4.1.4　采空区侧窜矸因素

完全沿空掘巷施工过程中,采空区侧冒落岩块往往会在上覆顶板压力的作用下向巷道中挤崩,从而发生伤害事故。这一隐患不仅加重了施工人员的心理负担,而且会严重阻碍施工进度,因而是完全沿空掘巷设计中必须考虑的影响因素。

上述 4 大因素中,前 3 个因素更为关键,若其中任一因素不能妥善处理,即可否决完全沿空掘巷的巷道布置方式,第 4 个因素虽然不影响完全沿空掘巷的实施,但也具有较大的安全隐患,因此也是不可轻忽的。

4.2　$8_2$14 实施完全沿空掘巷的主要影响因素的解决对策

依据上述分析,影响 $8_2$14 风巷完全沿空掘巷正常实施的影响因素有 4 个,下面具体剖析这 4 个因素,通过剖析直接排除某些影响因素,对不能直接排除的影响因素则进行较为细致的技术与工程处理,以达到排除影响的目的。

4.2.1　老塘水因素排除对策

经前述因素分析,对 $8_2$14 风巷构成直接威胁的老塘水分有 3 部分:$8_2$12 采空区老塘水、$7_1$14 采空区老塘水和 $7_2$14 采空区老塘水,其中 $8_2$12 采空区与 $7_2$14 采空区之间已互相导通,水力相关;$7_2$14 采空区内的部分水源又来自于 $7_1$14 采空区,且 $7_2$14 采空区低点比 $8_2$12 采空区大部分位置都低,因此,$8_2$12 采空区的大部分积水可以通过 $7_2$14 采空区排除。故当务之急是想方设法排除 $7_2$14 采空区积水,并通过 $7_2$14 采空区将 $7_1$14 采空区积水和 $8_2$12 采空区大部分积水排除。

4.2.1.1　排水方案设计

依据对 $7_2$14 采空区水文地质条件的分析结果,考虑经济、安全、迅速等诸多因素,定在 8_1 采区 −500 m 南大巷对 $7_2$14 采空区进行探放水,设计在南大巷南 10 点位置前 167 m 及南 10 点位置后 171 m 处分别施工两个钻场(钻场规格:深 5 m×宽 4 m×高 3.5 m),在两钻场内分别施工 3 个钻孔打向 $7_2$14 采空区低洼点。具体参数如表 4.1 所示。

在 1#、2# 钻场各设计 3 个钻孔,呈扇形布置,钻孔开孔位置见图 4.1～图 4.3,本次给出的钻孔深度参数为理论值,实际深度以打透采空区为准。

表 4.1　8_1 采区南大巷探放 $7_2$14 老空区水工程设计钻孔参数表

孔号	开孔位置			方位角	仰　角	孔深(m)
	X	Y	Z			
1#	3 697 481.6	39 471 515.9	−492.5	N276°	+34°	83
2#	3 697 481.1	39 471 515.9	−492.5	N270°	+33°	85
3#	3 697 480.6	39 471 515.9	−492.5	N264°	+32°	87
4#	3 697 140.6	39 471 515.9	−491.7	N276°	+34°	84
5#	3 697 140.1	39 471 515.9	−491.7	N270°	+33°	86
6#	3 697 139.6	39 471 515.9	−491.7	N264°	+32°	88

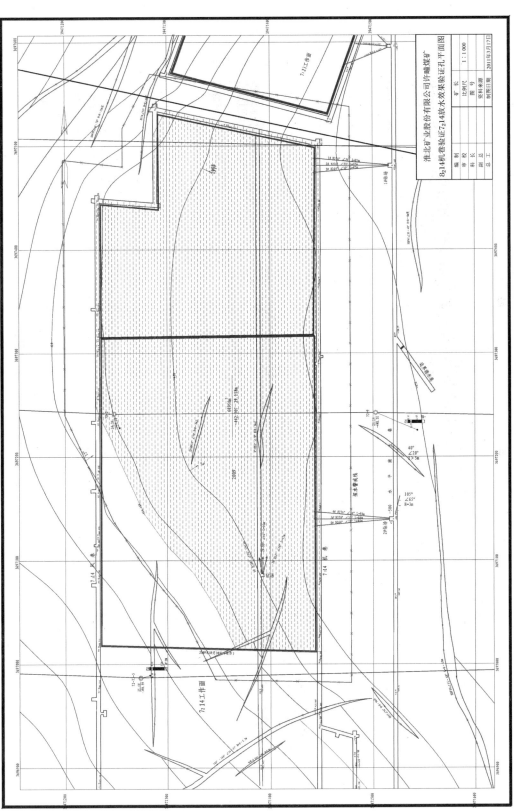

图4.1 钻孔平面设计图

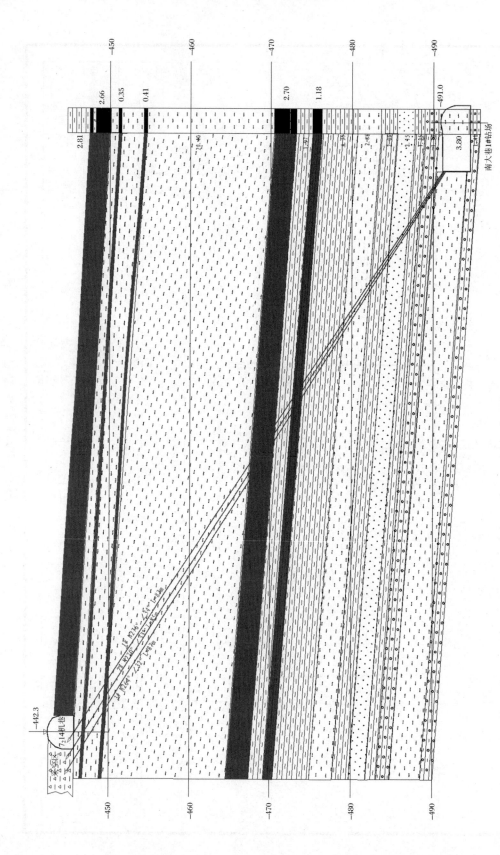

图4.2 南大巷1#钻场剖面设计图（1∶200）

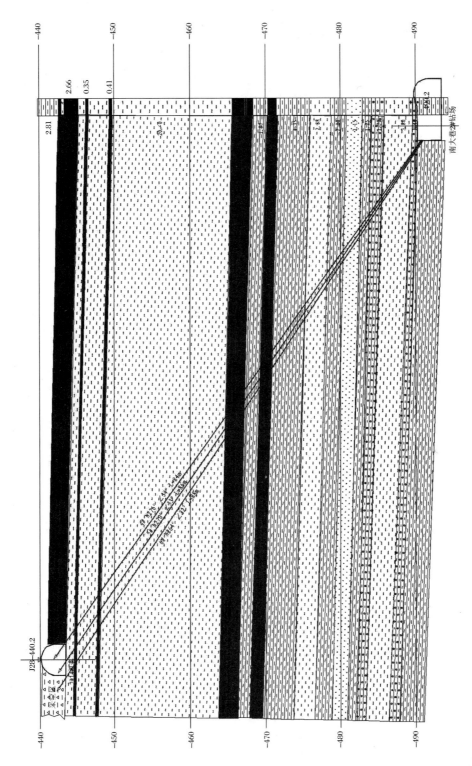

图4.3 南大巷2#钻场剖面设计图(1∶200)

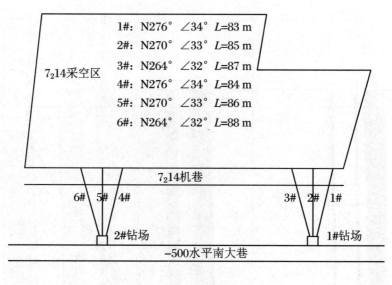

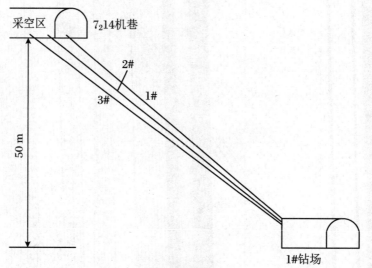

图 4.4　$7_2$14 工作面老塘水排放方案示意

4.2.1.2　探放水情况

南大巷探放 $7_2$14 老塘水排放工程于 2010 年 11 月 1 日开始,2# 钻场施工的 4# 钻孔无出水,1# 钻场施工的 1#、3# 钻孔无出水,2010 年 11 月 8 日施工的 5# 钻孔出水,单孔涌水量 35 m^3/h,2#、6# 钻孔出水效果较好,单孔涌水量分别为 30 m^3/h、15 m^3/h。所有钻孔均按设计要求进行了注浆固管,孔口加装了控水闸阀。

截至 2010 年 12 月 21 日,南大巷探放 $7_2$14 工作面老空水防探水工程已经全部结束。该工程施工疏放水钻孔 6 个,工程量 548 m,疏放老空水 31 286 m^3。通过在 6 个钻孔孔口用粉状物测试进风,经检验证明无水,前期探放水效果良好,达到了预期的探放水效果。为长期疏放采空区动态水,所有钻孔均未封孔,而是加装了控水闸阀。各钻孔探放水流量见表 4.2～表 4.5。

表 4.2 南大巷探放 $7_2$14 老空水钻孔流量情况一览表(一)

序号	钻场	钻孔	孔径(mm)	孔深(m)	涌水量(m^3/h)	持续时间(h)	疏放水量(m^3)	统计时间
1	2#	5#	75	94.5	35	4	140	11.8
2	2#	5#	75	94.5	30	4	120	11.9
3	2#	5#	75	94.5	30	24	720	11.10
4	2#	5#	75	94.5	30	24	720	11.11
5	2#	5#	75	94.5	40	24	960	11.12
6	2#	5#	75	94.5	40	24	960	11.13
7	2#	5#	75	94.5	40	24	960	11.14
8	2#	5#	75	94.5	50	24	1 200	11.15
9	2#	5#	75	94.5	50	24	1 200	11.16
10	2#	5#	75	94.5	50	24	1 200	11.17
11	2#	5#	75	94.5	40	24	960	11.18
12	2#	5#	75	94.5	40	24	960	11.19
13	2#	5#	75	94.5	40	24	960	11.20
14	2#	5#	75	94.5	40	24	960	11.21
15	2#	5#	75	94.5	20	24	480	11.22
16	2#	5#	75	94.5	15	24	360	11.23

表 4.3 南大巷探放 $7_2$14 老空水钻孔流量情况一览表(二)

序号	钻场	钻孔	孔径(mm)	孔深(m)	涌水量(m^3/h)	持续时间(h)	疏放水量(m^3)	统计时间
1	2#	5#	75	94.5	15	24	360	11.25
2	2#	5#	75	94.5	10	24	240	11.26
3	2#	5#	75	94.5	10	24	240	11.27
4	2#	5#	75	94.5	10	24	240	11.28
5	2#	5#	75	94.5	10	24	240	11.29
6	2#	5#	75	94.5	25	24	600	11.30
7	1#	2#	75	88	5	10	50	11.30
8	2#	5#	75	94.5	20	24	480	12.1
9	1#	2#	75	88	2	24	48	12.1

续表

序号	钻场	钻孔	孔径(mm)	孔深(m)	涌水量(m³/h)	持续时间(h)	疏放水量(m³)	统计时间
10	2#	5#	75	94.5	20	24	480	12.2
11	1#	2#	75	88	20	24	480	12.2
12	2#	5#	75	94.5	20	24	480	12.3
13	1#	2#	75	88	30	24	720	12.3
14	2#	5#	75	94.5	20	24	480	12.4
15	1#	2#	75	88	30	24	720	12.4
16								

表 4.4　南大巷探放 $7_2$14 老空水钻孔流量情况一览表(三)

序号	钻场	钻孔	孔径(mm)	孔深(m)	涌水量(m³/h)	持续时间(h)	疏放水量(m³)	统计时间
1	2#	5#	75	94.5	5	24	120	12.5
2	1#	2#	75	88	30	24	720	12.5
3	2#	5#	75	94.5	10	24	240	12.6
4	1#	2#	75	88	40	24	960	12.6
5	2#	5#	75	94.5	10	24	240	12.7
6	1#	2#	75	88	40	24	960	12.7
7	2#	5#	75	94.5	10	24	240	12.8
8	1#	2#	75	88	40	24	960	12.8
9	2#	5#	75	94.5	2	24	48	12.9
10	1#	2#	75	88	40	24	960	12.9
11	2#	5#	75	94.5	2	24	48	12.10
12	1#	2#	75	88	40	24	960	12.10
13	2#	5#	75	94.5	2	24	48	12.11
14	1#	2#	75	88	40	24	960	12.11
15	2#	5#	75	94.5	2	24	48	12.12
16	1#	2#	75	88	40	24	960	12.12

表 4.5　南大巷探放 $7_2$14 老空水钻孔流量情况一览表(四)

序号	钻场	钻孔	孔径(mm)	孔深(m)	涌水量(m^3/h)	持续时间(h)	疏放水量(m^3)	统计时间
1	2#	5#	75	94.5	2	24	48	12.13
2	1#	2#	75	88	15	24	360	12.13
3	2#	6#	75	94.5	15	24	360	12.14
4	1#	2#	75	88	10	24	240	12.14
5	2#	6#	75	94.5	15	24	360	12.15
6	1#	2#	75	88	10	24	240	12.15
7	2#	6#	75	94.5	15	24	360	12.16
8	1#	2#	75	88	10	24	240	12.16
9	2#	6#	75	94.5	15	24	360	12.17
10	1#	2#	75	88	10	24	240	12.17
11	2#	6#	75	94.5	15	24	360	12.18
12	1#	2#	75	88	10	24	240	12.18
13	2#	6#	75	94.5	15	24	360	12.19
14	1#	2#	75	88	10	24	240	12.19
15	2#	6#	75	94.5	1	24	24	12.20
16	1#	2#	75	88	1	24	24	12.20

4.2.1.3　8_1采区南大巷探放水工作总结

8_1采区南大巷探放水取得了圆满成功,经用粉状物测试钻孔孔口,认为达到预期标准。8_1采区探放水工程是本项目的关键环节,技术分析涉及很多方面,标准要求很高,是一项非常重要的关键技术,这一技术对国内外完全沿空掘巷的广泛推广与应用具有非常重要的意义,总结整个探放水工程的设计与实施过程可得到如下重要且值得推广的经验:

① 探放水设计要依据《煤矿防治水规定》,针对探放水目的,并根据现场井巷工程布局,在深入分析和了解水文地质情况及其水害威胁程度的前提下进行;

② 单孔设计必须以详实的测量资料为基础,在不违背《煤矿防治水规定》的前提下充分考虑钻探施工中可能遇到的实际困难及不安全因素,规范作业程序;

③ 进行探放水设计时,要充分考虑到备采工作面周边、上方各采空区之间的水力关系,要十分关注这些采空区之间的断层、裂隙及相邻采空区之间是否存在通道;

④ $7_2$14 老塘水没有在 $8_2$14 风巷掘进过程中边掘边探,而是在 $8_2$14 风巷掘进前就在南大巷设计钻场打钻提前进行了探放,节约了在巷道掘进过程中进行探放水的时间,提供了安全保证,消除了老塘水对巷道掘进的威胁,为巷道的快速掘进提供了保障,同时也缓解了矿井工作面接替紧张的局面;

⑤ 计算钻孔涌水量及积水量时,选取的参数要尽量切合实际。

4.2.2　瓦斯因素治理对策

实施完全沿空掘巷需要考虑的又一重要因素是瓦斯含量,瓦斯含量过大不但会导致巷道施工过程中瓦斯突出或涌出,而且相邻采空区也会向巷道涌出大量瓦斯产生严重隐患。依据表 2.5 所示的 8_2 煤层检测报告和同煤层其他工作面情况,8_2 煤的平均瓦斯含量很高。对这样一个高瓦斯煤层,在其内沿采空区边缘开拓巷道的难度很高,需要作一系列细致而认真的科学论证。

第一,与 $8_2$14 工作面相邻的 $8_2$12 工作面处于煤层露头位置,其内瓦斯已经过充分释放,虽 8_2 煤层内瓦斯含量总体很高,但 $8_2$12 工作面煤层的瓦斯含量非常低。另外,属性为焦煤的 8_2 煤,强度很低,手触即碎,这一属性使得 $8_2$14 工作面与 $8_2$12 工作面交界处的煤层在 $8_2$12 工作面回采过程中就已发生了很大程度的松动与破碎,于是即使 $8_2$14 工作面煤层中原瓦斯含量较高,随着上区段工作面开采,大部分瓦斯也已经有效释放了。

第二,每日的监测数据表明,$8_2$12 机巷在掘进过程中的瓦斯含量很低,在 $8_2$12 工作面回采过程中,瓦斯含量的最大监测数据仅为 0.2%,故 $8_2$12 采空区中几乎没有大量瓦斯突然涌出的可能。

第三,上区段 $8_2$12 工作面的顶板为弱质泥岩,松软而破碎,在工作面的回采过程中冒落十分充分,尽管冒落的岩块尚未重新胶结,但已经挤压得较为密实,在巷道内风压能够满足要求的情况下,即便采空区含有少量瓦斯,瓦斯也很难渗入巷道。

第四,尽管 $8_2$14 沿空巷道会穿过一些瓦斯含量可能较高的断层带和破碎区,但因为上区段的 $8_2$12 机巷早在儿年前就已经穿过了上述区域,其内的瓦斯早已有效释放了,所以 $8_2$14 沿空巷道穿过上述区域时不可能再出现大量瓦斯突然涌出的情况。

综上所述,沿 $8_2$12 采空区边缘布置 $8_2$14 风巷,煤层中所含瓦斯不会形成阻碍因素。但 8_2 煤层毕竟是高瓦斯煤层,各相邻工作面的采动也会导致煤层中的瓦斯流动。此外,8_2 煤层走向方向也不在一条水平直线上,局部地点也有存在较多瓦斯聚集的可能,所以,在 $8_2$14 工作面的回采期间,更需要采取有效措施。具体相关防范措施如下:

4.2.2.1　防范对策

瓦斯治理方案:风排与抽排相结合。

表 4.6　采煤工作面瓦斯抽采率应达到的指标

工作面绝对瓦斯涌出量 $Q(m^3/min)$	工作面抽采率	备　注
$5 < Q \leqslant 10$	$\geqslant 20\%$	
$10 < Q \leqslant 20$	$\geqslant 30\%$	
$20 < Q \leqslant 40$	$\geqslant 40\%$	
$40 < Q \leqslant 70$	$\geqslant 50\%$	
$70 < Q \leqslant 100$	$\geqslant 60\%$	
$100 < Q$	$\geqslant 70\%$	

依据 8_2 煤层瓦斯含量,按最高日产 4000 t 计算,则该工作面回采期间最大瓦斯涌出速率为 9.67 m³/min,根据 AQ2006 年《煤矿瓦斯抽采基本指标》规定,该工作面回采期间,瓦斯抽采率必须达到 30% 以上,按 50% 计算,瓦斯抽采速率应不小于 4.84 m³/min,剩下通过风排来稀释瓦斯的速率为 4.83 m³/min。为确保工作面回采期间瓦斯不超限,采用上隅角埋设"T"形站管抽放方法(每 25 m 埋设 1 个)。

4.2.2.2 瓦斯抽放系统设计

1. 抽放系统的设备与设施

(1) 泵站位置

8_1 采区瓦斯移动泵站位于 8_1 采区回风石门,有独立的进、回风系统。

(2) 抽放设备

上隅角迈步埋管直径 250 mm 抽放管路一条:

$8_2$14 风巷上隅角→$8_2$14 风巷→8_1 采区一区段回风石门→8_1 采区回风上山→8_1 泵站。

2. 瓦斯抽放系统

上隅角迈步埋管抽放:

(1) 进气管

$8_2$14 风巷上隅角→$8_2$14 风巷→8_1 采区一区段回风石门→8_1 采区回风上山→8_1 泵站。

(2) 排气管

8_2 泵站→8_1 采区回风上山→8_1 采区回风大巷→排气口。

4.2.2.3 瓦斯监控系统设计

1. 监控系统的设备与设施

矿井使用北京长安 KJ4-2000 型监控系统;使用北京瑞赛 KJ2007F 型瓦斯抽放分站;管道浓度传感器型号是 KGJ200A9G;管道流量传感器型号是 GF100;管道压力传感器型号是 KGY200A(G);管道 CO 传感器型号是 GT500A;停水断电装备型号是 DK;断电器的型号是 KDG3D。

2. 监控系统的设置

依据综采工作面供电设计,设计监控系统断电器的断电范围、断电器使用数量等。

3. 监控系统(图 4.5)

(1) 回风出口 T2(距离巷道回风口 10～15 m 处)

分站→8_1 采区二中轨道车场→8_1 采区二中运输联巷→$8_2$14 风巷。

(2) 工作面 T1(位于风巷距离切煤线 3～5 m 处)

分站→8_2 采区一中轨道车场→8_1 采区二中运输联巷→$8_2$14 风巷→风巷切眼外 3～5 m 处。

(3) 上隅角 T0(距离上隅角充填侧、顶、帮各 300 mm 的位置)

分站→8_2 采区一中轨道车场→8_1 采区二中运输联巷→$8_2$14 风巷→$8_2$14 上隅角。

(4) 温度、风速、CO 传感器(位于巷道回风出口 10～15 m 处)

分站→8_1 采区二中轨道车场→8_1 采区二中运输联巷→$8_2$14 风巷。

(5) 烟雾传感器(位于机巷皮带滚筒下风侧 3～5 m 处)

分站→8_1 采区一中轨道车场→8_1 采区二中运输联巷→$8_2$14 机巷。

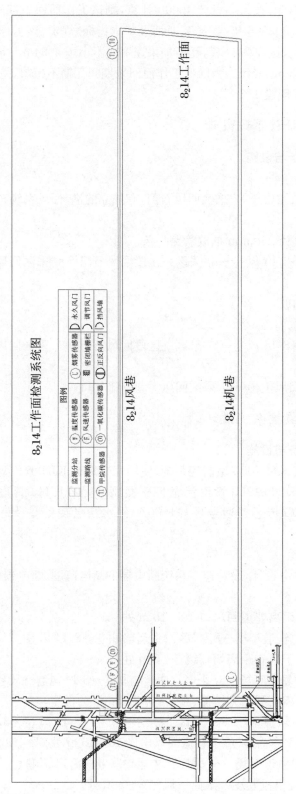

图4.5　8₂14工作面瓦斯监控系统图

4.2.3 煤自燃因素排除对策

依据表 2.4 中的数据，8_2 煤层自燃发火性质属 Ⅱ 类，最短的发火周期是 94 天，在通风保持良好的情况下，煤层不会自燃。因此，$8_2$14 工作面和 $8_2$14 风巷的围煤一般不会自燃。但当处于完全沿空的状况时，倘若采空区顶板未能充分冒落，破碎岩块不能挤压密实，同时巷道与 $8_2$12 采空区之间有窜风、渗流等情况，则 $8_2$12 采空区将存在余煤自燃的可能。

$8_2$12 工作面收作的时间是 2006 年 6 月 26 日，因直接顶板松软、破碎，因此冒落得比较充分。经地质钻孔探测，采空区内冒落的岩块虽未能重新胶结，但相互之间已经挤压密实。因此，$8_2$14 完全沿空风巷与相邻采空区 $8_2$12 之间发生窜风的可能性不大。但为了确保安全，对于局部可能存在的挤压不密实的区段，还需实施钻孔探测，确定不存在窜风时，再继续施工，否则，尚需实施巷道临空侧注浆处理，注浆工序可滞后掘进面 100 m 实施。

4.2.4 采空区窜矸因素排除对策

依据表 2.3 数据，8_2 煤直接顶泥岩的平均强度 f 仅为 3.97，自 2006 年 6 月完成冒落后，经过 5 年的时间已经得到较好的挤压效果，但为了确定巷道开拓过程中是否还会发生窜矸，在巷道开挖前，从 8_1 采区轨道上山向 $8_2$12 采空区实施 40 m 钻孔取芯检测 $8_2$12 采空区落矸挤压密实程度。检测结果表明，岩块之间虽未重新胶结，但已挤压密实，巷道掘进过程中不会发生窜矸，故该隐患排除。此外，上覆关键块相关参数及力学性状分析也表明采空区发生窜矸的可能性很小，只要按安全规程施工即可。

5 $8_2 14$ 完全沿空掘巷上覆顶板破断结构形式分析

完全沿空掘巷的支护压力与围岩的"大、小结构"密切相关。依据中国矿业大学侯朝炯教授的研究[91]，沿空巷道直接顶上方存在一关键块，即图 5.1 中所示的岩块 B，该块体对下方沿空巷道的支护压力有很大的影响。通过 FLAC 计算软件确定了关键块 B 与块体 A 之间的交界位置距采空区边界 2~8 m。在侯朝炯教授研究的基础之上，针对 A、B 块体交界位置的不同，王红胜等人又给出了图 5.1 所示的 4 种基本顶破断形式[92-95]，显然，不同破断形式下巷道围岩的受力情况具有很大的差异，其中图 5.1(c)所示的情况是最理想的一种形式。依据弹性理论，破断形式主要决定于几个关键因素，具体包括：煤层厚度与力学性质、直接顶厚度与力学性质、老顶厚度与力学性质、上区段采空区的宽度（工作面宽度）、所处层位的深度与构造应力的大小、岩层的倾角等，目前难以进行较准确地解析计算，多数情况下采用计算机数值模拟进行分析。

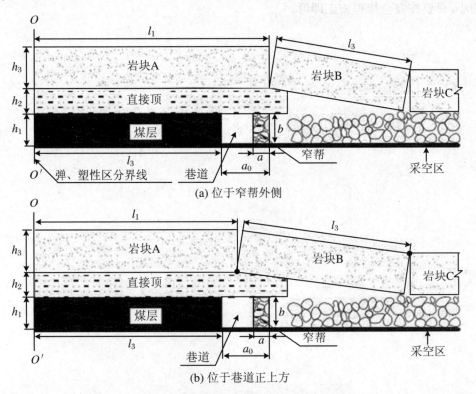

(a) 位于窄帮外侧

(b) 位于巷道正上方

图 5.1 沿空巷道上覆顶板破断结构形式

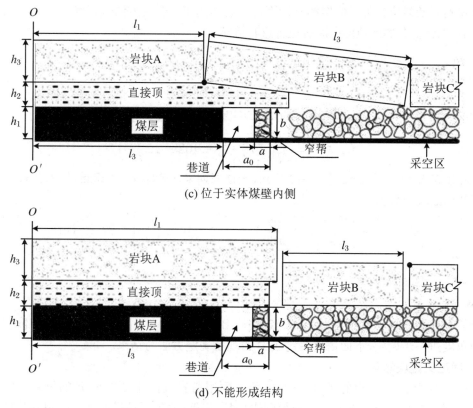

(c) 位于实体煤壁内侧

(d) 不能形成结构

图 5.1　沿空巷道上覆顶板破断结构形式(续)

5.1　结合现场实测确定老顶侧向断裂位置

岩块 B 与岩块 A 之间的交界距采空区边界的距离为关键块 B 的跨度,通常用 C_1 表示,如图 5.2 所示。由于老顶侧向断裂位置对完全沿空掘巷的围岩(煤)应力影响很大,直接关系到完全沿空掘巷的支护形式与施工工艺,故其准确确定这一位置具有重要意义。

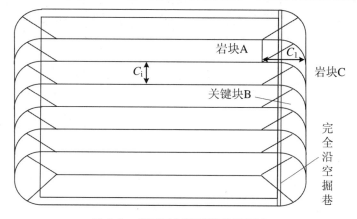

图 5.2　老顶侧向断裂距离示意图

老顶侧向断裂位置可以依据解析计算与现场实测相结合的方法进行确定。下面针对许疃煤矿 $8_2 14$ 风巷上方的老顶侧向断裂位置进行确定。

5.1.1　解析计算

依据彭林军[96]的研究,关键块 B 的跨度可以应用下列公式进行计算:

$$C_1 = \frac{2C_i}{17}\left[\sqrt{\left(10\frac{C_i}{L_0}\right)^2 + 102} - 10\frac{C_i}{L_0}\right] \tag{5-1}$$

许疃煤矿 $8_2 14$ 工作面长度 $L_0 = 180\ \text{m}$,老顶周期来压步距 $C_i = 27\ \text{m}$,代入公式(5-1)可得老顶侧向断裂位置为

$$C_1 = \frac{2 \times 27}{17}\left[\sqrt{\left(10 \times \frac{27}{180}\right)^2 + 102} - 10 \times \frac{27}{180}\right] = 27.67\ (\text{m}) \tag{5-2}$$

5.1.2　现场实测

计算上述关键块 B 的跨度并不能确定块体 B 与块体 A 交界的具体位置,尚需依靠关键块的倾斜角度进一步确定,下面讲述关键块 B 的现场确定方法与结果。

1. 确定关键块倾角

如图 5.3 所示,在巷道的 P、Q 两个部位分别用凿岩机钻孔寻找 E、F 的位置。由于关键块为砂岩,强度很高,而其下方为泥质粉砂岩,强度很低,故根据钻进速度可以很容易地判断出 E、F 的位置。

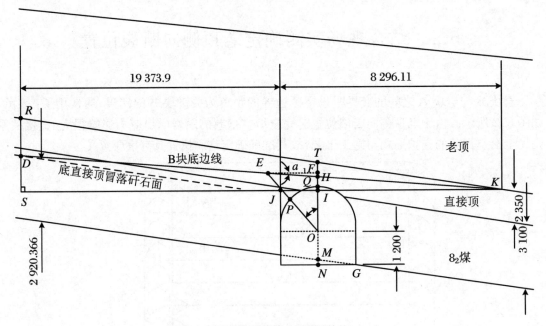

图 5.3　测试断面计算分析图(单位:mm)

测试断面位于掘巷后 60 m 位置,巷道断面如图 5.4 所示,结合图 5.3 的相关标注,现场实测的结果如下:

$$QH = 2\,210\,\text{mm}, \quad PE = 5\,230\,\text{mm}, \quad PO = 2\,000\,\text{mm} \tag{5-3}$$

根据 8_212 工作面采掘记录,该部位煤厚 $3.1\,\text{m}$,直接顶厚度 $2.3\,\text{m}$。该巷道前 $100\,\text{m}$ 为斜腿拱形巷道(图 5.4),其余均为三心拱巷道。

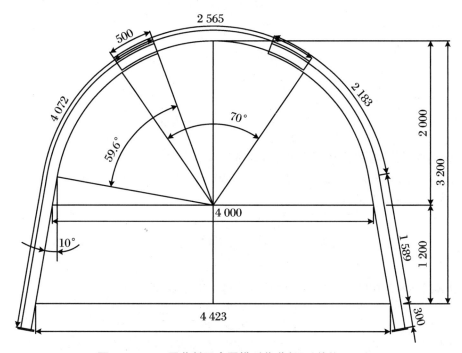

图 5.4 8_214 风巷斜腿半圆拱型巷道断面(单位:mm)

依据实测结果(5-3)和图 5.3,可得

$$OE = PE + PO = 5\,230 + 2\,000 = 7\,230\,(\text{mm}) \tag{5-4}$$

接下来依据平面几何与三角函数确定相关参数。

$\text{Rt}\triangle OFE$ 中,存在如下关系:

$$\sin 45° = \frac{EF}{OE}, \quad \cos 45° = \frac{OF}{OE}$$

整理可得

$$\begin{cases} EF = OE \cdot \sin 45° = 7\,230 \times \dfrac{\sqrt{2}}{2} = 5\,111.61\,(\text{mm}) \\[2mm] OF = OE \cdot \cos 45° = 7\,230 \times \dfrac{\sqrt{2}}{2} = 5\,111.61\,(\text{mm}) \end{cases} \tag{5-5}$$

进而可得

$$FH = OF - OH = OF - (OQ + QH) = 5\,111.61 - (2\,000 + 2\,210) = 901.61\,(\text{mm}) \tag{5-6}$$

在 $\triangle EFH$ 中,因存在如下关系:

$$\tan\alpha_1 = \frac{FH}{EF}$$

故可得

$$\alpha_1 = a\tan\frac{FH}{EF} \times \frac{180}{3.14} = 10.008\,3° \tag{5-7}$$

由于煤层顶板原先就存在向左上方 $15°$ 的倾斜角度,故可得关键块 B 的旋转角度为

$$\angle DKR = 15° - \alpha_1 = 15° - 10.008\,3° = 4.991\,72° \tag{5-8}$$

由于 $Rt\triangle DKS$ 和 $Rt\triangle RKS$ 中,存在下述的三角函数关系:

$$\tan\angle DKS = \frac{DS}{SK} \quad 和 \quad \tan\angle RKS = \frac{RS}{SK} \tag{5-9}$$

故可得

$$\frac{RS}{\tan\angle RKS} = \frac{DS}{\tan\angle DKS} \tag{5-10}$$

因 $DS = RS - RD$,代入上式,于是得

$$\frac{RS}{\tan\angle RKS} = \frac{RS - RD}{\tan\angle DKS} \tag{5-11}$$

取直接顶冒落矸石的碎胀率为 1.25,则 RD 可计算如下:

$$RD = 3\,100 + 2\,350 - 2\,350 \times 1.25 = 2.512\,5\,(\text{m}) \tag{5-12}$$

代入式(5-11),于是可求得 RS:

$$RS = -\frac{RD\,\dfrac{\tan\angle RKS}{\tan\angle DKS}}{1 - \dfrac{\tan\angle RKS}{\tan\angle DKS}} = 7.36\,(\text{m}) \tag{5-13}$$

于是利用 $Rt\triangle RKS$ 中的三角关系可以求得关键块 B 的跨度如下:

$$SK = \frac{RS}{\tan\angle RKS} = \frac{7.36}{0.267\,807} = 27.482\,5\,(\text{m}) \tag{5-14}$$

比较式(5-2)与式(5-14)可知,经验公式计算与现场实测结果十分接近。

5.2　根据经验公式确定老顶侧向断裂位置

由于经验公式与实测结果得到的关键块 B 的跨度十分接近,下面以经验公式的计算结果为依据确定关键块 B 侧向断裂位置。

依据公式(5-9),结合式(5-2)可得 DS、RS 如下:

$$\begin{cases} DS = SK \cdot \tan\angle DKS = 27.67 \times \tan 10.008\,3° = 4.880\,57\,(\text{m}) \\ RS = SK \cdot \tan\angle RKS = 27.67 \times \tan 15° = 7.410\,2\,(\text{m}) \end{cases} \tag{5-15}$$

于是可得

$$RD = 7.410\,2 - 4.880\,57 = 2.529\,63\,(\text{m}) \tag{5-16}$$

依据上述计算结果,还可以求得直接顶冒落矸石的碎胀率:

$$k = \frac{煤厚 + 直接顶厚度 - RD}{直接顶厚度} = \frac{3.1 + 2.35 - 2.529\,63}{2.35} = 1.242\,711 \tag{5-17}$$

可以看出,这一数值与很多文献中给出的碎胀率十分接近,这也间接论证了上述经验公式与现场实测结果的准确性。

$Rt\triangle GMN$ 中,因

$$MN = MG \cdot \tan 15° = 2 \times \tan 15° = 0.535\,6\,(\text{m}) \tag{5-18}$$

于是可求得 MH:

$$MH = QH + QN - MN = 2\,210 + 3\,200 - 535.6 = 4\,874.4\,(\text{mm}) \qquad (5-19)$$

从而可进一步求得 TH：

$$TH = 3\,100 + 2\,350 - 4\,874.4 = 575.6\,(\text{mm}) \qquad (5-20)$$

下面观察相似 $\triangle KTH$ 和 $\triangle KRD$。

因为

$$\triangle KTH \sim \triangle KRD \qquad (5-21)$$

所以：

$$\frac{TH}{RD} = \frac{KD}{KR} = \frac{KI}{KS} = \frac{575.6}{529.63} = 1.086\,79$$

故可得

$$KI = KS \times 0.408\,05 = 27.67 \times 0.227\,54 = 6.296\,1\,(\text{m}) \qquad (5-22)$$

进一步可得

$$KJ = 6.296\,1 + 2.0 = 8.296\,1\,(\text{m}) \qquad (5-23)$$

即关键块 B 在煤层中断裂位置距采空区边界的距离是 8.296 1 m。

由于巷道宽度仅为 3 100 mm,故顶板断裂位置在巷道内侧的实体煤中,采用完全沿空掘巷的话,巷道将处于老顶的保护之中。若采用 3～5 m 小煤柱,则巷道的稳定性将大幅降低。

6 非对称支护压力测试与支护技术研究

　　图6.1所示为采空区及两侧实体煤中地应力分布规律,图示表明采空区与实体煤的交界处是地应力最低的地方,该处竖向地应力几近于零,显然,从巷道维护的角度出发,实施完全沿空掘巷是最理想的选择。但实施完全沿空掘巷也存在一个特殊的、未曾研究过的情况,即巷道两侧的压力是非对称的,且数值相差较大。虽然近年来国内外采用的小煤柱沿空掘巷的巷道两侧也存在压力差,但差值没有完全沿空掘巷大。此外,完全沿空掘巷的巷道在顶部压力与采空区侧压力大幅降低的同时,实体煤侧的侧向压力较原始地应力并无显著减小,而矿用金属支架的设计一方面遵循左右受力对称原则,另一方面遵循竖向压力与侧向压力匹配原则,因此在完全沿空掘巷中使用金属支架尚存在一些需要解决的问题。

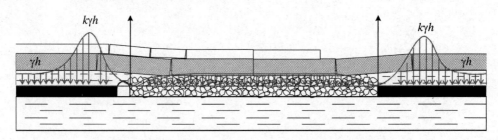

图6.1　采空区及相邻实体煤中地应力分布规律示意图

　　为了正确地使用金属支架支护巷道,了解支架受力情况是十分重要的,如支架的使用不能与受力情况相匹配,那么即使各方向压力不大,支架也会发生很大的变形,并最终导致巷道受到破坏。

　　在此之前国内外关于完全沿空掘巷方面的实践非常少,相关的研究资料也很有限,对于支护压力方面的研究更是从未有过。由于其在支护设计中的重要作用,本研究先后在$8_2 14$风巷布置了2个断面进行了为期10个月的现场实测研究工作。同时为了对比完全沿空掘巷与小煤柱沿空掘巷支护压力的差异,对工程地质条件基本一致、巷道断面及支护方式均相同的$7_2 12$风巷的支护压力也进行了现场实测。

6.1 完全沿空巷道支护压力与围岩(煤)变形的现场实测与分析

6.1.1 压力测试

测试目的:较为准确地测定围岩与金属支架之间的相互作用力,为沿空巷道支护设计提供直接依据。

测试内容:金属支架与围岩(煤)之间的压力、锚架组合结构中锚杆的拉力。

6.1.2 测试工具及使用方法

6.1.2.1 测试工具

锚杆测力计是测定锚杆受力变化的仪器,可直接应用于工程中常见的各类锚杆,适用范围包括煤炭、冶金、矿山、国防、隧道等领域的坑道作业。通过监测锚杆工况,工程技术人员可以对巷道、硐室、围岩应力(应力显现)进行监控。对锚杆测力计稍加改装,还可用于监测围岩与金属直接之间的相互作用力。锚杆测力计基本外观如图6.2所示。

图6.2 锚杆/锚索测力计

本测试所选测力计工作压力为0~60 MPa;压力腔外径95 mm,内径80 mm;中心孔径22 mm;配套压力表分辨率0.1 MPa;测力计总质量1.8 kg,压力计受力截面积40 000 mm²,载荷与表压对照计算公式如下:

$$载荷(t) = 0.53(t/MPa) \times 表压(MPa)$$

6.1.2.2 安装前准备

安装前先给每个锚杆测力计配备两块规格为200×200 mm的钢板,其中一块钢板要在中心打一直径为22 mm的孔,另一块的中心要焊接一规格为40×20 mm的圆钢,另外每块钢板的4个顶点也要各打一个直径为5 mm的孔以及配备符合这4个小孔规格的4颗螺丝和螺母,以便对锚杆测力计进行后续的固定(图6.3)。

图6.3　锚杆测力计用于U形棚受力测试前的准备工作

6.1.3　测力计现场安装

此次压力测试包括以下3部分:
　① 单纯金属支架与围岩之间的压力测试;
　② 锚架组合结构的锚杆拉力测试;
　③ 锚架组合结构金属支架与围岩之间的压力测试。
　对应于3个测试内容,支护方式略有不同,为了区分,现场布置了3个测试断面,各测试断面相距10 m(图6.4)。

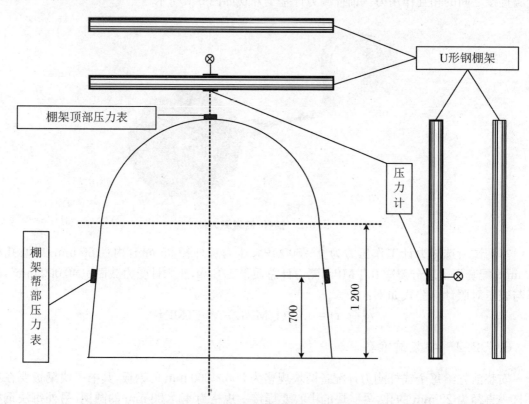

图6.4　测力计安装位置示意图(单位:mm)

1. 金属支架与围岩之间的压力测试

① 如图 6.5 所示,先用胶带将顶梁的压力表与钢板固定,将压力表放置在一块钢板的正中央,用胶带将其与钢板固定,而后将另一块钢板盖于压力表正上方用胶带裹紧固定,另外两块同样处理。

② 安装位置:在顶梁顶点安装一块压力表,在 U 形棚支柱距底板 700 mm 处放置另一块压力表。

③ 本次安装严格按照测点安装要求安装压力表。先将压力表固定在钢板上,而后将固定的压力表再次固定在支架上。

④ 安装完成后记录数据(包括压力表的受力截面积、载荷与压力表的对照计算系数、压力表的安装位置和 U 形棚的序号)。

图 6.5　U 形棚与围岩作用力现场观测照片(取自涡北煤矿)

2. 锚架组合结构的锚杆拉力测试

① 安装位置:在顶梁顶点安装一块压力表,在 U 形棚支柱距底板 700 mm 处放置一块压力表(图 6.6)。

② 本次安装严格按照测点安装要求安装压力表。先将压力表固定在托盘上,而后将固定好的压力表再固定到槽钢中(图 6.7)。

③ 压力表固定后,给锚杆施加预紧力,预紧力为 20 kN 左右(以压力表实际显示值为准)。

④ 记录数据(包括压力表的受力截面积、载荷与压力表的对照计算系数、压力表的安装位置和 U 形棚的序号)。

3. 锚架组合结构情况下围岩与棚架之间压力测试设备的现场安装与测试

测力计安装位置及测试断面测力计布置如图 6.8 所示。

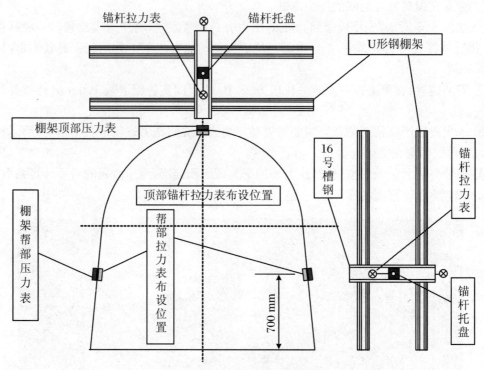

图 6.6 测力计安装位置示意图

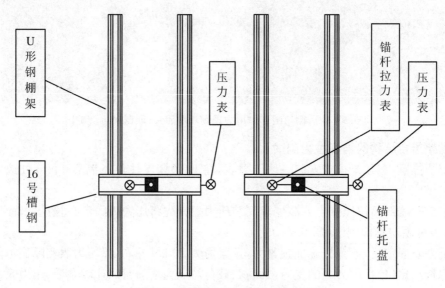

图 6.7 测试断面测力计布置示意图

图 6.8　锚架组合结构现场照片(取自涡北煤矿)

6.2　数 据 采 集

6.2.1　断面一测试数据采集

6.2.1.1　U形棚与围岩(煤)之间作用力观测

测力计安装完毕后,按照 1 次/15 天的频率进行现场检测,检测结果见表 6.1～表 6.10 及图 6.9。

表 6.1

时间:2012 年 5 月 19 日 10 时		备注:压力表安装第 1 天
压力表编号	压力表显示值(MPa)	U形棚实际载荷(kN)
顶部	0	0
采空区侧	0	0
实体煤侧	0	0

表 6.2

时间:2012 年 6 月 3 日 10 时		备注:压力表安装第 15 天
压力表编号	压力表显示值(MPa)	U形棚实际载荷(kN)
顶部	0.5	0.597
采空区侧	0	0
实体煤侧	0	0

表 6.3

时间:2012 年 6 月 18 日 10 时		备注:压力表安装第 30 天
压力表编号	压力表显示值(MPa)	U 形棚实际载荷(kN)
顶部	1.3	6.755
采空区侧	0.2	1.039
实体煤侧	0.3	1.556

表 6.4

时间:2012 年 7 月 3 日 10 时		备注:压力表安装第 45 天
压力表编号	压力表显示值(MPa)	U 形棚实际载荷(kN)
顶部	2.2	11.427
采空区侧	1.5	7.791
实体煤侧	1.6	8.310

表 6.5

时间:2012 年 7 月 18 日 10 时		备注:压力表安装第 60 天
压力表编号	压力表显示值(MPa)	U 形棚实际载荷(kN)
顶部	2.5	12.985
采空区侧	2.1	10.907
实体煤侧	2.2	11.427

表 6.6

时间:2012 年 8 月 3 日 10 时		备注:压力表安装第 75 天
压力表编号	压力表显示值(MPa)	U 形棚实际载荷(kN)
顶部	2.5	12.985
采空区侧	2.9	15.063
实体煤侧	3	15.582

表 6.7

时间:2012 年 8 月 18 日 10 时		备注:压力表安装第 90 天
压力表编号	压力表显示值(MPa)	U 形棚实际载荷(kN)
顶部	2.5	12.985
采空区侧	3	15.582
实体煤侧	3	15.582

表 6.8

时间:2012 年 9 月 3 日 10 时		备注:压力表安装第 105 天
压力表编号	压力表显示值(MPa)	U 形棚实际载荷(kN)
顶部	2.5	12.985
采空区侧	3	15.582
实体煤侧	3	15.582

表 6.9

时间:2012 年 9 月 18 日 10 时		备注:压力表安装第 120 天
压力表编号	压力表显示值(MPa)	U 形棚实际载荷(kN)
顶部	2.5	12.985
采空区侧	3	15.582
实体煤侧	3	15.582

表 6.10

时间:2012 年 10 月 3 日 10 时		备注:压力表安装第 135 天
压力表编号	压力表显示值(MPa)	U 形棚实际载荷(kN)
顶部	2.5	12.985
采空区侧	3	15.582
实体煤侧	3	15.582

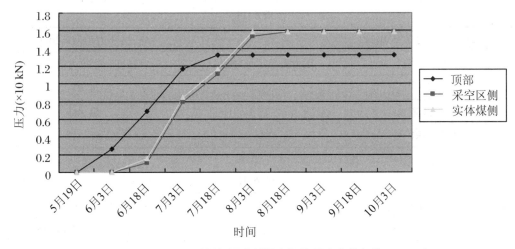

图 6.9　U 形棚与围岩(煤)之间作用力变化规律

6.2.1.2　锚架组合结构的锚杆拉力观测

测力计安装完毕后,按照 1 次/15 天的频率进行现场检测,检测结果见表 6.11～表 6.20

及图 6.10。

表 6.11

时间：2012 年 5 月 19 日 10 时		备注：压力表安装第 1 天
压力表编号	压力表显示值（MPa）（预紧力）	锚杆实际拉力值（kN）
顶部	4.1	21.296
采空区侧	3.7	19.218
实体煤侧	4.3	27.334

表 6.12

时间：2012 年 6 月 3 日 10 时		备注：压力表安装第 15 天
压力表编号	压力表显示值（MPa）	锚杆实际拉力值（kN）
顶部	4.1	21.296
采空区侧	3.7	19.218
实体煤侧	4.3	22.334

表 6.13

时间：2012 年 6 月 18 日 10 时		备注：压力表安装第 30 天
压力表编号	压力表显示值（MPa）	锚杆实际拉力值（kN）
顶部	9.8	50.901
采空区侧	3	15.582
实体煤侧	7.5	38.955

表 6.14

时间：2012 年 7 月 3 日 10 时		备注：压力表安装第 45 天
压力表编号	压力表显示值（MPa）	锚杆实际拉力值（kN）
顶部	14.3	74.274
采空区侧	2.4	12.466
实体煤侧	13	67.522

表 6.15

时间：2012 年 7 月 18 日 10 时		备注：压力表安装第 60 天
压力表编号	压力表显示值（MPa）	锚杆实际拉力值（kN）
顶部	18.7	97.128
采空区侧	2	10.388
实体煤侧	15.2	79.910

表 6.16

时间:2012 年 8 月 3 日 10 时		备注:压力表安装第 75 天
压力表编号	压力表显示值(MPa)	锚杆实际拉力值(kN)
顶部	22.2	115.307
采空区侧	1.8	9.349
实体煤侧	16.5	85.701

表 6.17

时间:2012 年 8 月 18 日 10 时		备注:压力表安装第 90 天
压力表编号	压力表显示值(MPa)	锚杆实际拉力值(kN)
顶部	22.2	115.307
采空区侧	1.8	9.349
实体煤侧	16.5	85.701

表 6.18

时间:2012 年 9 月 3 日 10 时		备注:压力表安装第 105 天
压力表编号	压力表显示值(MPa)	锚杆实际拉力值(kN)
顶部	22.2	115.307
采空区侧	1.8	9.349
实体煤侧	16.5	85.701

表 6.19

时间:2012 年 9 月 18 日 10 时		备注:压力表安装第 120 天
压力表编号	压力表显示值(MPa)	锚杆实际拉力值(kN)
顶部	22.2	115.307
采空区侧	1.7	8.830
实体煤侧	16.8	87.260

表 6.20

时间:2012 年 10 月 3 日 10 时		备注:压力表安装第 135 天
压力表编号	压力表显示值(MPa)	锚杆实际拉力值(kN)
顶部	22.2	115.307
采空区侧	1.7	8.830
实体煤侧	16.8	87.260

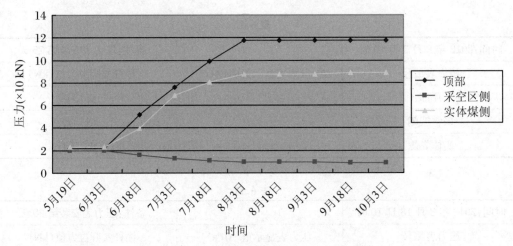

图 6.10   锚架组合结构的锚杆拉力变化规律

6.2.1.3   锚架组合结构围岩与棚架之间压力观测（一）

测力计安装完毕后,按照 1 次/15 天的频率进行现场检测,检测结果见表 6.21～6.30 及图 6.11。

表 6.21

时间:2012 年 5 月 19 日 10 时		备注:压力表安装第 1 天
压力表编号	压力表显示值(MPa)	U 形棚实际载荷(kN)
顶部	0	0
采空区侧	0	0
实体煤侧	0	0

表 6.22

时间:2012 年 6 月 3 日 10 时		备注:压力表安装第 15 天
压力表编号	压力表显示值(MPa)	U 形棚实际载荷(kN)
顶部	0.5	1.715
采空区侧	0	0
实体煤侧	0	0

表 6.23

时间:2012 年 6 月 18 日 10 时		备注:压力表安装第 30 天
压力表编号	压力表显示值(MPa)	U 形棚实际载荷(kN)
顶部	1.3	4.459
采空区侧	0.3	1.558
实体煤侧	1	5.194

表 6.24

时间:2012 年 7 月 3 日 10 时		备注:压力表安装第 45 天
压力表编号	压力表显示值(MPa)	U 形棚实际载荷(kN)
顶部	2.2	11.427
采空区侧	1.1	5.713
实体煤侧	1.7	8.830

表 6.25

时间:2012 年 7 月 18 日 10 时		备注:压力表安装第 60 天
压力表编号	压力表显示值(MPa)	U 形棚实际载荷(kN)
顶部	2.5	12.985
采空区侧	1.7	8.830
实体煤侧	2.4	12.466

表 6.26

时间:2012 年 8 月 3 日 10 时		备注:压力表安装第 75 天
压力表编号	压力表显示值(MPa)	U 形棚实际载荷(kN)
顶部	2.5	12.985
采空区侧	2.2	11.427
实体煤侧	3	15.582

表 6.27

时间:2012 年 8 月 18 日 10 时		备注:压力表安装第 90 天
压力表编号	压力表显示值(MPa)	U 形棚实际载荷(kN)
顶部	2.5	12.985
采空区侧	2.2	11.427
实体煤侧	3	15.582

表 6.28

时间:2012 年 9 月 3 日 10 时		备注:压力表安装第 105 天
压力表编号	压力表显示值(MPa)	U 形棚实际载荷(kN)
顶部	2.5	12.985
采空区侧	2.2	11.427
实体煤侧	3	15.582

表 6.29

时间:2012 年 9 月 18 日 10 时		备注:压力表安装第 120 天
压力表编号	压力表显示值(MPa)	U 形棚实际载荷(kN)
顶部	2.5	12.985
采空区侧	2.2	11.427
实体煤侧	3	15.582

表 6.30

时间:2012 年 10 月 3 日 10 时		备注:压力表安装第 135 天
压力表编号	压力表显示值(MPa)	U 形棚实际载荷(kN)
顶部	2.5	12.985
采空区侧	2.2	11.427
实体煤侧	3	15.582

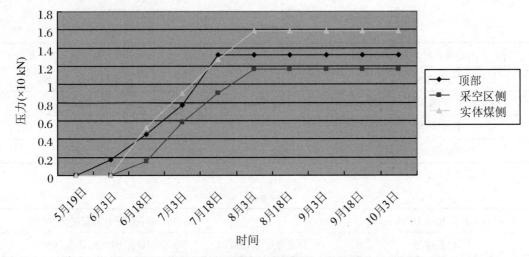

图 6.11　锚架组合结构棚架与围岩(煤)之间作用力变化规律

6.2.1.4　锚架组合结构围岩与棚架之间压力观测(二)

测力计安装完毕后(图 6.12),按照 1 次/15 天的频率进行现场检测,检测结果见表 6.31～表 6.40 及图 6.13。

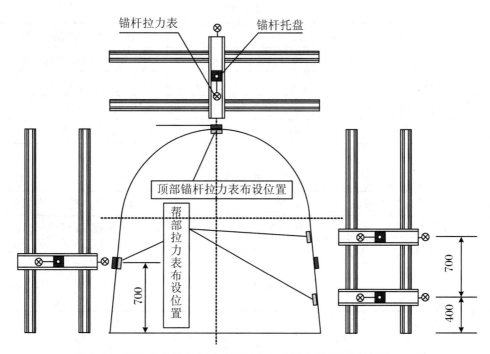

图 6.12　锚架组合结构(二)测试断面测力计布置示意图(单位:mm)

表 6.31

时间:2012 年 5 月 19 日 10 时		备注:压力表安装第 1 天
压力表编号	压力表显示值(MPa)	U 形棚实际载荷(kN)
顶部	0	0
采空区侧	0	0
实体煤侧	0	0

表 6.32

时间:2012 年 6 月 3 日 10 时		备注:压力表安装第 15 天
压力表编号	压力表显示值(MPa)	U 形棚实际载荷(kN)
顶部	0.5	1.715
采空区侧	0	0
实体煤侧	0	0

表 6.33

时间:2012 年 6 月 18 日 10 时		备注:压力表安装第 30 天
压力表编号	压力表显示值(MPa)	U 形棚实际载荷(kN)
顶部	1.3	4.459
采空区侧	0.3	1.558
实体煤侧	1	5.488

表 6.34

时间:2012 年 7 月 3 日 10 时		备注:压力表安装第 45 天
压力表编号	压力表显示值(MPa)	U 形棚实际载荷(kN)
顶部	2.2	11.427
采空区侧	1	5.488
实体煤侧	1.7	8.830

表 6.35

时间:2012 年 7 月 18 日 10 时		备注:压力表安装第 60 天
压力表编号	压力表显示值(MPa)	U 形棚实际载荷(kN)
顶部	2.5	12.985
采空区侧	1.6	8.310
实体煤侧	2.4	12.466

表 6.36

时间:2012 年 8 月 3 日 10 时		备注:压力表安装第 75 天
压力表编号	压力表显示值(MPa)	U 形棚实际载荷(kN)
顶部	2.5	12.985
采空区侧	2	10.388
实体煤侧	3	15.582

表 6.37

时间:2012 年 8 月 18 日 10 时		备注:压力表安装第 90 天
压力表编号	压力表显示值(MPa)	U 形棚实际载荷(kN)
顶部	2.5	12.985
采空区侧	2	10.388
实体煤侧	3	15.582

表 6.38

时间:2012 年 9 月 3 日 10 时		备注:压力表安装第 105 天
压力表编号	压力表显示值(MPa)	U 形棚实际载荷(kN)
顶部	2.5	12.985
采空区侧	2	10.388
实体煤侧	3	15.582

表 6.39

时间:2012 年 9 月 18 日 10 时		备注:压力表安装第 120 天
压力表编号	压力表显示值(MPa)	U 形棚实际载荷(kN)
顶部	2.5	12.985
采空区侧	2	10.388
实体煤侧	3	15.582

表 6.40

时间:2012 年 10 月 3 日 10 时		备注:压力表安装第 135 天
压力表编号	压力表显示值(MPa)	U 形棚实际载荷(kN)
顶部	2.5	12.985
采空区侧	2	10.388
实体煤侧	3	15.582

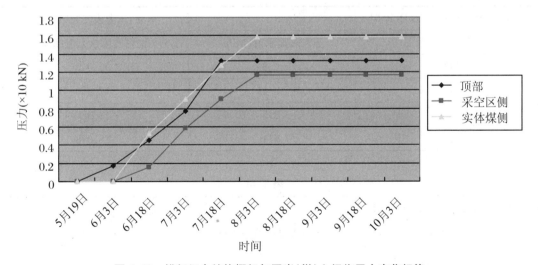

图 6.13　锚架组合结构棚架与围岩(煤)之间作用力变化规律

6.2.1.5 锚架组合结构的锚杆拉力观测(二)

测力计安装完毕后,按照 1 次/15 天的频率进行现场检测,检测结果见表 6.41～表6.50及图 6.14。

表 6.41

时间:2012 年 5 月 19 日 10 时			备注:压力表安装第 1 天
压力表编号		压力表显示值(MPa)(预紧力)	锚杆实际拉力值(kN)
顶部		3.4	17.660
采空区侧		3.5	18.179
实体煤侧	上	2	10.388
	下	3.9	20.257

表 6.42

时间:2012 年 6 月 3 日 10 时			备注:压力表安装第 15 天
压力表编号		压力表显示值(MPa)	锚杆实际拉力值(kN)
顶部		4.1	21.295
采空区侧		3.5	18.179
实体煤侧	上	2	10.388
	下	4.1	21.295

表 6.43

时间:2012 年 6 月 18 日 10 时			备注:压力表安装第 30 天
压力表编号		压力表显示值(MPa)	锚杆实际拉力值(kN)
顶部		9.8	96.040
采空区侧		3.4	17.660
实体煤侧	上	2.5	12.985
	下	5.4	28.048

表 6.44

时间:2012 年 7 月 3 日 10 时			备注:压力表安装第 45 天
压力表编号		压力表显示值(MPa)	锚杆实际拉力值(kN)
顶部		14.3	74.274
采空区侧		3	15.582
实体煤侧	上	6.9	35.839
	下	9.8	96.040

表 6.45

时间:2012 年 7 月 18 日 10 时		备注:压力表安装第 60 天
压力表编号	压力表显示值(MPa)	锚杆实际拉力值(kN)
顶部	18.7	97.128
采空区侧	2.7	14.024
实体煤侧 上	8.9	46.227
实体煤侧 下	11.8	61.289

表 6.46

时间:2012 年 8 月 3 日 10 时		备注:压力表安装第 75 天
压力表编号	压力表显示值(MPa)	锚杆实际拉力值(kN)
顶部	22.3	115.826
采空区侧	2.4	12.466
实体煤侧 上	9.4	48.824
实体煤侧 下	13.1	68.041

表 6.47

时间:2012 年 8 月 18 日 10 时		备注:压力表安装第 90 天
压力表编号	压力表显示值(MPa)	锚杆实际拉力值(kN)
顶部	22.3	115.826
采空区侧	2.4	12.466
实体煤侧 上	9.4	48.824
实体煤侧 下	13.1	68.041

表 6.48

时间:2012 年 9 月 3 日 10 时		备注:压力表安装第 105 天
压力表编号	压力表显示值(MPa)	锚杆实际拉力值(kN)
顶部	22.3	115.826
采空区侧	2.4	12.466
实体煤侧 上	9.4	48.824
实体煤侧 下	13.1	68.041

表 6.49

时间:2012 年 9 月 18 日 10 时		备注:压力表安装第 120 天
压力表编号	压力表显示值(MPa)	锚杆实际拉力值(kN)
顶部	22.3	115.826
采空区侧	2.3	11.946
实体煤侧 上	9.4	48.824
下	13.1	68.041

表 6.50

时间:2012 年 10 月 3 日 10 时		备注:压力表安装第 135 天
压力表编号	压力表显示值(MPa)	锚杆实际拉力值(kN)
顶部	22.3	115.826
采空区侧	2.3	11.946
实体煤侧 上	9.4	48.824
下	13.1	68.041

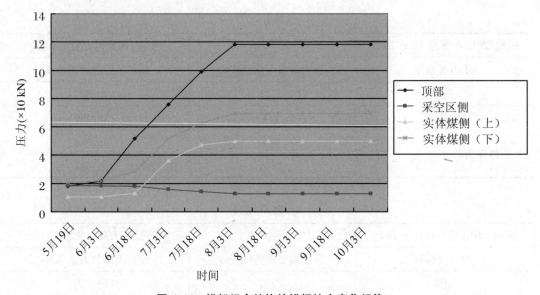

图 6.14　锚架组合结构的锚杆拉力变化规律

6.2.1.6　数据分析

① 表 6.1～表 6.10 的数据表明:竖向与侧向压力均不大,但竖向压力较小,其对拱部的作用无法很好地抵消侧向压力在拱部产生的向内弯矩。

② 仅依据表 6.1～表 6.10 的数据无法确定金属支架的非对称承载情况。

③ 图 6.15 的曲线表明:完全沿空掘巷支护结构的承载为非对称承载,采空区一侧围岩与

支护结构之间存在作用力,但数值较小;实体煤一侧围岩对支护结构作用力远大于采空区一侧对应的载荷。

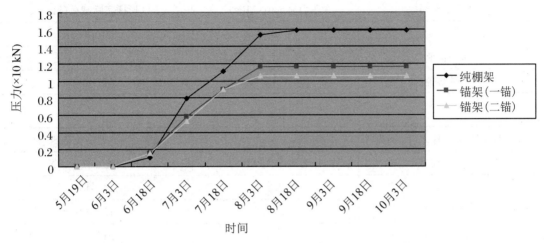

图 6.15　三种不同支护方式采空侧围岩与棚架之间的压力变化规律

④ 实体煤一侧锚架组合结构中锚杆的较大拉力表明:锚杆对结构的整体稳定具有很大的影响。

⑤ 巷道两侧锚杆拉力差异较大及相应棚架之后压力数值之间差异较大的事实表明,在实体煤一侧实施锚架组合结构具有很好的效果。通常情况下,采空区一侧无需实施锚架组合结构。

⑥ 表 6.1~表 6.10 与表 6.21~表 6.30 的数据表明:采空区侧对支架的主动侧向压力较小,很大部分压力来自支架实体煤侧压力作用,即实体煤侧的煤对支架实施主动作用,而采空区侧围岩对棚架的作用力中的相当一部分属反作用力。因此,支架两侧作用力的性质是不同的,实体煤对棚架实施的是主动作用,采空侧矸石对支架的作用是主动与被动的结合。

6.3　小煤柱沿空巷道支护压力与围岩(煤)变形的现场实测与分析

此次压力测试内容为:锚架组合结构的围岩与金属支架相互作用力测试。相关压力表安装等情况均与 $8_2 14$ 风巷一致。

6.3.1　$7_2 12$ 风巷压力观测原始数据

$7_2 12$ 风巷压力观测数据及变化规律见表 6.51~表 6.55 及图 6.16。

表 6.51

时间:2012 年 7 月 14 日 10 时		备注:压力表安装第 40 天
压力表编号	压力显示值(MPa)	U 形棚实际载荷(kN)
顶部	2	10.388
采空区侧	2.4	12.466
实体煤侧	3.3	17.140

表 6.52

时间:2012 年 8 月 22 日 10 时		备注:压力表安装第 80 天
压力表编号	压力显示值(MPa)	U 形棚实际载荷(kN)
顶部	2.8	14.543
采空区侧	3	15.582
实体煤侧	4.8	24.931

表 6.53

时间:2012 年 9 月 22 日 10 时		备注:压力表安装第 110 天
压力表编号	压力显示值(MPa)	U 形棚实际载荷(kN)
顶部	2.9	15.063
采空区侧	3.1	16.101
实体煤侧	5.2	27.009

表 6.54

时间:2012 年 10 月 22 日 10 时		备注:压力表安装第 140 天
压力表编号	压力显示值(MPa)	U 形棚实际载荷(kN)
顶部	2.9	15.063
采空区侧	3.1	16.101
实体煤侧	5.2	27.009

表 6.55

时间:2012 年 11 月 22 日 10 时		备注:压力表安装第 160 天
压力表编号	压力显示值(MPa)	U 形棚实际载荷(kN)
顶部	2.9	15.063
采空区侧	3.1	16.101
实体煤侧	5.2	27.009

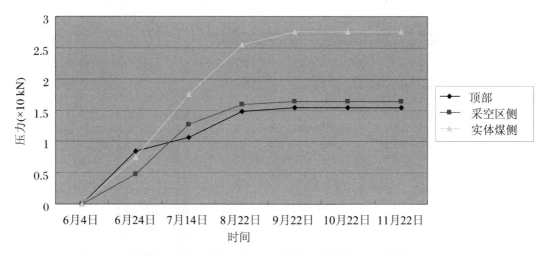

图 6.16　小煤柱沿空掘巷锚架结构 U 形棚与围岩(煤)之间的作用力变化规律

6.3.2　测试结果分析

① 从上述结果可以看出,小煤柱沿空掘巷的支护压力依然是不对称的。

② 比较完全沿空掘巷的支护压力规律,完全沿空掘巷的顶压远小于小煤柱沿空巷道的顶压,相差 2.6 倍;两帮的侧压也相差很大,完全沿空巷道实体煤侧压力仅为小煤柱情况下实体煤侧压力的 57.7%。

③ 完全沿空掘巷的应力环境远好于小煤柱沿空掘巷,因此支护成本方面可以大幅降低,在其他条件合适的情况下,完全沿空掘巷是一种非常合理的支护方式。

④ 完全沿空掘巷的实体煤侧压力与采空区侧压力相差较大,因此完全沿空巷道的支护形式必须考虑不对称承载问题。

⑤ 围岩(煤)对支架两侧的作用力性质不同,实体煤对支架实施的是主动作用,采空区落矸对支架的作用力中的有一部分属被动作用力。

6.4　完全沿空掘巷动压的现场实测与分析

为了更深入地了解完全沿空巷道支护压力的变化规律,对工作面推进过程中支护压力的变化情况也进行了一定程度的监测,监测断面位于工作面 300 m,监测数据显示的是测试断面距工作面距离的变化规律,监测密度为 1 次/15 m。监测起始位置:测试断面距工作面 250 m;监测结束位置:测试断面距工作面 60 m。压力表布置见图 6.17。

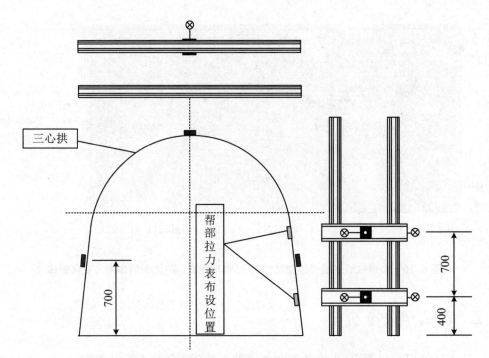

图 6.17 完全沿空掘巷锚架结构压力表布置示意图(单位:mm)

动压测试内容有两个:① 围岩(煤)与棚架之间压力测试;② 锚杆拉力测试。

6.4.1 围岩(煤)与棚架之间压力测试

测试点 3 个:顶中、两帮,测试密度:1 次/20 m,检测结果见表 6.56～表 6.66 及图 6.18。

表 6.56

地点:距工作面 255 m

压力表编号	压力表显示值(MPa)	U 形棚实际载荷(kN)
顶部	2.6	13.504
采空区侧	1.6	8.310
实体煤侧	3	15.582

表 6.57

地点:距工作面 235 m

压力表编号	压力表显示值(MPa)	U 形棚实际载荷(kN)
顶部	2.6	13.504
采空区侧	1.6	8.310
实体煤侧	3	15.582

表 6.58

地点:距工作面 215 m

压力表编号	压力表显示值(MPa)	U 形棚实际载荷(kN)
顶部	2.7	14.024
采空区侧	1.6	8.310
实体煤侧	3	15.582

表 6.59

地点:距工作面 195 m

压力表编号	压力表显示值(MPa)	U 形棚实际载荷(kN)
顶部	2.9	15.063
采空区侧	1.7	8.830
实体煤侧	3.1	16.101

表 6.60

地点:距工作面 175 m

压力表编号	压力表显示值(MPa)	U 形棚实际载荷(kN)
顶部	3.2	16.621
采空区侧	1.8	9.349
实体煤侧	3.3	17.140

表 6.61

地点:距工作面 155m

压力表编号	压力表显示值(MPa)	U 形棚实际载荷(kN)
顶部	3.6	18.698
采空区侧	1.9	9.869
实体煤侧	3.4	17.660

表 6.62

地点:距工作面 135 m

压力表编号	压力表显示值(MPa)	U 形棚实际载荷(kN)
顶部	4.1	21.295
采空区侧	2	10.388
实体煤侧	3.6	18.698

表 6.63

地点:距工作面 115 m

压力表编号	压力表显示值(MPa)	U 形棚实际载荷(kN)
顶部	4.7	24.412
采空区侧	2.2	11.427
实体煤侧	3.9	20.257

表 6.64

地点:距工作面 95 m

压力表编号	压力表显示值(MPa)	U 形棚实际载荷(kN)
顶部	5.4	28.048
采空区侧	2.4	12.466
实体煤侧	4.3	22.334

表 6.65

地点:距工作面 75 m

压力表编号	压力表显示值(MPa)	U 形棚实际载荷(kN)
顶部	6.2	32.203
采空区侧	2.7	14.024
实体煤侧	4.8	24.931

表 6.66

地点:距工作面 55 m

压力表编号	压力表显示值(MPa)	U 形棚实际载荷(kN)
顶部	7.1	36.877
采空区侧	3	15.582
实体煤侧	5.2	27.009

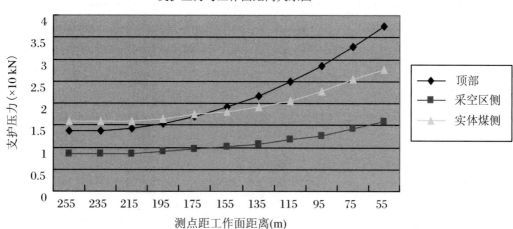

图 6.18　锚架组合结构棚架与围岩(煤)之间作用力变化规律

6.4.2　锚架组合结构的锚杆拉力观测

按照 1 次/20 m 的密度进行现场检测,检测结果见表 6.67～表 6.77 及图 6.19。

表 6.67

地点:距工作面 255 m

压力表编号		压力表显示值(MPa)	锚杆实际拉力值(kN)
实体煤侧	上	10.1	52.459
	下	14.6	75.832

表 6.68

地点:距工作面 235 m

压力表编号		压力表显示值(MPa)	锚杆实际拉力值(kN)
实体煤侧	上	10.1	52.459
	下	14.6	75.832

表 6.69

地点:距工作面 215 m

压力表编号		压力表显示值(MPa)	锚杆实际拉力值(kN)
实体煤侧	上	10.1	52.459
	下	14.6	75.832

表 6.70

地点：距工作面 195 m

压力表编号		压力表显示值（MPa）	锚杆实际拉力值（kN）
实体煤侧	上	10.2	52.979
	下	14.9	77.391

表 6.71

地点：距工作面 175 m

压力表编号		压力表显示值（MPa）	锚杆实际拉力值（kN）
实体煤侧	上	10.6	55.056
	下	15.3	79.468

表 6.72

地点：距工作面 155 m

压力表编号		压力表显示值（MPa）	锚杆实际拉力值（kN）
实体煤侧	上	11	57.134
	下	15.7	81.546

表 6.73

地点：距工作面 135 m

压力表编号		压力表显示值（MPa）	锚杆实际拉力值（kN）
实体煤侧	上	11.6	60.250
	下	16.4	85.182

表 6.74

地点：距工作面 115 m

压力表编号		压力表显示值（MPa）	锚杆实际拉力值（kN）
实体煤侧	上	12.3	63.886
	下	17.1	88.817

表 6.75

地点：距工作面 95 m

压力表编号		压力表显示值（MPa）	锚杆实际拉力值（kN）
实体煤侧	上	13.2	68.561
	下	18.1	94.011

表 6.76

地点:距工作面 75 m			
压力表编号		压力表显示值(MPa)	锚杆实际拉力值(kN)
实体煤侧	上	14.1	73.235
	下	20.5	106.477

表 6.77

地点:距工作面 55 m			
压力表编号		压力表显示值(MPa)	锚杆实际拉力值(kN)
实体煤侧	上	16.4	85.182
	下	23.6	122.578

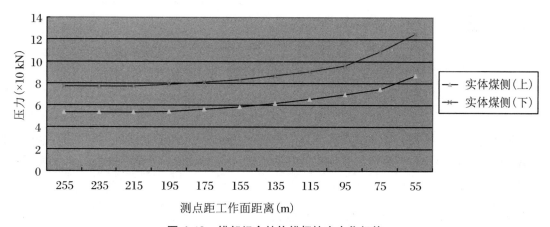

图 6.19　锚架组合结构锚杆拉力变化规律

6.4.3　总结

① 距工作面 50 m 内为超前支护范围,在实施超前支护的情况下,巷顶、实体煤侧和采空区侧围岩与支护结构之间的压力增幅分别为 173%、87.5% 和 73.3%。顶部压力增幅远超过两侧压力增幅。

② 在实施实体煤侧单边双锚架方式补强支护的情况下,上、下锚杆拉力的增幅分别为 62.4% 和 61.6%。上、下锚杆拉力增幅相差不大,说明上部锚杆位置有些偏上。

③ 上述压力数据进一步论证了完全沿空巷道不对称支护方式抵御动压的效果很好。

7 $8_2$14 完全沿空掘巷围岩(煤)控制机理与技术研究

前面章节分别对 $8_2$14 与 $8_2$12 交界位置的应力场进行了数值模拟,对关键块的长度及断裂位置进行了现场实测和相关计算,对完全沿空巷道的支护压力进行了现场工业性试验,所有这些研究的目的主要有两个:一是为完全沿空巷道的支护设计奠定基础,二是监测支护方式的合理与否。

7.1 完全沿空掘巷巷道变形机理分析

采用完全沿空掘巷的最大优点在于地应力场的场强较小,便于巷道的后期维护。但是,完全沿空掘巷围岩的受力与变形与其他实体煤巷道差异很大,因此,其围岩变形的机理具有十分鲜明的特点。

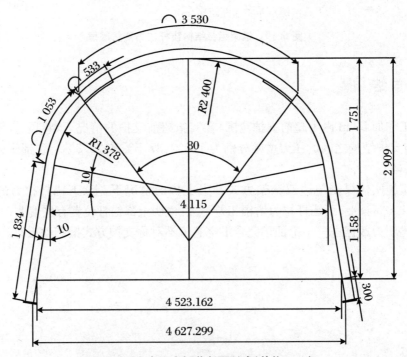

图 7.1 完全沿空掘巷断面形式(单位:mm)

1. 板桥式承载机理

首先,关键块 B 在煤层中的断裂位置距采空区边界是 8.296 1 m,完全沿空掘巷巷道的宽度是 4.627 3 m,因此巷道老顶的关键块 B 的一端支撑在直接顶冒落形成的矸石上,另一端支撑在宽度为 3.668 8 m 的煤柱上,由于关键块 B 的宽度长达 27.482 5 m,因此巷道受到的来自采空区一侧冒落矸石的压力非常有限,即使在动压作用下产生的压力也不会很大。虽然实体煤一侧 3.668 8 m 的支撑煤柱不算很宽,但上方的地压因 8₂12 工作面开采的原因变得较小,关键块 B 受到的竖向压力并不是很大,于是巷道实体煤一侧 3.668 8 m 的支撑煤柱承载有限,故处于关键块 B 下方的巷道犹如桥下的涵洞,因受到上方稳定老顶的保护,具有较高的稳定性。

2. 不对称承载机理

由于关键块 B 在采空区一侧的断裂位置距完全沿空巷道较远,因此,上方竖向地压导致的采空区一侧的作用于支架上的侧向压力较小。而关键块 B 在实体煤一侧的断裂位置距巷道较近,且关键块上方的压力在支撑煤柱范围有一定的集中程度,故下方的煤柱必然承受较大的竖向压力,加上煤的强度较小,侧压系数较大,形成的横向应力也较大,所以巷道左右两侧的侧向压力差异明显,形成不对称受力。前述的支护压力监测也明确论证了这一特性。

7.2　许疃煤矿 8₂14 完全沿空掘巷支护技术

7.2.1　巷道断面与支护方式确定

7.2.1.1　基本支护形式的确定

8₂14 风巷跟底板走,巷道一边为采空区冒落矸石,矸石虽已被挤压密实,但强度较低。巷道另一侧为实体煤,该实体煤在先前 8₂12 工作面开采的过程中因集中应力的作用,加上又属极松散性质,故早已松散、破碎。上方的直接顶为强度较低的泥岩,因经过前期集中应力的剧烈作用,稳定性已大幅降低。考虑到锚网支护的优势难以发挥,同时考虑到许疃煤矿当前的支护技术水平与状况,经充分研究、讨论,最终决定采用 29♯U 形棚架方式进行支护。

由于处于采空区边缘,8₂14 风巷附近的地应力场的强度很低,所以其支护强度不必设计得太高。考虑到支护压力主要发生在工作面推进过程中巷道超前加强支护的范围内,故科学、合理的支护设计既要体现出动压影响范围内超前支护的便捷、高效与安全,又要考虑到动压来临之前围压较小的特点。目前国内外一般采用单体液压支柱作为巷道超前支护的主要手段。这一临时设备轻便、实用,而且易于操作,但这一临时支护手段在直墙半圆拱巷道中实施效果不佳,主要原因在于该种巷道高度较高、拱部曲率较大,液压支柱的承载能力难以发挥,支护效果不好,这也是许多煤矿将巷道设计成矩形或梯形截面的主要原因。但是,无论是矩形巷道,还是梯形巷道,其稳定性都远低于拱形巷道。为了更好地解决这一客观矛盾,经过多次详细地分析与研究,最终决定支护形式为三心拱 U 形棚架形式。

三心拱棚架支护方式曾是国内外煤矿巷道支护的主要形式之一,但近 20 年来已很少采用,因为它是一种在较低地压情况下才较为适用的支护方式,相对于矩形断面和梯形断面的棚架支护方式,三心拱棚架支护方式的承载力较高,但相对于半圆拱棚架支护方式,其承载力又偏低。因此,三心拱棚架支护方式是一种适用于浅井煤层巷道的更有效的支护方式。近 20 年来,由于煤炭开采深度持续增大,巷道支护压力不断升高,20 世纪 90 年代以后,该种支护方式就已渐渐地淡出了深部矿井,但在超前支护中,这种支护方式的优点仍十分明显,主要体现在以下几个方面:

① 巷道高度相对较低,施工难度相对较小,支护成本相对较低,成巷速度也较半圆拱巷道有较大幅度提高。

② 除了巷道高度较低以外,三心拱巷道的拱部曲率也相对较小,这两点因素都使得液压点柱的承载能力得以高效发挥。

③ 支架回收方面,该支架也因为其高度较低,尺寸较小,质量较轻,而易于回收。

④ 承载力远大于梯形和矩形断面对应的棚架支护的承载力。

7.2.1.2　补强支护形式的确定

支护压力的现场实测结果表明,完全沿空巷道特殊的顶板承载方式及两边支撑介质的差异导致巷道两侧的支护压力差异较大,即支护载荷有明显的不对称性。对于一个对称的承载结构而言,载荷的不对称性对支架整体的稳定性有很大的危害,为此,需要设置辅助的支护手段来削弱这种不对称性的影响。结合先前涡北煤矿 $8_2 03$ 机巷采用的锚架组合支护结构取得的经验,此处在巷道的实体煤侧采用单边锚架组合结构,形成不对称的锚架组合结构支护方式,具体见图 7.2。

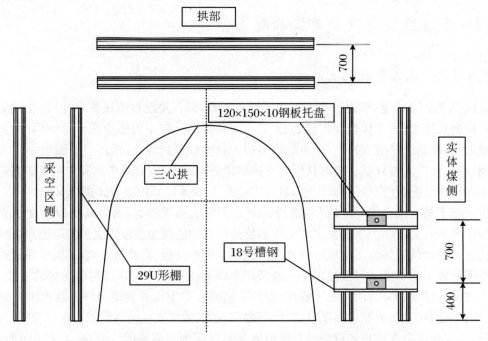

图 7.2　许疃煤矿 $8_2 14$ 风巷不对称锚架组合结构示意图(单位:mm)

该种支护方式的力学机理非常清楚,主要是利用锚杆与槽钢组合成的锚梁给实体煤侧的金属支架棚柱以反方向作用力,较大幅度地减小了来自实体煤侧的较大侧压引起的弯矩,从而维护支架的稳定。

7.2.2 关键支护技术

7.2.2.1 煤巷支架变形与破坏原因分析

煤层中的巷道,尤其是松散煤层中的巷道,其支架的稳定性与围煤压力的分布性质密切相关,支架各部位承受连续分布的围煤压力对限制支架内危险截面处的最大弯矩值具有很大影响,尤其作用在支架拱腰部位外侧的压力较大,对保持支架的承载力具有重要意义,一旦拱腰外侧压力丧失,支架承载力就会大幅削弱。仔细观察、研究各种破坏严重的煤层巷道,均具有一个共同的特征,即拱腰部位外侧均出现了一个空洞,该部位围岩(煤)应力集中程度较高,往往煤体容易破碎、流出。通常情况下,因压力丧失而导致的拱腰外侧 U 形钢支架中的最大弯矩值是原先的 2.5～3 倍。正是这一压力变化导致了支架变形和破坏。

7.2.2.2 关键技术

关键技术有以下两个:

1. 设置双抗布

就是在煤与竹笆之间设置一层一定宽度的双抗布。该层布可以有效阻止碎煤流出,保持支架受力的稳定性,同时也有效提高了棚架后面松动圈范围内碎煤的密实度和较大的压力值。碎煤不外流,支架的承载力可以得到有效保持;松动圈内较大的密实度可以大幅提高锚杆与围煤之间的摩擦阻力,增强锚杆的支护效果。

8_214 风巷中,为了对比分析双抗布的效果,特别设置了两个试验段进行对照,一个试验段无双抗布,另一个试验段有双抗布,各取 4 个监测断面,图 7.3 所示曲线是 4 个断面监测数据的加权平均值,两帮测点距底板 200 mm。图中曲线显示,无双抗布区段历经一段时间后,因拱腰部位外侧的碎煤流漏,支架承载力大幅降低,变形速度重新上升。有双抗布区段,变形速率逐渐降低并趋于稳定。显然,双抗布对保持支护结构的承载力具有重要的作用。

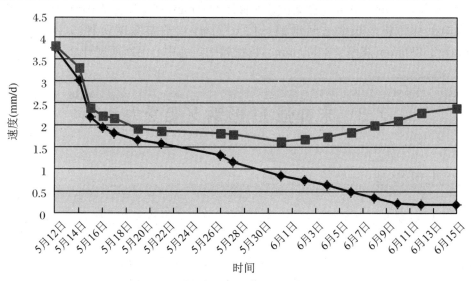

(a) 两帮移近速度对比曲线

图 7.3 有双抗布与无双抗布效果对比图

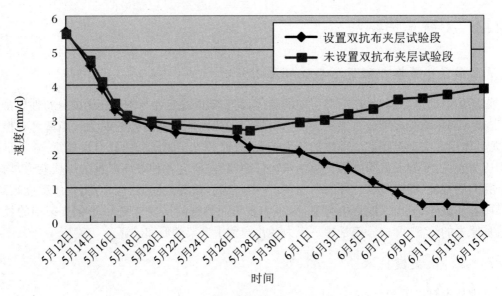

(b) 顶底移近速度对比曲线

图 7.3　有双抗布与无双抗布效果对比图(续)

2. 设置锚梁

关于锚梁的作用机理在前文已进行了分析,值得一提的是,松散煤巷中的锚梁技术必须配合双抗布使用方可得到理想效果,单独使用其中一个技术是难以奏效的,甚至会产生反作用。

综上所述,关键技术就是同时铺设双抗布与设置锚梁。

7.2.3　支护参数

$8_2 14$ 风巷采用 29♯U 形钢三心拱支架,梁柱对接段长度:550 mm,对接处用 3 副 U 形卡缆卡紧,棚距为 700 mm(50 m 纯棚架试验段棚距 600 mm,其余均为 700 mm),竹笆背拱帮,其中实体煤侧拱部竹笆与煤壁之间增铺一层双抗布,双抗布宽度两种:1 200 mm(煤厚≤2 500 mm)、2 000 mm(煤厚≥2 500 mm),以拱腰中点为中心沿断面展开。

7.3　未补强 U 形钢支架受力计算

7.3.1　几何模型

三心拱 U 形钢支架如图 7.4 所示。该支架腿部与普通的拱形支架并无区别,为了降低巷道的高度,拱部支架由 3 段构成,3 段圆弧的中心点分别为 C_2、C_3、C_4,各部分尺寸也在下图中精确标出。尺寸标注的精度达到 0.01 mm,完全能满足后文精确计算的要求。

描述该三心拱支架的几何结构涉及的参数有:直线段棚腿长度 L、棚腿外扎角度 fai_1、与棚腿相邻弧线段(圆心为 C_2)半径 r_2、与棚腿相邻弧线段(圆心为 C_2)转角 fai_2、顶部弧线段

（圆心为 C_3）半径 r_3、顶部弧线段（圆心为 C_3）转角 fai_3、钢架总宽度 a、钢架总高度 h，共 8 个几何参数。

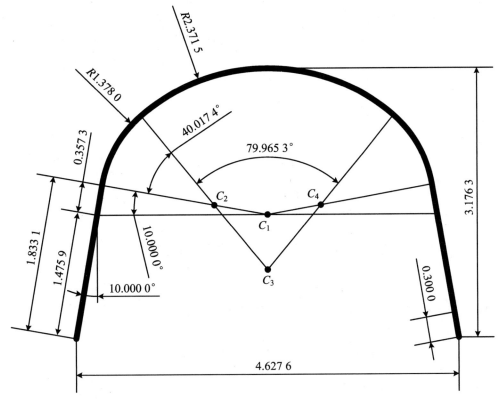

图 7.4　常规 U 形钢支架受力计算几何模型（单位:mm）

7.3.2　力学模型

U 形钢支架所受围岩的作用力可以用远场竖直方向荷载 q_1 和水平方向荷载 q_2 表示，两荷载的数值由现场监测而得：$q_1 = 1\,175\,938\ \text{N/m}$，$q_2 = 862\,187.5\ \text{N/m}$。

棚腿底端 A 点的约束由沿棚柱方向斜向上的反力 R_1 和垂直棚柱向外的反力 R_2 构成。R_1、R_2 这一对正交力形式上类似于固定铰支座约束，但不能完全等价，因为水平方向的约束力 R_2 与竖直方向约束力 R_1 是有关联的，R_2 是由于棚腿向内的位移受到底板的阻碍而产生的，R_2 实质是一个摩擦力，它的大小取决于 R_1 的值及棚腿与底板的摩擦系数：

$$R_2 = \mu R_1 = 0.25 R_1 \qquad (7-1)$$

U 形钢支架顶点 C 受到对称侧产生的固定端约束，由于对称效果影响，该固定端约束只有水平方向的反力 R_3 和集中力偶 R_4，不包括竖直向上的集中力。

根据现有的支护设计，U 形钢支架受力分析模型可最终简化为远场应力作用下的静定结构，如图 7.5 所示。

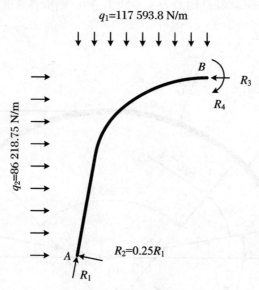

图 7.5　常规 U 形钢支架受力计算力学模型

7.3.3　常规 U 形钢支架受力计算分析

7.3.3.1　约束反力求解

水平方向的静力学平衡方程

$$\sum X = 0$$

$$q_2 \cdot h - R_2 \cdot \cos fai_1 + R_1 \cdot \sin fai_1 - R_3 = 0 \tag{7-2}$$

竖直方向的静力学平衡方程

$$\sum Y = 0$$

$$R_1 \cdot \cos fai_1 + R_2 \cdot \sin fai_1 - q_1 \cdot \frac{a}{2} = 0 \tag{7-3}$$

由力矩平衡方程可得

$$\sum M_A = 0$$

即

$$-\frac{1}{8} q_1 \cdot a^2 - \frac{1}{2} q_2 \cdot h^2 - R_4 + R_3 \cdot h = 0 \tag{7-4}$$

将 3 个平衡方程及 R_1、R_2 之间的关系式联立,利用 MAPLE 软件解出 R_1、R_2、R_3、R_4。
MAPLE 软件求解程序如下:

```
Digits：= 4；
L：= evalf(1.8331)；
fai1：= 10 * evalf(Pi,4)/180；
r2：= evalf(1.3780)；
fai2：= 40.0174 * evalf(Pi,10)/180；
```

$r3: = evalf(2.3715);$

$fai3: = 79.9653/2 * evalf(Pi,10)/180;$

$a: = evalf(4.6276);$

$h: = evalf(3.1763);$

$q1: = 117593.8;$

$q2: = 86218.75;$

$eqn1: = q2 * h - R2 * cos(fai1) + R1 * sin(fai1) - R3;$

$eqn2: = R1 * cos(fai1) + R2 * sin(fai1) - q1 * a/2;$

$eqn3: = -1/8 * q1 * a * a - 0.5 * q2 * h * h - R4 + R3 * h;$

$eqn4: = R2 - 0.25 * R1;$

$solve(\{eqn1 = 0, eqn2 = 0, eqn3 = 0, eqn4 = 0\}, \{R1, R2, R3, R4\});$

运算结果如下：

$Digits: = 4$

$L: = 1.8331$

$fai1: = 1.746$

$r2: = 1.378$

$fai2: = .6985$

$r3: = 2.372$

$fai3: = .6978$

$a: = 4.628$

$h: = 3.176$

$q1: = 117593.8$

$q2: = 86218.75$

$eqn1: = 273800. - .9848\ R2 + .1739\ R1 - R3;$

$eqn2: = .9848\ R1 + .1737\ R2 - R3;$

$eqn3: = -749900. - R4 + 3.176\ R3;$

$eqn4: = R2 - .25\ R1;$

$\{R4 = 58730., R1 = 264700., R3 = 254600., R2 = 66180.\}$

故 4 个约束反力的运算结果如下：

$\{R4 = .5873e5, R1 = .2647e6, R3 = .2546e6, R2 = .6618e5\}$

7.3.3.2 分段列出轴力方程、弯矩方程

将分析对象分成 AC、CD、DA 三段，以 x_1、x_2、x_3 作为自变量分别列出各段的轴力方程及弯矩方程。自变量 x_1 的取值范围为 $[0, 1.833\ 1]$，x_2 的取值范围为 $[10°, 50.017\ 4°]$，x_3 的取值范围为 $[50.017\ 4°, 90°]$。合理选择自变量 x_2、x_3 的取值范围能大大简化内力方程，极大减小计算量。

AC 段轴力方程：

$$N_1 = -q_1 \cdot x_1 \cdot \sin fai_1 \cdot \cos fai_1 + q_2 \cdot x_1 \cdot \cos fai_1 \cdot \sin fai_1 + R_1$$

AC 段弯矩方程：

$$M_1 = \frac{1}{2} \cdot q_1 \cdot (x_1 \cdot \sin fai_1)^2 + \frac{1}{2} \cdot q_2 \cdot (x_1 \cdot \cos fai1)^2 - R_2 \cdot x_1$$

CD 段轴力方程：

$$N(x_2) = R_1 \cdot \cos(x_2 - fai_1) - R_2 \cdot \sin(x_2 - fai_1)$$
$$- q_1 \cdot (1.590\,2 \times \sin fai_1) \cdot \cos x_2 + q_2 \cdot (1.590\,2 \times \cos fai_1) \cdot \sin x_2$$
$$- q_1 \cdot (1.399\,3 - r_2 \cdot \cos x_2) \cdot \cos x_2 + q_2 \cdot (r_2 \cdot \sin x_2) \cdot \sin x_2$$

CD 段弯矩方程：

$$s_1 = 1.590\,2 \times \sin fai_1 + 1.399\,3 - r_2 \times \cos x_2$$
$$s_2 = 1.590\,2 \times \cos fai_1 + r_2 \times \sin x_2$$
$$M(x_2) = - R_1 \cdot \cos fai_1 \cdot s_1 + R_1 \cdot \sin fai_1 \cdot s_2$$
$$- R_2 \cdot \sin fai_1 \cdot s_1 - R_2 \cdot \cos fai_1 \cdot s_2$$
$$+ \frac{1}{2} q_1 \cdot (s_1)^2 + \frac{1}{2} q_2 \cdot (s_2)^2$$

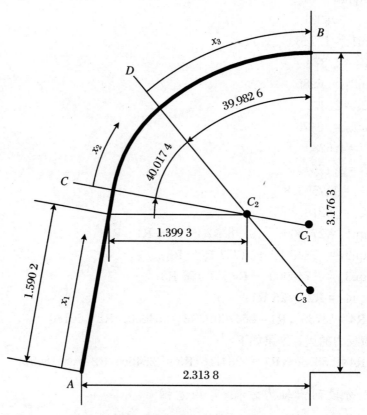

图 7.6　轴力、弯矩方程分析区间(单位:mm)

DB 段轴力方程：

$$N(x_3) = R_3 \times \cos(90° - x_3) + q_1 \times r_3 \times \sin(90° - x_3) \times \sin(90° - x_3)$$
$$- q_2 \times r_3 \times [1 - \cos(90° - x_3)] \times \cos(90° - x_3)$$

DB 段弯矩方程：

$$M(x_3) = R_4 - R_3 \times r_3 \times [1 - \cos(90° - x_3)]$$

$$+ \frac{1}{2} q_1 [r_3 \times \sin(90° - x_3)]^2 + \frac{1}{2} q_2 [r_3 - r_3 \times \cos(90° - x_3)]^2$$

MAPLE 程序如下：

```
Digits: = 4;
L: = evalf(1.8331);
fai1: = 10 * evalf(Pi,4)/180;
r2: = evalf(1.3780);
fai2: = 40.0174 * evalf(Pi,4)/180;
r3: = evalf(2.3715);
fai3: = 79.9653/2 * evalf(Pi,4)/180;
a: = evalf(4.6276);
h: = evalf(3.1763);
q1: = 117593.8;
q2: = 86218.75;
R1: = .2647e6;
R2: = .6618e5;
R3: = .2546e6;
R4: = .5873e5;
s1: = 1.5902 * sin(fai1) + 1.3993 - r2 * cos(x2);
s2: = 1.5902 * cos(fai1) + r2 * sin(x2);
N1: = - q1 * x1 * sin(fai1) * cos(fai1) + q2 * x1 * cos(fai1) * sin(fai1) + R1;
M1: = 1/2 * q1 * (x1 * sin(fai1))^2 + 1/2 * q2 * (x1 * cos(fai1))^2 - R2 * x1;
N2: = R1 * (cos(x2) * cos(fai1) + sin(x2) * sin(fai1)) - R2 * (sin(x2) * cos
(fai1) - cos(x2) * sin(fai1)) - q1 * (1.5902 * sin(fai1)) * cos(x2) + q2 * (1.5902
* cos(fai1)) * sin(x2) - q1 * (1.3993 - r2 * cos(x2)) * cos(x2) + q2 * (r2 * sin
(x2)) * sin(x2);
M2: = - R1 * cos(fai1) * s1 + R1 * sin(fai1) * s2 - R2 * sin(fai1) * s1 - R2 *
cos(fai1) * s2 + 0.5 * q1 * s1^2 + 0.5 * q2 * s2^2;
N3: = R3 * sin(x3) + q1 * r3 * cos(x3)^2 - q2 * r3 * (1 - sin(x3)) * sin(x3);
M3: = R4 - R3 * r3 * (1 - sin(x3)) + 1/2 * q1 * (r3 * cos(x3))^2 + 1/2 * q2 *
(r3 - r3 * sin(x3))^2;
```

运行结果如下：

```
Digits: = 4
L: = 1.833
fai1: = .1746
r2: = 1.378
fai2: = .6985
r3: = 2.372
fai3: = .6978
a: = 4.628
```

$h_1 = 3.176$

$q1_1 = 117593.8$

$q2_1 = 86218.75$

$R1_1 = 264700.$

$R2_1 = 66180.$

$R3_1 = 254600.$

$R4_1 = 58730.$

$s1_1 = 1.675 - 1.378\cos(x2)$

$s2_1 = 1.566 + 1.378\sin(x2)$

$N1_1 = -5370.x1 + 264700.$

$M1_1 = 43580.x1^2 - 66180.x1$

$N2_1 = 239700.\cos(x2) + 115800.\sin(x2) - 117593.9(1.3993 - 1.378\cos(x2))\cos(x2) + 118800.\sin(x2)^2$

$M2_1 = -486100. + 375000.\cos(x2) - 26440.\sin(x2) + 58800.(1.675 - 1.378\cos(x2))^2 + 43110.(1.566 + 1.378\sin(x2))^2$

$N3_1 = 254600.\sin(x3) + 278900.\cos(x3)^2 - 204500.(1 - \sin(x3))\sin(x3)$

$M3_1 = -545200. + 603900.\sin(x3) + 330800.\cos(x3)^2 + 43110.(2.372 - 2.372\sin(x3))^2$

从运算结果中提取 *AB*、*BC* 两段的轴力、弯矩方程的程序如下：

N1：= -.537e4 * x1 + .2647e6

M1：= .4358e5 * x1^2 - .6618e5 * x1

N2：= .2397e6 * cos(x2) + .1158e6 * sin(x2) - 117593.8 * (1.3993 - 1.378 * cos(x2)) * cos(x2) + .1188e6 * sin(x2)^2

M2：= -.4861e6 + .3750e6 * cos(x2) - .2644e5 * sin(x2) + .5880e5 * (1.675 - 1.378 * cos(x2))^2 + .4311e5 * (1.566 + 1.378 * sin(x2))^2

N3：= .2546e6 * sin(x3) + .2789e6 * cos(x3)^2 - .2045e6 * (1 - sin(x3)) * sin(x3)

M3：= -.5452e6 + .6039e6 * sin(x3) + .3308e6 * cos(x3)^2 + .4311e5 * (2.372 - 2.372 * sin(x3))^2

7.3.3.3　求解支架内外边缘应力

施工现场所采用的 29♯U 形钢，惯性矩 $I = 612.1 \times 10^{-8}$ m^4，截面面积 $A = 36.92 \times 10^{-4}$ m^2。

根据内力方程及 29♯U 形钢支架的几何参数，将轴力和弯矩产生的应力叠加就可以画出 U 形钢支架内、外边缘应力分布图。所用的 MATLAB 程序如下：

```
clear
clc
I = 612.1 * 10^(-8)
A = 36.92 * 10^(-4)
d1 = 0.0577
d2 = 0.0633
```

```
x1 = linspace(0,1.8331,1000)
x2 = linspace(10 * pi/180,50.0174 * pi/180,1000)
x3 = linspace(50.0174 * pi/180,129.9826 * pi/180,1000)
x4 = linspace(50.0174 * pi/180,10 * pi/180,1000)
x5 = linspace(1.8331,0,1000)


N1 = -5365.44955 * x1 + 264620.9838
M1 = 43582.41175 * x1.^2 - 66155.24596 * x1
N2 = 239616.7314 * cos(x2) + 115822.8749 * sin(x2) - 117593.8 * (1.3993 *
cos(x2) - 1.3780 * cos(x2).^2) + 118809.4375 * sin(x2).^2
M2 = -485933.5583 + 374938.0004 * cos(x2) - 26456.56306 * sin(x2) +
58796.90 * (1.675435332 - 1.3780 * cos(x2)).^2 + 43109.375 * (1.566041289
+ 1.3780 * sin(x2)).^2
N3 = 254657.3681 * sin(x3) + 278873.6967 * cos(x3).^2 - 204467.7656 * (sin
(x3) - sin(x3).^2)
M3 = -544756.3597 + 603919.9484 * sin(x3) + 330674.4858 * cos(x3).^2 +
43109.37500 * (2.3715 - 2.3715 * sin(x3)).^2


plot(x1,N1/A + M1/I * d1,'r')
hold on
plot(x1,N1/A - M1/I * d2,'b')
hold on
plot(x2 * 1.3780 + 1.8331 - 10 * pi/180 * 1.3780,N2/A + M2/I * d1,'r')
hold on
plot(x2 * 1.3780 + 1.8331 - 10 * pi/180 * 1.3780,N2/A - M2/I * d2,'b')
hold on
plot(x3 * 2.3715 + 1.8331 + 40.0174 * pi/180 * 1.3780 - 50.0174 * pi/180 * 2.
3715,N3/A + M3/I * d1,'r')
hold on
plot(x3 * 2.3715 + 1.8331 + 40.0174 * pi/180 * 1.3780 - 50.0174 * pi/180 * 2.
3715,N3/A - M3/I * d2,'b')
hold on
plot(x4 * 1.3780 + 1.8331 - 10 * pi/180 * 1.3780 + 4.2722,N2/A + M2/I * d1,
'r')
hold on
plot(x4 * 1.3780 + 1.8331 - 10 * pi/180 * 1.3780 + 4.2722,N2/A - M2/I * d2,
'b')
hold on
plot(x5 + 7.0677,N1/A + M1/I * d1,'r')
hold on
```

$$plot(x5 + 7.0677, N1/A - M1/I * d2, 'b')$$

hold on

grid 运行结果如下：

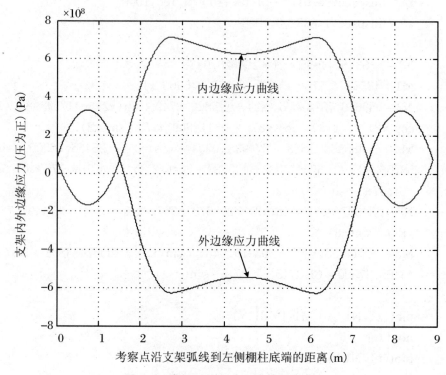

图 7.7 常规 U 形钢支架内外边缘应力

7.4 U 形钢支架补强效果分析

7.4.1 计算模型简述

模型的几何尺寸与未补强 U 形钢支架完全相同，不同的是 U 形钢支架在非对称补强结构的影响下，外载荷也呈现非对称特征，竖向压力 q_1 及实体煤侧压力 q_2 与无补强结构支架相同，但在锚杆约束力 F_1、F_2 的作用下，沿空侧支架水平方向的约束力 q_2 减小至 62 687.5 N/m。

支架与底板的两个接触点 A、B 共产生四个约束反力 R_1、R_2、R_3、R_4，其中 R_1 与 R_2 之间的关系类似于正压力与摩擦力，即

$$R_2 = \mu R_1 = 0.25 R_1 \tag{7-5}$$

7.4.2 求支反力

水平方向的静力学平衡方程：

$$\sum X = 0$$

即

$$(q_2 - q_3) \cdot h + (R_1 - R_3) \cdot \sin fai_1 - (R_2 - R_4) \cdot \cos fai_1$$
$$- (F_1 + F_2) \cdot \cos fai_1 = 0 \tag{7-6}$$

竖直方向的静力学平衡方程：

$$\sum Y = 0$$

即

$$- q_{1a} + (R_1 + R_3) \cdot \cos fai_1 + (R_2 + R_4) \cdot \sin fai_1$$
$$+ (F_1 + F_2) \cdot \sin fai_1 = 0 \tag{7-7}$$

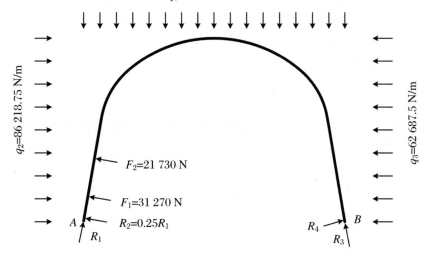

图 7.8 棚柱补强支架计算模型

力矩平衡方程可求得：

$$\sum M_A = 0$$

即

$$- \frac{1}{2} q_1 \cdot a^2 - \frac{1}{2} (q_2 - q_3) \cdot h^2 + F_1 \cdot L_1 + F_2 \cdot (L_1 + L_2)$$
$$+ (R_3 \cdot \cos fai_1 + R_4 * \sin fai_1) \cdot a = 0 \tag{7-8}$$

将式(7-5)、式(7-6)、式(7-7)、式(7-8)4 个平衡方程联立,并利用 MAPLE 软件解出
R_1、R_2、R_3、R_4。

MAPLE 程序语句如下：

       Digits：= 10；

       L：= 1.8331；

       fai1：= 10 * evalf(Pi,10)/180；

       L1：= 0.4/cos(fai1)；

       L2：= 0.7/cos(fai1)；

       r2：= 1.3780；

       fai2：= 40.0174 * evalf(Pi,10)/180；

r3：= 2.3715；

fai3：= 79.9653/2 * evalf(Pi,10)/180；

a：= 4.6276；

h：= 3.1763；

q1：= 117593.8；

q2：= 86218.75；

q3：= 62687.5；

F1：= 31270；

F2：= 21730；

eqn1：= (q2 − q3) * h + (R1 − R3) * sin(fai1) − (R2 − R4) * cos(fai1) − (F1 + F2) * cos(fai1)；

eqn2：= − q1 * a + (R1 + R3) * cos(fai1) + (R2 + R4) * sin(fai1) + (F1 + F2) * sin(fai1)；

eqn3：= − 1/2 * q1 * a^2 − 1/2 * (q2 − q3) * h^2 + F1 * L1 + F2 * (L1 + L2) + (R3 * cos(fai1) + R4 * sin(fai1)) * a；

eqn4：= R2 − 0.25 * R1；

solve({eqn1 = 0, eqn2 = 0, eqn3 = 0, eqn4 = 0}, {R1, R2, R3, R4})；

程序运行结果如下：

Digits：= 10

L：= 1.8331

fai1：= .1745329252

L1：= .4061706448

L2：= .7107986284

r2：= 1.3780

fai2：= .6984353882

r3：= 2.3715

fai3：= .6978288862

a：= 4.6276

h：= 3.1763

q1：= 117593.8

q2：= 86218.75

q3：= 62687.5

F1：= 31270

F2：= 21730

eqn1：= 22547.49847 + .1736481777 R1 − .1736481777 R3 − .9848077530 R2 + .9848077530 R4

eqn2：= − 534973.7155 + .9848077530 R1 + .9848077530 R3 + .1736481777 R2 + .1736481777 R4

eqn3：= − .1340846203 10^7 + 4.557296358 R3 + .8035743071 R4

eqn4：= R2 − .25 R1

$$\{R3 = 286258.4468, R2 = 59623.41660, R5 = 45150.30613, R2 = 238493.6664\}$$

故 4 个约束反力计算结果如下：

$$R_3 = 286\ 258.446\ 8$$

$$R_2 = 59\ 623.416\ 60$$

$$R_4 = 45\ 150.306\ 13$$

$$R_1 = 238\ 493.666\ 4$$

7.4.3 分段列出轴力方程、弯矩方程

将分析对象分成 AC、CD、DE、EF、FG、GH、HB 7 段，以 x_1、x_2、x_3、x_4、为 x_5、x_6、x_7、x_8 作为自变量分别列出各段的轴力方程及弯矩方程。x_1 为长度自变量，取值范围为 $[0,0.406]$，也就是 L_1 的范围；x_2 也为长度变量，取值范围 $[0.406,1.117\ 0]$ 为 L_2 的范围；长度变量 x_3 取值范围 $[1.117\ 0,1.833\ 1]$ 为支架棚腿 DE 段；角度变量 x_4 取值范围 $[10°,50.017\ 4°]$，指弧线段 EF；角度变量 x_5 取值范围 $[50.017\ 4°,90°]$，指弧线段 FG；角度变量 x_6 取值范围 $[90°,129.982\ 6°]$，指弧线段 GH；角度变量 x_7 取值范围 $[129.982\ 6°,170°]$，指弧线段 HI；长度自变量 x_8 的取值范围为 $[7.067\ 7,8.900\ 8]$。合理选择自变量的取值范围能大大简化内力方程，便于计算。

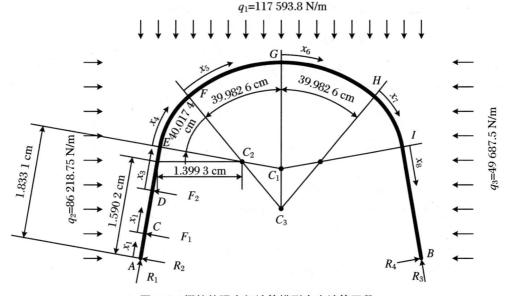

图 7.9 棚柱补强支架计算模型内力计算区段

AC 段轴力、弯矩方程如下：

$$N_1 = -q_1 \cdot x_1 \cdot \sin fai_1 \cdot \cos fai_1 + q_2 \cdot x_1 \cdot \cos fai_1 \cdot \sin fai_1 + R_1$$

$$M_1 = \frac{1}{2} \cdot q_1 \cdot (x_1 \cdot \sin fai_1)^2 + \frac{1}{2} \cdot q_2 \cdot (x_1 \cdot \cos fai_1)^2 - R_2 \cdot x_1$$

CD 段轴力、弯矩方程：

$$N_2 = -q_1 \cdot x_2 \cdot \sin fai_1 \cdot \cos fai_1 + q_2 \cdot x_2 \cdot \cos fai_1 \cdot \sin fai_1 + R_1$$

$$M_2 = \frac{1}{2} \cdot q_1 \cdot (x_2 \cdot \sin fai_1)^2 + \frac{1}{2} \cdot q_2 \cdot (x_2 \cdot \cos fai_1)^2 - R_2 \cdot x_2 - F_1 \cdot (x_2 - L_1)$$

DE 段轴力、弯矩方程：

$$N_3 = -q_1 \cdot x_3 \cdot \sin fai_1 \cdot \cos fai_1 + q_2 \cdot x_3 \cdot \cos fai_1 \cdot \sin fai_1 + R_1$$

$$M_3 = \frac{1}{2} \cdot q_1 \cdot (x_3 \cdot \sin fai_1)^2 + \frac{1}{2} \cdot q_2 \cdot (x_3 \cdot \cos fai_1)^2$$
$$- R_2 \cdot x_3 - F_1 \cdot (x_3 - L_1) - F_2 \cdot (x_3 - L_1 - L_2)$$

EF 段轴力、弯矩方程：

$$s_{11} = 1.590\,2 \times \sin fai_1 + 1.399\,3 - r_2 \times \cos x_4$$

$$s_{12} = 1.590\,2 \times \cos fai_1 + r_2 \times \sin x_4$$

$$s_{21} = 1.184\,0 \times \sin fai_1 + 1.399\,3 - r_2 \times \cos x_4$$

$$s_{22} = 1.184\,0 \times \cos fai_1 + r_2 \times \sin x_4$$

$$s_{31} = 0.473\,2 \times \sin fai_1 + 1.399\,3 - r_2 \times \cos x_4$$

$$s_{32} = 0.473\,2 \times \cos fai_1 + r_2 \times \sin x_4$$

$$N_4 = R_1 \cdot \cos(x_4 - fai_1) - (R_2 + F_1 + F_2) \cdot \sin(x_4 - fai_1)$$
$$- q_1 \cdot s_{11} \cdot \cos x_4 + q_2 \cdot s_{12} \cdot \sin x_4$$

$$M_4 = -R_1 \cdot \cos fai_1 \cdot s_{11} + R_1 \cdot \sin fai_1 \cdot s_{12}$$
$$- R_2 \cdot \sin fai_1 \cdot s_{11} - R_2 \cdot \cos fai_1 \cdot s_{12}$$
$$- F_1 \cdot \sin fai_1 \cdot s_{21} - F_1 \cdot \cos fai_1 \cdot s_{22}$$
$$- F_2 \cdot \sin fai_1 \cdot s_{31} - F_2 \cdot \cos fai_1 \cdot s_{32}$$
$$+ \frac{1}{2} q_1 \cdot s_{11}^2 + \frac{1}{2} q_2 \cdot s_{12}^2$$

$$M(x_2) = -R_1 \cdot \cos fai_1 \cdot s_1 + R_1 \cdot \sin fai_1 \cdot s_2^2$$
$$- R_2 \cdot \sin fai_1 \cdot s_1 - R_2 \cdot \cos fai_1 \cdot s_2^2$$
$$+ \frac{1}{2} q_1 \cdot s_1^2 + \frac{1}{2} q_2 \cdot s_2^2$$

FG 段轴力、弯矩方程如下：

$$t_{11} = 0.817\,1 \times \sin fai_1 + 2.171\,9 - r_3 \times \cos x_5$$

$$t_{12} = 0.817\,1 \times \cos fai_1 + r_3 \times \sin x_5$$

$$t_{21} = 0.411\,0 \times \sin fai_1 + 2.171\,9 - r_3 \times \cos x_5$$

$$t_{22} = 0.411\,0 \times \cos fai_1 + r_3 \times \sin x_5$$

$$t_{31} = -0.299\,8 \times \sin fai_1 + 2.171\,9 - r_3 \times \cos x_5$$

$$t_{32} = -0.299\,8 \times \cos fai_1 + r_3 \times \sin x_5$$

$$N_5 = R_1 \cdot \cos(x_5 - fai_1) - (R_2 + F_1 + F_2) \cdot \sin(x_5 - fai_1)$$
$$- q_1 \cdot t_{11} \cdot \cos x_5 + q_2 \cdot t_{12} \cdot \sin x_5$$

$$M_5 = -R_1 * \cos fai_1 * t_{11} + R_1 * \sin fai_1 \cdot t_{12}$$
$$- R_2 * \sin fai_1 * t_{11} - R_2 * \cos fai_1 \cdot t_{12}$$
$$- F_1 \cdot \sin fai_1 \cdot t_{21} - F_1 * \cos fai_1 \cdot t_{22}$$
$$- F_2 \cdot \sin fai_1 \cdot t_{31} - F_2 * \cos fai_1 \cdot t_{32}$$
$$+ \frac{1}{2} q_1 \cdot t_{11}^2 + \frac{1}{2} q_2 \cdot t_{12}^2$$

GH 段轴力、弯矩方程如下：

$$u_{11} = 0.817\,1 \times \sin fai_1 + 2.171\,9 - r_3 \times \cos(\pi - x_6)$$

$$u_{12} = 0.817\ 1 \times \cos fai_1 + r_3 \times \sin(\pi - x_6)$$

$$N_6 = R_3 \cdot \cos(\pi - x_6 - fai_1) - R_4 \cdot \sin(\pi - x_6 - fai_1)$$
$$- q_1 \cdot u_{11} \cdot \cos(\pi - x_6) + q_3 \cdot u_{12} \cdot \sin(\pi - x_6)$$

$$M_6 = - R_3 \cdot \cos fai_1 \cdot u_{11} + R_3 \cdot \sin fai_1 \cdot u_{12}$$
$$- R_4 \cdot \sin fai_1 \cdot u_{11} - R_4 \cdot \cos fai_1 \cdot u_{12}$$
$$+ \frac{1}{2} q_1 \cdot u_{11}^2 + \frac{1}{2} q_3 \cdot u_{12}^2$$

HI 段轴力、弯矩方程如下：

$$w_{11} = 1.590\ 2 \times \sin fai_1 + 1.399\ 3 - r_2 \times \cos(\pi - x_7)$$

$$w_{12} = 1.590\ 2 \times \cos fai_1 + r_2 \times \sin(\pi - x_7)$$

$$N_7 = R_3 \cdot \cos(\pi - x_7 - fai_1) - R_4 \cdot \sin(\pi - x_7 - fai_1)$$
$$- q_1 \cdot w_{11} \cdot \cos(\pi - x_7) + q_3 \cdot w_{12} \cdot \sin(\pi - x_7)$$

$$M_7 = - R_3 \cdot \cos fai_1 \cdot w_{11} + R_3 \cdot \sin fai_1 \cdot w_{12}$$
$$- R_4 \cdot \sin fai_1 \cdot w_{11} - R_4 \cdot \cos fai_1 \cdot w_{12}$$
$$+ \frac{1}{2} q_1 \cdot w_{11}^2 + \frac{1}{2} q_3 \cdot w_{12}^2$$

IB 段轴力、弯矩方程如下：

$$N_1 = - q_1 \cdot (8.900\ 8 - x_8) \cdot \sin fai_1 \cdot \cos fai_1$$
$$+ q_3 \cdot (8.900\ 8 - x_8) \cdot \cos fai_1 \cdot \sin fai_1 + R_3$$

$$M_1 = \frac{1}{2} \cdot q_1 \cdot (8.900\ 8 - x_8) \cdot \sin(fai_1)^2$$
$$+ \frac{1}{2} \cdot q_3 \cdot (8.900\ 8 - x_8) \cdot \cos(fai_1)^2 - R_4 \cdot (8.900\ 8 - x_8)$$

上述方程的 MAPLE 程序表达式如下：

```
Digits：= 10；
L：= 1.8331；
fai1：= 10 * evalf(Pi,10)/180；
L1：= 0.4/cos(fai1)；
L2：= 0.7/cos(fai1)；
r2：= 1.3780；
fai2：= 40.0174 * evalf(Pi,10)/180；
r3：= 2.3715；
fai3：= 79.9653/2 * evalf(Pi,10)/180；
a：= 4.6276；
h：= 3.1763；
q1：= 117593.8；
q2：= 86218.75；
q3：= 62687.5；
F1：= 31270；
F2：= 21730；
R4：= 45150.30613；
```

$R3_{:} = 286258.4468;$

$R2_{:} = 59623.41660;$

$R1_{:} = 238493.6664;$

$s11_{:} = 1.5902 * \sin(fai1) + 1.3993 - r2 * \cos(x4);$

$s12_{:} = 1.5902 * \cos(fai1) + r2 * \sin(x4);$

$s21_{:} = 1.1840 * \sin(fai1) + 1.3993 - r2 * \cos(x4);$

$s22_{:} = 1.1840 * \cos(fai1) + r2 * \sin(x4);$

$s31_{:} = 0.4732 * \sin(fai1) + 1.3993 - r2 * \cos(x4);$

$s32_{:} = 0.4732 * \cos(fai1) + r2 * \sin(x4);$

$t11_{:} = 0.8171 * \sin(fai1) + 2.1719 - r3 * \cos(x5);$

$t12_{:} = 0.8171 * \cos(fai1) + r3 * \sin(x5);$

$t21_{:} = 0.4110 * \sin(fai1) + 2.1719 - r3 * \cos(x5);$

$t22_{:} = 0.4110 * \cos(fai1) + r3 * \sin(x5);$

$t31_{:} = -0.2998 * \sin(fai1) + 2.1719 - r3 * \cos(x5);$

$t32_{:} = -0.2998 * \cos(fai1) + r3 * \sin(x5);$

$u11_{:} = 0.8171 * \sin(fai1) + 2.1719 - r3 * \cos(Pi - x6);$

$u12_{:} = 0.8171 * \cos(fai1) + r3 * \sin(Pi - x6);$

$w11_{:} = 1.5902 * \sin(fai1) + 1.3993 - r2 * \cos(Pi - x7);$

$w12_{:} = 1.5902 * \cos(fai1) + r2 * \sin(Pi - x7);$

$N1_{:} = -q1 * x1 * \sin(fai1) * \cos(fai1) + q2 * x1 * \cos(fai1) * \sin(fai1) + R1;$

$M1_{:} = 1/2 * q1 * (x1 * \sin(fai1))^2 + 1/2 * q2 * (x1 * \cos(fai1))^2 - R2 * x1;$

$N2_{:} = -q1 * x2 * \sin(fai1) * \cos(fai1) + q2 * x2 * \cos(fai1) * \sin(fai1) + R1;$

$M2_{:} = 1/2 * q1 * (x2 * \sin(fai1))^2 + 1/2 * q2 * (x2 * \cos(fai1))^2 - R2 * x2 - F1 * (x2 - L1);$

$N3_{:} = -q1 * x3 * \sin(fai1) * \cos(fai1) + q2 * x3 * \cos(fai1) * \sin(fai1) + R1;$

$M3_{:} = 1/2 * q1 * (x3 * \sin(fai1))^2 + 1/2 * q2 * (x3 * \cos(fai1))^2 - R2 * x3 - F1 * (x3 - L1) - F2 * (x3 - L1 - L2);$

$N4_{:} = R1 * \cos(x4 - fai1) - (R2 + F1 + F2) * \sin(x4 - fai1) - q1 * s11 * \cos(x4) + q2 * s12 * \sin(x4);$

$M4_{:} = -R1 * \cos(fai1) * s11 + R1 * \sin(fai1) * s12 - R2 * \sin(fai1) * s11 - R2 * \cos(fai1) * s12 - F1 * \sin(fai1) * s21 - F1 * \cos(fai1) * s22 - F2 * \sin(fai1) * s31 - F2 * \cos(fai1) * s32 + 1/2 * q1 * s11^2 + 1/2 * q2 * s12^2;$

$N5_{:} = R1 * \cos(x5 - fai1) - (R2 + F1 + F2) * \sin(x5 - fai1) - q1 * t11 * \cos(x5) + q2 * t12 * \sin(x5);$

$M5_{:} = -R1 * \cos(fai1) * t11 + R1 * \sin(fai1) * t12 - R2 * \sin(fai1) * t11 - R2 * \cos(fai1) * t12 - F1 * \sin(fai1) * t21 - F1 * \cos(fai1) * t22 - F2 * \sin(fai1) * t31 - F2 * \cos(fai1) * t32 + 1/2 * q1 * t11^2 + 1/2 * q2 * t12^2;$

$N6_{:} = R3 * \cos(Pi - x6 - fai1) - R4 * \sin(Pi - x6 - fai1) - q1 * u11 * \cos(Pi - x6) + q3 * u12 * \sin(Pi - x6);$

$M6_{:} = -R3 * \cos(fai1) * u11 + R3 * \sin(fai1) * u12 - R4 * \sin(fai1) * u11 -$

R4 * cos(fai1) * u12 + 1/2 * q1 * u11^2 + 1/2 * q3 * u12^2;

　　N7: = R3 * cos(Pi − x7 − fai1) − R4 * sin(Pi − x7 − fai1) − q1 * w11 * cos(Pi − x7) + q3 * w12 * sin(Pi − x7);

　　M7: = − R3 * cos(fai1) * w11 + R3 * sin(fai1) * w12 − R4 * sin(fai1) * w11 − R4 * cos(fai1) * w12 + 1/2 * q1 * w11^2 + 1/2 * q3 * w12^2;

　　N8: = − q1 * (8.9008 − x8) * sin(fai1) * cos(fai1) + q3 * (8.9008 − x8) * cos(fai1) * sin(fai1) + R3;

　　M8: = 1/2 * q1 * ((8.9008 − x8) * sin(fai1))^2 + 1/2 * q3 * ((8.9008 − x8) * cos(fai1))^2 − R4 * (8.9008 − x8);

程序运行结果:

　　Digits: = 10

　　L: = 1.8331

　　fai1: = .1745329252

　　L1: = .4061706448

　　L2: = .7107986284

　　r2: = 1.3780

　　fai2: = .6984353882

　　r3: = 2.3715

　　fai3: = .6978288862

　　a: = 4.6276

　　h: = 3.1763

　　q1: = 117593.8

　　q2: = 86218.75

　　q3: = 62687.5

　　F1: = 31270

　　F2: = 21730

　　R4: = 45150.30613

　　R3: = 286258.4468

　　R2: = 59623.41660

　　R1: = 238493.6664

　　s11: = 1.675435332 − 1.3780 cos(x4)

　　s12: = 1.566041289 + 1.3780 sin(x4)

　　s21: = 1.604899442 − 1.3780 cos(x4)

　　s22: = 1.166012380 + 1.3780 sin(x4)

　　s31: = 1.481470318 − 1.3780 cos(x4)

　　s32: = .4660110287 + 1.3780 sin(x4)

　　t11: = 2.313787926 − 2.3715 cos(x5)

　　t12: = .8046864150 + 2.3715 sin(x5)

　　t21: = 2.243269401 − 2.3715 cos(x5)

　　t22: = .4047559865 + 2.3715 sin(x5)

$$t31_: = 2.119840276 - 2.3715 \cos(x5)$$

$$t32_: = -.2952453643 + 2.3715 \sin(x5)$$

$$u11_: = 2.313787926 + 2.3715 \cos(x6)$$

$$u12_: = .8046864150 + 2.3715 \sin(x6)$$

$$w11_: = 1.675435332 + 1.3780 \cos(x7)$$

$$w12_: = 1.566041289 + 1.3780 \sin(x7)$$

$$N1_: = -5365.44955 \ x1 + 238493.6664$$

$$M1_: = 43582.41175 \ x1^2 - 59623.41660 x1$$

$$N2_: = . -5365.44955 \ x2 + 238493.6664$$

$$M2_: = 43582.41175 \ x2^2 + 12700.95606 - 90893.41660 \ x2$$

$$N3_: = -5365.44955 \ x3 + 238493.6664$$

$$M3_: = 43582.41175 \ x3^2 + 36972.69836 - 112623.4166 \ x3$$

$$N4_: = 238493.6664 \ \cos(x4 - .1745329252) - 112623.4166 \ \sin(x4 - .1745329252) - 117593.8 \ (1.675435332 - 1.3780 \cos(x4)) \cos(x4) + 86218.75 \ (1.566041289 + 1.3780 \sin(x4)) \sin(x4)$$

$$M4_: = -498139.5419 + 350600.7680 \cos(x4) - 95768.82728 \sin(x4)$$
$$+ 58796.90000 \ (1.675435332 - 1.3780 \cos(x4))^2$$
$$+ 43109.37500 \ (1.566041289 + 1.3780 \sin(x4))2$$

$$N5_: = 238493.6664 \ \cos(x5 - .1745329252) - 112623.4166 \ \sin(x5 - .1745329252)$$
$$- 117593.8 \ (2.313787926 - 2.3715 \cos(x5)) \cos(x5)$$
$$+ 86218.75 \ (.8046864150 + 2.3715 \sin(x5)) \sin(x5)$$

$$M5_: = -607646.1818 + 603374.2536 \cos(x5) - 164815.5108 \sin(x5)$$
$$+ 58796.90000(2.313787926 - 2.3715 \cos(x5))^2$$
$$+ 43109.37500(.8046864150 + 2.3715 \sin(x5))^2$$

$$N6_: = -286258.4468 \ \cos(x6 + .1745329252) - 45150.30613 \ \sin(x6 + .1745329252)$$
$$+ 117593.8(2.313787926 + 2.3715 \cos(x6)) \cos(x6)$$
$$+ 62687.5(.8046864150 + 2.3715 \sin(x6)) \sin(x6)$$

$$M6_: = -666199.9192 - 687141.6654 \cos(x6) + 12435.8759 \sin(x6)$$
$$+ 58796.90000(2.313787926 + 2.3715 \cos(x6))^2$$
$$+ 31343.75000(.8046864150 + 2.3715 \sin(x6))^2$$

$$N7_: = -286258.4468 \ \cos(x7 + .1745329252) - 45150.30613 \ \sin(x7 + .1745329252)$$
$$+ 117593.8 \ (1.675435332 + 1.3780 \cos(x7)) \cos(x7)$$
$$+ 62687.5(1.566041289 + 1.3780 \sin(x7)) \sin(x7)$$

$$M7_: = -477244.9206 - 399275.2329 \cos(x7) + 7226.07506 \sin(x7)$$
$$+ 58796.90000 \ (1.675435332 + 1.3780 \cos(x7))^2$$
$$+ 31343.75000 \ (1.566041289 + 1.3780 \sin(x))^2$$

$$N8_: = 202684.1155 + 9389.53030 \ x8$$

M8：= 32171.56376 (8.9008 − x8)^2 − 401873.8448 + 45150.30613 x8

从运算结果中提取 4 个内力考察区段的轴力、弯矩方程如下：

$N_1 = -5\ 365.449\ 55 \cdot x_1 + 238\ 493.666\ 4$

$M_1 = 43\ 582.411\ 75 \cdot x_1^2 - 59\ 623.416\ 60 \cdot x_1$

$N_2 = -5\ 365.449\ 55 \cdot x_2 + 238\ 493.666\ 4$

$M_2 = 43\ 582.411\ 75 \cdot x_2^2 + 12\ 700.956\ 06 - 90\ 893.416\ 60 \cdot x_2$

$N_3 = -5\ 365.449\ 55 \cdot x_3 + 238\ 493.666\ 4$

$M_3 = 43\ 582.411\ 75 \cdot x_3^2 + 36\ 972.698\ 36 - 112\ 623.416\ 6 \cdot x_3$

$N_4 = 238\ 493.666\ 4 \cdot \cos(x_4 - 0.174\ 532\ 925\ 2) - 112\ 623.416\ 6 \cdot \sin(x_4 - 0.174\ 532\ 925\ 2)$
$- 117\ 593.8 \cdot (1.675\ 435\ 332 \cdot \cos x_4 - 1.378\ 0 \cdot \cos x_4)^2 + 86\ 218.75 \cdot (1.566\ 041\ 289 \cdot$
$\sin x_4 + 1.378\ 0 \cdot \sin x_4)^2$

$M_4 = -498\ 139.541\ 9 + 350\ 600.768\ 0 \cdot \cos(x_4) - 95\ 768.827\ 28 \cdot \sin x_4 + 58\ 796.9 \cdot$
$(1.675\ 435\ 332 - 1.378\ 0 \cdot \cos x_4^2 + 43\ 109.375\ 00 \cdot (1.566\ 041\ 289 + 1.378\ 0 \cdot \sin x_4)^2$

$N_5 = 238\ 493.666\ 4 \cdot \cos(x_5 - .174\ 532\ 925\ 2) - 112\ 623.416\ 6 \cdot \sin(x_5 - 0.174\ 532\ 925\ 2)$
$- 117\ 593.8 \cdot (2.313\ 787\ 926 \cdot \cos x_5 - 2.371\ 5 \cdot \cos x_5^2) + 86\ 218.75 \cdot (0.804\ 686\ 415\ 0 \cdot$
$\sin x_5 + 2.371\ 5 \cdot \sin x_5^2)$

$M_5 = -607\ 646.181\ 8 + 603\ 374.253\ 6 \cdot \cos x_5 - 164\ 815.510\ 8 \cdot \sin x_5 + 58\ 796.9 \cdot$
$(2.313\ 787\ 926 - 2.371\ 5 \cdot \cos x_5)^2 + 43\ 109.375 \cdot (0.804\ 686\ 415\ 0 + 2.371\ 5 \cdot \sin x_5)^2$

$N_6 = -286\ 258.446\ 8 \cdot \cos(x_6 + 0.174\ 532\ 925\ 2) - 45\ 150.306\ 13 \cdot \sin(x_6 + 0.174\ 532\ 925\ 2)$
$+ 117\ 593.8 \cdot (2.313\ 787\ 926 \cdot \cos x_6 + 2.371\ 5 \cdot \cos x_6^2) + 62\ 687.5 \cdot (0.804\ 686\ 415\ 0 \cdot$
$\sin x_6 + 2.371\ 5 \cdot \sin x_6^2)$

$M_6 = -666\ 199.919\ 2 - 687\ 141.665\ 4 \cdot \cos x_6 + 12\ 435.875\ 9 \cdot \sin x_6 + 58\ 796.9 \cdot$
$(2.313\ 787\ 926 + 2.371\ 5 \cdot \cos x_6)^2 + 31\ 343.75 \cdot (0.804\ 686\ 415\ 0 + 2.371\ 5 \cdot \sin x_6)^2$

$N_7 = -286\ 258.446\ 8 \cdot \cos(x_7 + 0.174\ 532\ 925\ 2) - 45\ 150.306\ 13 \cdot \sin(x_7 + 0.174\ 532\ 925\ 2)$
$+ 117\ 593.8 \cdot (1.675\ 435\ 332 \cdot \cos x_7 + 1.378\ 0 \cdot \cos x_7^2) + 62\ 687.5 \cdot (1.566\ 041\ 289 \cdot$
$\sin x_7 + 1.378\ 0 \cdot \sin x_7^2)$

$M_7 = -477\ 244.920\ 6 - 399\ 275.232\ 9 \cdot \cos x_7 + 7\ 226.075\ 06 \cdot \sin x_7 + 58\ 796.9 \cdot$
$(1.675\ 435\ 332 + 1.378\ 0 \cdot \cos x_7)^2 + 31\ 343.750\ 00 \cdot (1.566\ 041\ 289 + 1.378\ 0 \cdot \sin x_7)^2$

$N_8 = 202\ 684.115\ 5 + 9\ 389.530\ 30 \cdot x_8$

$M_8 = 32\ 171.563\ 76 \cdot (8.900\ 8 - x_8)^2 - 401\ 873.844\ 8 + 45\ 150.306\ 13 \cdot x_8$

7.4.4 求解支架内外边缘应力

施工现场所采用的 29♯U 形钢，惯性矩 $I = 612.1 \times 10^{-8}$ m⁴，截面面积 $A = 36.92 \times 10^{-4}$ m²。

根据内力方程及 29♯U 形钢支架的几何参数，将轴力和弯矩产生的应力叠加就可以画出 U 形钢支架内、外边缘应力分布图。所用的 MATLAB 程序如下：

```
clear
clc
I = 612.1 * 10^( − 8)
```

$A = 36.92 * 10^{\wedge}(-3)$

$d1 = 0.0577$

$d2 = 0.0633$

$x1 = \text{linspace}(0.0000, 0.4060, 1000)$

$x2 = \text{linspace}(0.4060, 1.1170, 1000)$

$x3 = \text{linspace}(1.1170, 1.8331, 1000)$

$x4 = \text{linspace}(10.00000 * pi/180, 50.01740 * pi/180, 1000)$

$x5 = \text{linspace}(50.01740 * pi/180, 90.00000 * pi/180, 1000)$

$x6 = \text{linspace}(90.00000 * pi/180, 129.9826 * pi/180, 1000)$

$x7 = \text{linspace}(129.9826 * pi/180, 170.0000 * pi/180, 1000)$

$x8 = \text{linspace}(7.0677, 8.9008, 1000)$

$N1 = -5365.44955 * x1 + 238493.6664$

$M1 = 43582.41175 * x1.^{\wedge}2 - 59623.41660 * x1$

$N2 = -5365.44955 * x2 + 238493.6664$

$M2 = 43582.41175 * x2.^{\wedge}2 + 12700.95606 - 90893.41660 * x2$

$N3 = -5365.44955 * x3 + 238493.6664$

$M3 = 43582.41175 * x3.^{\wedge}2 + 36972.69836 - 112623.4166 * x3$

$N4 = 238493.6664 * \cos(x4 - .1745329252) - 112623.4166 * \sin(x4 - .1745329252) - 117593.8 * (1.675435332 * \cos(x4) - 1.3780 * \cos(x4).^{\wedge}2) + 86218.75 * (1.566041289 * \sin(x4) + 1.3780 * \sin(x4).^{\wedge}2)$

$M4 = -498139.5419 + 350600.7680 * \cos(x4) - 95768.82728 * \sin(x4) + 58796.90000 * (1.675435332 - 1.3780 * \cos(x4)).^{\wedge}2 + 43109.37500 * (1.566041289 + 1.3780 * \sin(x4)).^{\wedge}2$

$N5 = 238493.6664 * \cos(x5 - .1745329252) - 112623.4166 * \sin(x5 - .1745329252) - 117593.8 * (2.313787926 * \cos(x5) - 2.3715 * \cos(x5).^{\wedge}2) + 86218.75 * (.8046864150 * \sin(x5) + 2.3715 * \sin(x5).^{\wedge}2)$

$M5 = -607646.1818 + 603374.2536 * \cos(x5) - 164815.5108 * \sin(x5) + 58796.90000 * (2.313787926 - 2.3715 * \cos(x5)).^{\wedge}2 + 43109.37500 * (.8046864150 + 2.3715 * \sin(x5)).^{\wedge}2$

$N6 = -286258.4468 * \cos(x6 + .1745329252) - 45150.30613 * \sin(x6 + .1745329252) + 117593.8 * (2.313787926 * \cos(x6) + 2.3715 * \cos(x6).^{\wedge}2) + 62687.5 * (.8046864150 * \sin(x6) + 2.3715 * \sin(x6).^{\wedge}2)$

$M6 = -666199.9192 - 687141.6654 * \cos(x6) + 12435.8759 * \sin(x6) + 58796.90000 * (2.313787926 + 2.3715 * \cos(x6)).^{\wedge}2 + 31343.75000 * (.8046864150 + 2.3715 * \sin(x6)).^{\wedge}2$

$N7 = -286258.4468 * \cos(x7 + .1745329252) - 45150.30613 * \sin(x7 + .1745329252) + 117593.8 * (1.675435332 * \cos(x7) + 1.3780 * \cos(x7).^{\wedge}2) + 62687.5 * (1.566041289 * \sin(x7) + 1.3780 * \sin(x7).^{\wedge}2)$

$M7 = -477244.9206 - 399275.2329 * \cos(x7) + 7226.07506 * \sin(x7) + 58796.90000 * (1.675435332 + 1.3780 * \cos(x7)).^{\wedge}2 + 31343.75000 * (1.566041289 +$

```
1.3780 * sin(x7)).^2
    N8 = 202684.1155 + 9389.53030 * x8
    M8 = 32171.56376 * (8.9008 − x8).^2 − 401873.8448 + 45150.30613 * x8
    plot(x1,N1/A + M1/I * d1,'.r')
    hold on
    plot(x1,N1/A − M1/I * d2,'.b')
    hold on
    plot(x2,N2/A + M2/I * d1,'.r')
    hold on
    plot(x2,N2/A − M2/I * d2,'.b')
    hold on
    plot(x3,N3/A + M3/I * d1,'.r')
    hold on
    plot(x3,N3/A − M3/I * d2,'.b')
    hold on
    plot(x4 * 1.3780 + 1.8331 − 10 * pi/180 * 1.3780,N4/A + M4/I * d1,'.r')
    hold on
    plot(x4 * 1.3780 + 1.8331 − 10 * pi/180 * 1.3780,N4/A − M4/I * d2,'.b')
    hold on
    plot(x5 * 2.3715 + 1.8331 + 0.9624 − 50.0174 * pi/180 * 2.3715,N5/A + M5/I
* d1,'.r')
    hold on
    plot(x5 * 2.3715 + 1.8331 + 0.9624 − 50.0174 * pi/180 * 2.3715,N5/A − M5/I *
d2,'.b')
    hold on
    plot(x6 * 2.3715 + 1.8331 + 0.9624 + 1.6549 − 90 * pi/180 * 2.3715,N6/A + M6/I
* d1,'.r')
    hold on
    plot(x6 * 2.3715 + 1.8331 + 0.9624 + 1.6549 − 90 * pi/180 * 2.3715,N6/A − M6/I
* d2,'.b')
    hold on
    plot(x7 * 1.3780 + 1.8331 + 0.9624 + 1.6549 + 1.6549 − 129.9826 * pi/180 *
1.3780,N7/A + M7/I * d1,'.r')
    hold on
    plot(x7 * 1.3780 + 1.8331 + 0.9624 + 1.6549 + 1.6549 − 129.9826 * pi/180 *
1.3780,N7/A − M7/I * d2,'.b')
    hold on
    plot(x8,N8/A + M8/I * d1,'.r')
    hold on
    plot(x8,N8/A − M8/I * d2,'.b')
    hold on
```

grid

程序运行结果如图 7.10 所示。

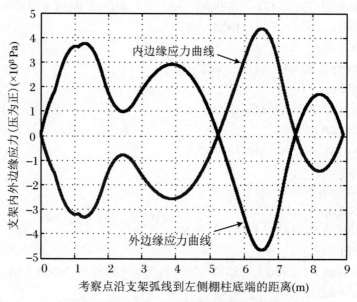

图 7.10　棚柱补强后 U 形钢支架内外边缘应力

7.4.5　U 形钢支架承载能力对比计算结论

根据最新的矿山巷道支护用热轧 U 形钢力学、工艺性能标准（GB/T 4697—2008），U 形钢支架的基本性能应符合表 7.1 所示规定。在没有任何补强措施的前提下，支架正顶部的内外边缘应力均超过了材料的屈服强度，经过简单补强后，U 形钢支架腿部应力没有太大变化，但拱部内外边缘应力均大幅降低（图 7.11）。经过腿部补强后，U 形钢支架内外边缘应力均小于 420 MPa，也就是说，支架能够满足使用要求。

表 7.1　矿山巷道支护用热轧 U 形钢力学性能、工艺性能

牌号	规格	拉伸试验[a]			冲击试验[a]		弯曲实验[a]
		抗拉强度 R_m(MPa)	屈服强度[b] R_{eH}(MPa)	断后伸长率 A	温度 (℃)	V 形缺口 A_{KV}(J)	180° d＝弯心直径,mm a＝试样厚度,mm
		≥				≥	
20MnK	18UY	490	335	20%			
20MnVK	25UY 25U	570	390	20%		—	$d＝3a$
25MnK	29U	530	335	20%			
20MnK	36U	530	350	20%	20	27	$d＝3a$
20MnVK	40U	580	390	20%	20	27	$d＝3a$

注：1 N/mm³＝1 MPa；

a. 拉伸试验、弯曲实验和冲击实验取纵向试样；

b. 当屈服现象不明显时，采用 $R_{P0.2}$

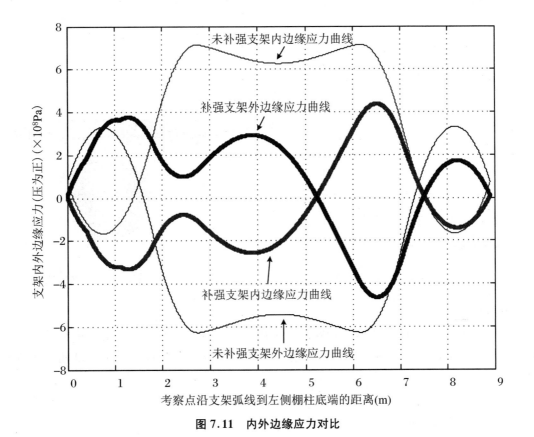

图 7.11   内外边缘应力对比

7.5   支护效果检测

7.5.1   观测方案

1. 观测目的和内容

本书写作时,$8_2 14$ 风巷距完工还有 300 m,为了便于了解完全沿空掘巷承受动压影响情况,特在该处布置 3 个监测断面用于监测动压显现效应。

2. 测站及测站内测点布置方式

此次观测布置 3 个测站,测站间距 1 400 mm。每个测站包含顶板、底板和两帮 4 个观测测点,其中两帮的测点距离底板 700 mm,如图 7.12 所示。

每 7 天下井观测一次(工作面推进约 20 m),用高精度收敛仪(图 7.13)测量得到顶底之间以及两帮之间的位移收敛值。

3 个测站内的测点均由事先固定在支架上预定位置的铁环充当。

3. 测量工具

此次观测所用的工具为 JSS30A 型数显收敛仪,如图 7.13 所示,该仪器的测量精度可以达到 0.1 mm,为精确测量提供了保障。

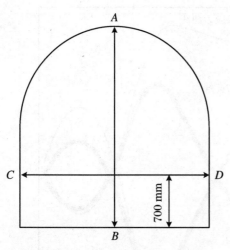

图 7.12　测站内测点布置示意图

图 7.13　JSS30A 型数显收敛仪

4．观测方法

测点布置后每 7 天测量一次,填写测试记录。当次测试结果和上一次测量结果之差即为两次测量期间巷道的变形量,当次测量结果和首次测量结果之差即为整个测量期间巷道的总变形量。

7.5.2　监测结果

监测结果如表 7.2 及图 7.14 所示。

表 7.2　监测结果

地点:距工作面 255 m	测试时间:2013 年 4 月 3 日			
测试项目	断面 1(mm)	断面 2(mm)	断面 3(mm)	平均变形速率(mm/d)
顶底测点间距	2 407.4	2 569.7	2 470.1	
顶底位移量				
两帮测点间距	2 635.1	2 687.4	2 594.8	
两帮位移量				
地点:距工作面 235 m	测试时间:2013 年 4 月 10 日			
测试项目	断面 1(mm)	断面 2(mm)	断面 3(mm)	平均变形速率(mm/d)
顶底测点间距	2 407.4	2 569.7	2 470.1	
顶底位移量	0	0	0	0
两帮测点间距	2 635	2 687.4	2 594.7	
两帮位移量	0.1	0	0.1	0

续表

地点:距工作面 215 m	测试时间:2013 年 4 月 17 日			
测试项目	断面 1(mm)	断面 2(mm)	断面 3(mm)	平均变形速率(mm/d)
顶底测点间距	2 407.3	2 569.5	2 470.0	
顶底位移量	0.1	0.2	0.1	0.019 047 619
两帮测点间距	2 634.8	2 687.2	2 594.6	
两帮位移量	0.2	0.2	0.1	0.023 809 524
地点:距工作面 195 m	测试时间:2013 年 4 月 24 日			
测试项目	断面 1(mm)	断面 2(mm)	断面 3(mm)	平均变形速率(mm/d)
顶底测点间距	2 398.6	2 561.2	2 462.1	
顶底位移量	8.7	8.3	7.9	1.185 714 286
两帮测点间距	2 628.7	2 680.5	2 587.5	
两帮位移量	6.1	6.7	7.1	0.947 619 048
地点:距工作面 175 m	测试时间:2013 年 5 月 1 日			
测试项目	断面 1(mm)	断面 2(mm)	断面 3(mm)	平均变形速率(mm/d)
顶底测点间距	2 378.5	2 541.7	2 441.4	
顶底位移量	20.1	19.5	20.7	2.871 428 571
两帮测点间距	2 612.6	2 664.8	2 569.6	
两帮位移量	16.1	15.7	17.9	2.366 666 667
地点:距工作面 155 m	测试时间:2013 年 5 月 8 日			
测试项目	断面 1(mm)	断面 2(mm)	断面 3(mm)	平均变形速率(mm/d)
顶底测点间距	2 343.2	2 507.6	2 408.2	
顶底位移量	35.3	34.1	33.2	4.885 714 286
两帮测点间距	2 586.3	2 638.7	2 542.2	
两帮位移量	26.3	26.1	27.4	3.8
地点:距工作面 135 m	测试时间:2013 年 5 月 15 日			
测试项目	断面 1(mm)	断面 2(mm)	断面 3(mm)	平均变形速率(mm/d)
顶底测点间距	2 292	2 456.7	2 356.7	
顶底位移量	51.2	50.9	51.5	7.314 285 714
两帮测点间距	2 541.8	2 595.1	2 498.1	
两帮位移量	44.5	43.6	44.1	6.295 238 095

地点:距工作面 115 m	测试时间:2013 年 5 月 22 日			
测试项目	断面 1(mm)	断面 2(mm)	断面 3(mm)	平均变形速率(mm/d)
顶底测点间距	2 222.2	2 386.6	2 285.5	
顶底位移量	69.8	70.1	71.2	10.052 380 95
两帮测点间距	2 471.6	2 525.8	2 429.4	
两帮位移量	70.2	69.3	68.7	9.914 285 714

地点:距工作面 95 m	测试时间:2013 年 5 月 29 日			
测试项目	断面 1(mm)	断面 2(mm)	断面 3(mm)	平均变形速率(mm/d)
顶底测点间距	2 131.3	2 289.9	2 190.1	
顶底位移量	97.8	96.7	95.4	13.804 761 9
两帮测点间距	2 372.2	2 425.6	2 330.5	
两帮位移量	99.4	100.2	98.9	14.214 285 71

地点:距工作面 75 m	测试时间:2013 年 6 月 5 日			
测试项目	断面 1(mm)	断面 2(mm)	断面 3(mm)	平均变形速率(mm/d)
顶底测点间距	1 997.2	2 157.2	2 055.6	
顶底位移量	134.1	132.7	134.5	19.109 523 81
两帮测点间距	2 232.7	2 284.9	2 189.3	
两帮位移量	139.5	140.7	141.2	20.066 666 67

地点:距工作面 55 m	测试时间:2013 年 6 月 12 日			
测试项目	断面 1(mm)	断面 2(mm)	断面 3(mm)	平均变形速率(mm/d)
顶底测点间距	1 831.9	1 998	1 892.2	
顶底位移量	165.3	159.2	163.4	23.233 333 33
两帮测点间距	2 062.3	2 112.4	2 015.6	
两帮位移量	170.4	172.5	173.7	24.6

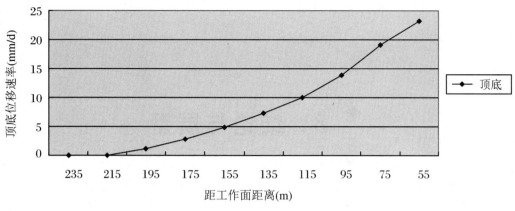

图 7.14 顶底平均变形速率曲线

7.5.3 监测结果分析

① 动压影响开始于距工作面 215 m 的部位,155～215 m 之间动压影响变化较为平缓,155 m 后动压影响变化开始加大,但 55～75 m 之间动压影响效果减弱(图 7.15)。

② 55～75 m 之间,动压影响效果减弱的主要原因在于超前支护的存在。

③ 巷道总体变形较小,主要原因在于完全沿空巷道处于地应力最小的位置,该部位受动压的影响同样远小于其他部位。

④ 该巷道自成巷至工作面完成,返修率为零,对生产没有造成任何不良影响。

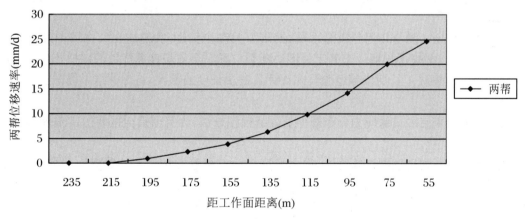

图 7.15 两帮平均变形速率曲线

8 结论与展望

8.1 结　论

本研究从充分利用煤炭资源、最大限度降低巷道维护成本、科学应用力学理论、保持煤矿生产安全与顺畅等角度出发，以淮北矿业股份有限公司许疃煤矿 $8_2$14 风巷为试验巷道，采用地质资料精准分析、现场试验、理论计算、数值模拟、现场测试等手段对完全沿空掘巷的影响因素与支护技术进行了较为深入的研究，获得了如下主要结论：

① 提出了制约完全沿空掘巷顺利实施的 3 个重要因素，并给出了切实可行的解决对策。其中关于治水的思路及措施不仅科学，而且颇具创新性。在对高瓦斯煤层中采空区瓦斯含量的分析及对完全沿空掘巷顺利实施影响的排除方面，采用的分析方法简单而明确，具有很好的参考价值。

② 应用现场实测与几何分析等手段，给出了关键块长度、关键块在实体煤中准确断裂位置的计算方法。解决了长期以来确定关键块断裂位置完全依赖计算机数值模拟及煤体极限平衡理论的状况，解决了长期依赖经验公式计算关键块长度的状况，将计算结果提升到一个更高的精度。

③ 给出了采空区边缘应力分布规律的数值模拟方法，为完全沿空掘巷的实施提供了前提条件。

④ 通过一系列现场测试等手段，揭示了完全沿空掘巷支护压力的非对称性特征，并给出了帮、顶支护压力随工作面移动的变化规律，为完全沿空掘巷支护方式及支护强度的科学计算提供了可靠依据，同时也为完全沿空掘巷施工技术提供了非常宝贵的基础数据。

⑤ 提出了非对称锚架组合结构与拱腰部位铺设双抗布相互结合的关键技术及相关原理，现场变形检测结果表明效果很好，值得借鉴。

⑥ 本研究充分证明了完全沿空掘巷布置方式的科学性与可行性，只要前期准备得当，不仅施工安全性高、支护成本低，而且巷道断面收缩较小，几乎无需返修（断层部位除外），值得广泛推广。

8.2 展　　望

完全沿空掘巷作为在国内外案例都极少的一种技术,尚无较为系统的理论与方法。本研究作为近 60 年我国仅有的几个案例之一,在无现存理论支撑与可借鉴资料很少的情况下,虽顺利完成且效果很好,但仍有很多现场工作和理论研究未能实施,该领域可以继续研究的内容颇多,希望有更多学者与相关人员对其展开进一步研究。

第2部分

松散富水砂岩巷道安全高效掘支技术研究

9 基础参数测试与分析

9.1 砂岩层强度测试与分析

9.1.1 测试项目

岩性测试通常包括静载性能测试、动载性能测试、蠕变性能测试三种。动载性能测试结果主要用于研究冲击地压现象，蠕变性能测试结果是高应力软岩巷道支护所需要的，色连二号矿井最需要了解的岩性参数为岩石试件在不同工况条件下的普氏系数。

普氏系数由苏联学者于1926年提出，又称岩石坚固性系数，至今仍在矿山开采业和勘探掘进中得到广泛应用。普氏系数的数值是岩石或土壤的单轴抗压强度极限的1/100，记作 f，无量纲。

$$f = \frac{S_c}{100}$$

式中，S_c 为单轴抗压强度极限，计量单位为 kg/cm^2。

因为岩石的抗压能力最强，故把岩石单轴抗压强度极限的1/10作为岩石的坚固性系数，即

$$f = \frac{R}{10}$$

式中，R 是岩石的单轴抗压强度，单位为 MPa。

本次主要测定静载条件下3-1煤回风大巷及附加巷道砂岩层的普氏系数。

9.1.2 测试方法

通常情况下，测定普氏系数需要从被测定岩层中钻取标准尺寸（即长度100 mm，直径50 mm）的岩芯，并在岩石试验机上测定岩芯的单轴抗压强度，而后换算为普氏系数值。但是色连二号矿井的侏罗系岩层遇水后严重风化，根本无法取出标准岩芯。2013年5月28日，研究组从施工现场获取较大矸石一块并于2013年5月31日运送至安徽理工大学实验室，试图从该矸石上钻取标准岩芯用于强度测试，但是仅仅经过3天的风化作用，该矸石就几乎完全碎裂，如图9.1所示。

鉴于上述情况，测定色连二号矿井的围岩普氏系数就只能借助其他方法。

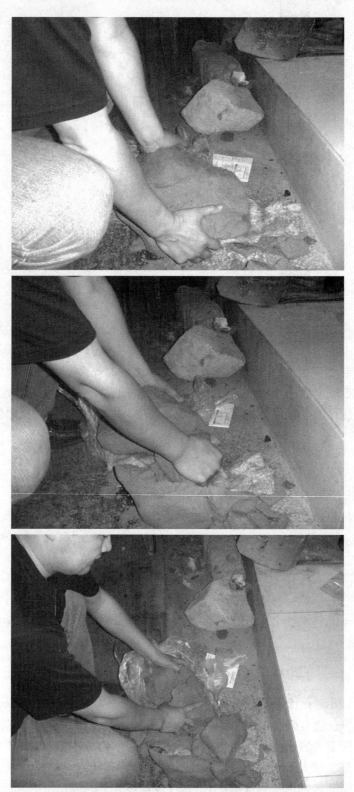

图 9.1 风化作用 3 天后的矸石可徒手掰碎

点载荷试验法是 20 世纪 70 年代发展起来的一种简便的现场岩块强度试验方法。该方法最大的特点是可利用现场取得的任何形状的岩块进行测定,无需进行试样加工。该实验装置是一个极为小巧的设备(图 9.2),其加载原理类似于劈裂法,不同的是劈裂法用的是线载荷,而点载荷法施加的是点载荷。

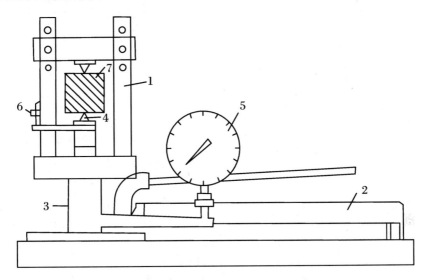

1. 框架；2. 手握式油泵；3. 千石顶；4. 球面压头(简称加荷锥)；
5. 油压表；6. 游标卡尺；7. 试样

图 9.2　便携式点载荷仪结构示意图

点载荷试验是将试件放在点载荷仪中的球面压头间,然后通过油泵加压至试件破坏,利用破坏荷载 P_t(单位为 kN)可求得岩块的点载荷强度 I_s(单位为 MPa),计算公式为

$$I_s = \frac{P_t}{D} \tag{9-1}$$

式中,D 为破坏时两加载点间的距离,单位为 cm。

岩块的抗拉强度 σ_t、抗压强度 σ_c(单位为 MPa)与点载荷强度 I_s 之间存在一个比例系数 K,K 的取值根据经验确定。

点载荷试验的优点是仪器轻便,试件可采用不规则岩块,钻孔取得的岩芯及从基岩上采取的岩块用锤子略加修整即可用于试验,因此在施工现场试验很方便。缺点是试验结果的离散性较大,因此需要相对较多的试件。

9.1.3　3-1 煤回风巷迎头岩块点载荷测试

根据点载荷测试仪液压缸的横截面面积及经验系数的数值,此次测试中岩块抗拉强度 σ_t、抗压强度 σ_c 由下述公式确定:

$$\left.\begin{array}{l} \sigma_t = 0.43 \times 14.5 \times \dfrac{P}{D^2} \\[2mm] \sigma_c = 11.5 \times 14.5 \times \dfrac{P}{D^2} \end{array}\right\} \tag{9-2}$$

式中,P 为液压表的显示读数,单位为 MPa。

测试结果如表 9.1~表 9.3 所示。

表 9.1　色连二号矿井 3-1 煤回风巷顶板砂岩点载荷测试结果(2013 年 7 月 31 日)

试件编号	间距 (mm)	致裂压力 (MPa)	抗压强度 (MPa)	抗拉强度 (MPa)	备注
横 1	42	0.1	0.945 3	0.035	舍弃
横 2	40	0.4	4.168 8	0.156	
横 3	34	0.2	2.884 9	0.108	
均值			3.53	0.13	
纵 1	48	2.3	16.646 1	0.622	
纵 2	30	1.1	20.380 6	0.762	
纵 3	40	1.8	18.759 4	0.701	
纵 4	30	1.4	25.938 9	0.97	
纵 5	23	1.1	34.673 9	1.297	
纵 6	28	1.8	38.284 4	1.432	
纵 7	30	1.5	27.791 7	1.039	
均值			26.07	0.96	

表 9.2　色连二号矿井 3-1 煤回风巷顶板砂岩点载荷测试结果(2013 年 8 月 1 日)

试件编号	间距 (mm)	致裂压力 (MPa)	抗压强度 (MPa)	抗拉强度 (MPa)	备注
横 1	42	1.5	14.179 4	0.53	
横 2	50	1.4	9.338	0.349	
横 3	26	0.6	14.800 3	0.553	
横 4	42	1.7	16.07	0.601	
均值			6.87	0.26	
纵 1	41	1.9	18.847 4	0.705	
纵 2	40	2.4	25.012 5	0.935	
纵 3	33	2.1	32.155 6	1.202	
纵 4	30	1.7	31.497 2	1.178	
纵 5	35	2.9	39.475 5	1.476	
均值			14.85	0.56	

表9.3　色连二号矿井3-1煤回风巷顶板砂岩点载荷测试结果(2013年8月3日)

试件编号	间距 (mm)	致裂压力 (MPa)	抗压强度 (MPa)	抗拉强度 (MPa)	备注
横1	42	1.2	11.34	0.424	
横2	33	1.0	15.31	0.573	
横3	46	0.7	5.52	0.206	
横4	43	1.3	11.72	0.438	
横5	35	2.0	27.22	1.018	
横6	41	1.2	11.90	0.445	
横7	46	0.6	4.73	0.177	
横8	44	1.4	12.06	0.451	
横9	33	0.8	12.25	0.458	
均值			12.45	0.466	
纵1	41	1.6	15.87	0.593	
纵2	36	2.8	36.03	1.347	
纵3	20	0.2	8.34	0.312	
纵4	26	1.0	24.67	0.922	
纵5	38	2.1	24.25	0.907	
纵6	37	1.7	20.71	0.774	
纵7	33	1.9	29.09	1.088	
纵8	45	2.3	18.94	0.708	
纵9	40	2.3	23.97	0.896	
均值			22.43	0.839	

　　测试结果表明3-1煤层回风巷顶板砂岩的抗压强度为15~20 MPa,普氏系数为1.5~2,抗拉强度宜取0.75~1.0 MPa。通过超前钻孔对3-1煤层回风大巷围岩静含水进行释放后,顶板砂岩在迎头的大面积垮落现象明显减少,岩石的力学性质明显改善,表9.4所示为静态放水后迎头岩块点载荷实验结果,相对8月3日测试的结果,表中岩石抗压强度均值提高了4.94 MPa,提高幅度22%;相对8月1日测试结果,表中岩石抗压强度均值提高了12.52 MPa,提高幅度84.3%。

表 9.4　色连二号矿井 3-1 煤回风巷顶板砂岩点载荷测试结果(2014 年 12 月 8 日)

试件编号	间距 (mm)	致裂压力 (MPa)	抗压强度 (MPa)	抗拉强度 (MPa)	备注
横 1	42	1.4	16.26	0.631	
横 2	31	1.3	17.91	0.713	
横 3	44	1.7	15.82	0.676	
横 4	44	1.8	16.32	0.718	
横 5	34	2.0	28.97	1.323	
横 6	41	1.5	16.23	0.595	
横 7	45	1.7	25.13	1.197	
均值			19.52	0.836	
纵 1	40	2.2	19.23	1.631	
纵 2	37	2.4	29.03	1.67	
纵 3	29	1.4	28.34	1.52	
纵 4	26	1.2	27.53	1.422	
纵 5	38	2.4	27.53	1.307	
纵 6	37	2.3	27.71	1.474	
纵 7	32	2.0	29.89	1.19	
均值			27.37	1.19	

此外,放水效果可以通过帮部松动圈的变化来体现,具体见下节。

9.2　巷道围岩松动圈测试

9.2.1　进行围岩松动圈测试的重要意义

围岩松动圈是围岩应力、围岩属性等诸多因素综合作用的体现,其特性参数是进行巷道支护设计的重要依据。以色连二矿常用的锚喷支护为例,如果松动圈的范围小于锚杆的长度(2.5 m),那么进行支护设计时应重点考虑锚杆的悬吊作用;如果松动圈的范围大于锚杆的长度,也并不意味着锚杆就失去作用了,锚杆与破碎围岩共同形成的组合拱依然具有强大的支护抗力。此外,松动圈范围测试结果是确定围岩注浆参数的重要依据。

9.2.2　测试仪器

本次围岩松动圈测试的仪器为 BA-Ⅱ 型超声波围岩裂隙探测仪(图 9.3),由西安中沃测控技术有限公司生产。

仪器由三部分构成:纵波发射及接收器、传输线、探头及配属铜管构成。

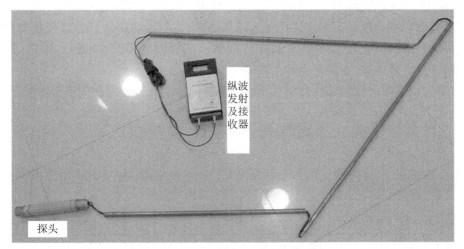

图 9.3 BA-Ⅱ型围岩松动圈测试仪

9.2.3 测试原理

如图 9.3 所示,纵波发射及接收器分别通过两根引线与探头连接,由发射器发送的纵波会通过导线从探头的发射孔传送到围岩上,而由围岩传输的纵波会被接收器探头上的接收装置捕获。发射探头与接收探头之间的距离固定为 10 cm,那么纵波在围岩内传播的波速易得。

已知道,超声波在岩体中的传播速度与岩体受力状态及裂隙程度有关。但当围岩内裂隙较多时,其波速较完整性较好的岩石低。通过描绘波速沿着钻孔轴线的变化曲线,即可判定围岩裂隙范围及松动圈范围(图 9.4)。

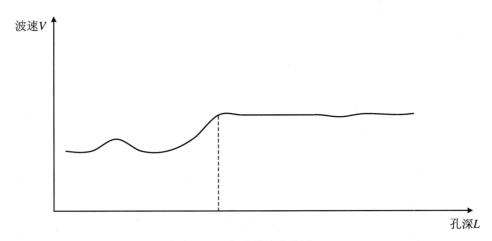

图 9.4 超声波波速曲线

9.2.4 测试步骤

首先要在巷道壁的预定位置打测试孔,可用普通风动锚杆钻机施工,施工完毕后,测试钻孔必须冲洗干净,以保证测试效果。

钻孔深度 2.5 m,如果 2.5 m 孔深不能满足要求,钻孔可延伸至 3 m 深。

测试时,配合铜管将探头送入钻孔底部,而后将探头引线与声波发射及接收器相连,开动声波发射及接收器,并记录显示屏上的波速数据,而后将探头逐次向外拉出 10 cm,每拉出 10 cm 记录一次波速数据,直至整个钻孔测试完毕。

最后根据记录数据绘制钻孔孔深-波速曲线,从曲线变化趋势判断围岩松动圈深度。

9.2.5 岩层静含水未进行释放时的松动圈测试

测试位置选在 3-1 煤层回风大巷停头位置后 100 m,测试点与联巷间距为 30 m。测试钻孔布置在巷道帮部,孔深 2.2 m。测试结果如表 9.5 所示。

表 9.5

测试深度(m)	纵波传播时间记录(s)	纵波传播速度记录(km/s)
0.6	90.8	1.101
0.7	88.9	1.125
0.8	89.7	1.115
0.9	86.9	1.151
1.0	88.0	1.136
1.1	78.9	1.267
1.2	74.7	1.339
1.3	64.9	1.541
1.4	63.0	1.587
1.5	62.9	1.590
1.6	62.8	1.592
1.7	63.5	1.575
1.8	65.0	1.538
1.9	63.9	1.565
2.0	62.1	1.610
2.1	61.9	1.616
2.2	63.7	1.570

测试曲线均表明,从巷道壁到 1.2 m 深度范围内煤体的纵波波速均较低,而 1.2 m 深度之后煤体的波速有明显的提升,就此可以判断测试地点松动圈深度为 1.2 m,3-1 煤层回风大巷松动圈属于小松动圈(图 9.5)。施工现场采用的锚杆长度为 2.5 m,深度超过松动圈 1.3 m,若锚杆杆体始终保持较大的拉力,锚杆对围岩的约束作用既包括悬吊作用又包括组合拱作用。

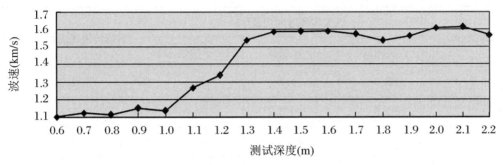

图 9.5 色连 3-1 煤层回风大巷未进行静含水疏放区域内松动圈测试波速曲线

9.2.6 岩层静含水进行提前释放后的松动圈测试

3-1 煤层回风大巷进行围岩静含水超前探放后,在掘进迎头后方 40 m 处进行了巷道帮部围岩松动圈测试(表 9.6),通过与前期松动圈测试数据的对比,验证了超前放水的效果(图 9.6)。

表 9.6

测试深度(m)	纵波传播时间记录(s)			纵波传播速度记录(km/s)
	首次测试	二次测试	平均值	
0.6	137.8	138.8	138.3	0.723
0.7	158.5	151.0	154.8	0.646
0.8	146.7	146.5	146.6	0.682
0.9	134.1	143.5	138.8	0.720
1.0	102.6	131.0	116.8	0.856
1.1	81.8	93.8	87.8	1.139
1.2	86.0	94.0	90.0	1.111
1.3	84.8	98.6	91.7	1.091
1.4	83.8	93.7	88.8	1.127
1.5	91.9	86.8	89.4	1.119
1.6	85.8	83.8	84.8	1.179
1.7	87.9	89.6	88.8	1.127
1.8	89.8	88.5	89.2	1.122

续表

测试深度（m）	纵波传播时间记录（s）			纵波传播速度记录（km/s）
	首次测试	二次测试	平均值	
1.9	86.9	94.0	90.5	1.106
2.0	87.5	90.5	89.0	1.124
2.1	83.1	81.0	82.1	1.219
2.2	90.0	84.8	87.4	1.144
2.3	80.8	80.0	80.4	1.244
2.4	87.6	81.9	84.8	1.180

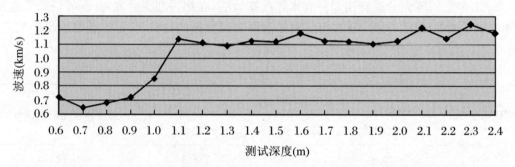

图 9.6　色连 3 - 1 煤层回风大巷进行静含水疏放区域内松动圈测试波速曲线

测试曲线表明，对围岩静含水进行超前探放后围岩松动圈稳定在 1.0 m，相比未进行超前放水的巷道，松动圈深度减小了 0.2 m，超前放水的作用良好。

9.3　巷道围岩塑性区半径影响因素分析

9.3.1　分析概述

松动圈的深度是判断巷道支护难度的标准，也是巷道支护效果的评价依据。此处采用修正的菲涅耳公式作为围岩塑性圈半径的计算公式：

$$R_{\mathrm{p}} = a\left[\frac{(P_0 + C\cot\varphi)(1 - \sin\varphi)}{P_{\mathrm{i}} + C\cot\varphi}\right]^{\frac{1-\sin\varphi}{2\sin\varphi}} \tag{9-3}$$

可以看到，围岩自身的强度指标，即内聚力 C 和内摩擦角 φ 以及支护反力 P_{i} 是围岩塑性区深度的最主要的三个影响因素。

对上述三个指标进行正交分析就可以确定其中最重要的影响因素。

9.3.2　MATLAB 分析程序源代码

```
H=3.8;%巷道高度
L=2.1;%巷道 1/2 宽
a=(H.^2+L.^2)./(2.*H)%巷道半径
C=3;%内聚力 3
fi=5:2:40;%内摩擦角 20
P0=7.5;%地应力
Pi=0.5;%支护反力 0.5
Rp=a.*(((P0+C.*cot(fi.*pi./180)).*(1-sin(fi.*pi./180))).^((1-
sin(fi.*pi./180))./(2.*sin(fi.*pi./180))))
plot(fi,Rp,'-or')
B=ylabel('塑性区半径/m');
set(B,'FontSize',20);
D=xlabel('内摩擦角/°');
set(D,'FontSize',20)
```

9.3.3　计算结果分析

图 9.7 显示,巷道位移塑性区深度能够随支护反力的增大而减小,但是减小的速率很低,减小的总量很小。支护反力从 0 增加到 1 MPa 时,塑性区深度从 3.1 m 减少到了 2.7 m,降幅仅为 12.9%。现有的支护手段,无论是主动支护的锚杆锚索,还是被动支护的 U 形钢金属支架,均很难提供 0.2 MPa 的支护反力。可以认为支护反力对位移塑性区深度的控制效果很不明显。

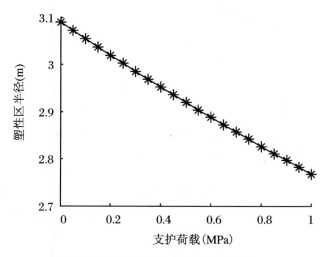

图 9.7　塑性半径随支护反力的变化

图 9.8 显示,围岩的内聚力从 0.5 MPa 增加到 4 MPa 后,塑性区的深度从 7.4 m 陡然减

少到了 2.8 m,降幅达到 62.2%,而且降低的速率具有明显的几何曲线趋势。图 9.9 显示,围岩的内摩擦角从 5°增大到 40°时,围岩塑性区的深度从 4 m 减少到了 2.5 m,降幅达到了37.5%。

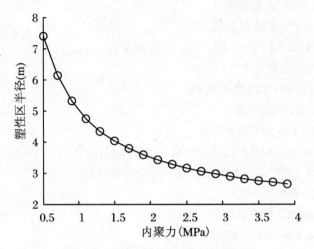

图 9.8　塑性半径随内聚力的变化

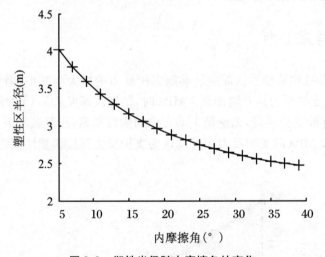

图 9.9　塑性半径随内摩擦角的变化

对比三个参数对塑性区深度的控制效果可以看到,对塑性区深度减少贡献较大的参数是内聚力和内摩擦角。此次进行静含水超前疏放工作的目的主要也是最大限度地保证巷道浅部围岩的内聚力和内摩擦角不小于原始值。

当然,支护强度也是非常重要的,但是它的重要性主要体现在保障围岩松动圈的稳定性方面,只有松动圈稳定性得到保障了,其自身承载力和对深部围岩的承载力才能体现出来。

10 松散富水砂岩巷道施工防治水技术研究

10.1 静含水治理方案设计

10.1.1 工程背景

依据工程地质资料及现场实地考察,色连二矿 3-1 煤顶板是一层较厚(9.7 m 左右)的富含水、低胶结度、抗拉性能较差的松散砂岩,该砂岩因沉积年代较短,表现出了与我国其他矿区的砂岩迥异的一些性质,对安全高效的巷道施工技术的使用制约很大。

首先,静态含水是影响施工进度的决定性因素。内蒙东胜矿区侏罗系富水砂岩的一个显著的特性是"遇水成泥",这一特性导致在工作面涌水较大的情况下截割下来的岩块在装运之前就会成为黏稠状混合物(犹如刚搅拌好的新鲜混凝土),综掘机很难排运,施工环境严重恶化,难以正常施工。其次,围岩浸水软化造成强度大幅降低,在综掘机割岩的过程中工作面非常容易发生冒顶、偏帮事故,安全隐患很大,严重影响施工进度。第三,因冒顶和偏帮,巷道难以成型,凸凹不平的巷道表面为支护带来很大困难,导致支护环节会耗费大量时间,严重影响工程进度。

其次,静态含水是影响巷道安全的决定性因素。内蒙侏罗系松散富水砂岩中的巷道在成巷后的很长时间内都会有一个共同的现象,即围岩长期不间断地淋水、某些锚杆(索)尾端长期不停流水以及围岩表面长期不停向外渗水,发生这一现象的根本原因可以从图 10.1 得到直观了解。原本巷道开挖时,砂岩中的含水是静静地处于断层、裂隙、空隙之中的,并不发生流动。完整的岩体内部水分含量并不是很大,岩石依然具有一定的强度。但巷道开挖后,围岩边缘的水力压头大幅降低,远远低于远处砂岩中的水力压头,导致压差出现,于是远处压力较高的静态含水就会向巷道渗流,致使巷道围岩附近岩石含水量大增,岩石弱化情况严重。此外,渗流水还会导致锚杆索锈蚀,而锚杆索锈蚀又会导致锚固力下降,长此以往,也就难以避免巷道冒顶、偏帮事故发生。另外,内蒙东胜矿区侏罗系富水砂岩的另一个显著特征是"遇风成砂",围岩渗水导致巷道表面处于游离水覆盖状态,喷射混凝土难以黏结其上,无法实现防止围岩风化的目的,而快速风化将导致锚杆(索)托盘与围岩之间压力下降,锚杆索承载力下降,从而产生更大的安全隐患。

因此,无论是着眼于目前的巷道施工,还是顾及后期的巷道维护及工作面开采安全,"治水"都是紧迫而必要的。此外,此种情况并不是色连二矿独有的,内蒙东胜矿区 90%的煤矿都存在这种情况。

现场水文观测孔观测数据表明,前期巷道的开拓已经导致相应水文孔水位下降,且早前成巷巷道的围岩渗水已明显减弱,因此可以判断,3煤顶板砂岩含水属静态水,外来水补给较弱。此外,依据华北科技学院的探水报告可以确定,3-1煤顶板砂岩含水为静态水。

10.1.2 静含水治理的基本思想

目前的3-1煤回风大巷是色连二矿层位最低的一个巷道,周围已经开拓的巷道层位均高于该巷道,故利用周围巷道实施3-1煤顶板砂岩水排放是不可能的,只能在本巷道帮侧开硐实施超前钻孔,运用真空泵进行力学排水。

力学排水的基本原理如图10.1所示,3-1煤顶板砂岩中储存的静态含水是有一定压力的,实施超前钻孔,并利用真空泵大幅降低孔中压力至接近真空,可以制造孔内与底板砂岩中静含水之间的压力差,促使顶板砂岩中的静含水向钻孔内聚集,并通过真空泵排出。一旦含水量降低或去除,岩体强度自然会提升。

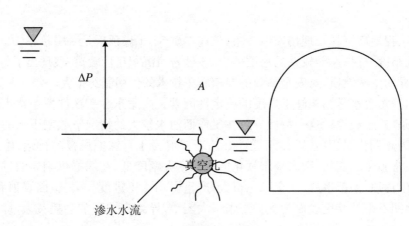

图 10.1 力学疏水示意图

10.1.3 排水设备

SZ 型真空泵主要参数见表10.1。

表 10.1 SZ 型真空泵主要参数

型 号		SZ-1	SZ-2	SZ-3	SZ-4
真空泵最大气量(m³/min)	当真空度为 0%时	1.5	3.4	11.5	27
	当真空度为 40%时	0.64	1.65	6.8	17.6
	当真空度为 60%时	0.4	0.95	3.6	11
	当真空度为 80%时	0.12	0.25	1.5	3
	当真空度为 90%时	—	—	0.5	1

续表

型 号		SZ-1	SZ-2	SZ-3	SZ-4
压缩机最大排气量(m³/min)	当压力为 0 MPa 时	1.5	3.4	11.5	27
	当压力为 0.01 MPa 时	1.0	2.6	9.2	26
	当压力为 0.08 MPa 时	–	2	8.5	20
	当压力为 0.1 MPa 时	–	1.5	7.5	16
	当压力为 0.15 MPa 时	–	–	3.5	9.5
电机功率(kW)	真空泵	4	7.5	22	70
	压缩机	5.5	11	37	80
转数(rad/min)		1 440	1 450 1 460	970	733 735
水的耗量(L/min)		10	30	70	100
泵体外径(mm)		230	230	380	535
叶轮外径(mm)		200	200	323	453
叶轮宽度(mm)		90	220	320	520
吸入口直径(mm)		70	70	125	175
排气口直径(mm)		70	70	125	150
最大真空度		84%	87%	92%	93%
最大压力(MPa)		1	1.4	2.1	2.1
保证真空度为 0 的 排气量(m³/min)		1.45	3.3	10.2	25
保证真空度		80%	82%	85%	84%
保证压力为 0 的 排气量(m³/min)		1.45	3.3	0.2	25
泵质量(kg)		140	150	463	975

1. 钻孔设备

地质钻机。

2. 真空泵

博山通用真空设备厂联合研制了 SZ 型水环式真空泵及压缩机。

SZ 型水环式真空泵及压缩机是用来抽吸或压缩空气和其他无腐蚀性不溶于水的气体,以便在密闭的容器中形成真空和压力。

SZ 型有 4 种规格 SZ-1、SZ-2、SZ-3 及 SZ-4(表 10.1),各类型泵的最大真空度分别为 86% 到 95% 不等。SZ-1 及 SZ-2 所能形成的最大压力为 0.1～0.14 MPa,SZ-3 及 SZ-4 在所配电动机功率容许下的最大压力为 0.15 MPa,若增加电动机功率,最大压力可达 0.21 MPa(泵型意义:如 SZ-1,其中"S"表示水环式、"Z"表示真空泵、"1"表示泵的序号)。

3－1 煤回风大巷的建议型号:SZ-3。

10.1.4 抽水钻孔布置

如图 10.2 所示,放水硐室间距 120 m,硐室设置在煤层倾向一侧,每一硐室设置抽水孔两个,具体长度结合顶板砂岩厚度及相关工程地质情况(图 10.3、图 10.4)确定,但需将 70% 以上的钻孔设置在顶板砂岩中。每一硐室初步设计两个钻孔,一长一短。长孔 140 m,与巷道轴线呈 5°水平夹角,与水平面呈 4°向上竖向夹角;短孔 70 m,与巷道轴线呈 10°水平夹角,与水平面呈 7°向上竖向夹角。

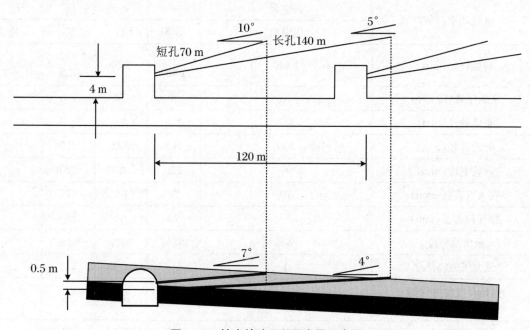

图 10.2　抽水钻孔平剖面布置示意图

两个钻孔设置为一长一短,且长短孔均设置一定的斜仰角(斜角指钻孔与巷道轴线之间的夹角,仰角指钻孔与水平面之间的夹角)的具体原因如下:

由于砂岩层中微裂隙、小断层分布很不均匀,同时布置两个斜角与仰角均不同的钻孔,可以较大限度地穿过较多的裂隙与断层,从而更快且更多地疏放裂隙水和断层水。而裂隙水和断层水被快速疏放又为孔隙水的渗流制造了较多的低压流向空间,为围岩中静态含水快速疏放创造了条件。

	煤层编号	厚度(m)	岩性描述
	2-2中	1.74	煤：褐黑色，暗煤，含亮煤纹理
		8.40	泥岩：深灰色，具贝壳状断口，含大量植物化石
		7.95	砂质泥岩：浅灰色，含砂量均匀，平行层理，断口平坦
		0.20	
			细粒砂岩：浅灰白色，成分以石英为主，长石次之，泥质填隙物
		9.80	
	3-1	1.84	煤：褐黑色，暗煤，含亮煤条纹
		12.01	砂质泥岩：浅灰色，具波状层理，断口平坦
		9.60	细粒砂岩：浅灰白色，含有云母碎片和炭屑煤线
	3-1下	1.09	煤：褐色，光泽暗淡，含亮煤纹理

巷道底板

图10.3　S17钻孔柱状图(其余钻孔柱状基本一致)

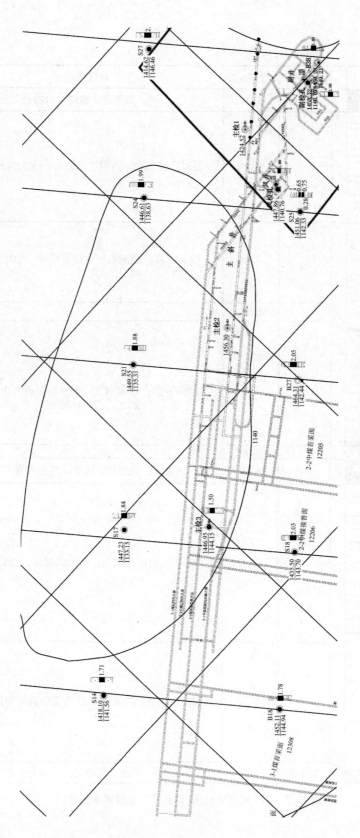

图10.4　3-1煤层回风巷平面布置图

10.1.5　真空抽放水孔设计的技术要求

① 钻孔结构:开孔结构∅127 mm,终孔结构∅89 mm;一级套管∅108 mm,长10 m(按规定,套管需5 m,为保证抽水效果,此处取10 m);终孔位置必须穿过顶板砂岩层。

② 封注套管采用外注式封孔法,用速干水泥糊孔口,埋设返浆管。钻孔扫孔到底后进行打压试验,压力不低于1.0 MPa,打压时间不低于20 min。

③ 根据掘进迎头的施工进度,确定钻孔的施工顺序。

④ 原始记录要做到"准确、及时、完整、认真"。

⑤ 在钻孔突然涌水或排水不畅时,应及时关闭水门。

⑥ 现场配备不低于50 m³/h的排水设备,并安排专人看泵,在钻孔突然涌水或排水不畅时,应及时关闭水门。

⑦ 孔内出现异常要立即停止钻进,采取相应措施。

⑧ 钻机要固定牢固,确保施工角度准确。

⑨ 清挖好水沟保证泻水畅通。

10.1.6　巷道超前钻孔放水效果

色连3-1煤回风大巷总长3 419 m,砂岩静含水影响区段2 701 m,采用静含水疏放技术治理区段长2 000 m。2014年2月底开始布置静含水疏放硐室,并施工静含水疏放钻孔。放水硐室间距120 m,共施工放水硐室17个。

砂岩水疏放过程中,钻孔的出水量总是逐步减少的,钻孔施工完毕应及时测定当前的出水量,而后结合疏放时长就可以统计各钻孔的总出水量,具体见表10.2,相关计算公式如下:

$$出水总量=初期出水量×放水时长÷2$$

表 10.2　色连二号矿井探放水钻孔出水量

钻孔编号	方位角(°)	倾角(°)	观测时间(年-月-日,时)	观测方法	参数		涌水量(m³/h)	放水时长(h)	出水总量(m³)
					容积(m³)	时间(s)			
1-长	327	4	2014-2-26,9:30	容积法	0.02	17.9	1.97	76	74.96
1-短	332	7	2014-2-26,9:30	容积法	0.02	36.5	3.33	48	80.00
2-长	327	4	2014-3-27,8:30	容积法	0.02	21.6	1.80	88	79.00
2-短	332	7	2014-3-27,8:30	容积法	0.02	40.1	3.75	39	73.13
3-长	327	4	2014-5-28,10:00	容积法	0.02	19.2	2.20	68	74.86
3-短	332	7	2014-5-28,10:00	容积法	0.02	32.7	3.87	32	61.94
4-长	327	4	2014-6-25,9:00	容积法	0.02	18.6	1.86	87	80.93
4-短	332	7	2014-6-25,9:00	容积法	0.02	38.7	3.71	41	76.08
5-长	327	4	2014-8-25,8:30	容积法	0.02	19.4	2.26	69	78.11

续表

钻孔编号	方位角(°)	倾角(°)	观测时间(年-月-日,时)	观测方法	参数		涌水量(m³/h)	放水时长(h)	出水总量(m³)
					容积(m³)	时间(s)			
5-短	332	7	2014-8-25,8:30	容积法	0.02	31.8	3.60	35	63.00
6-长	327	4	2014-10-24,9:00	容积法	0.02	20	1.94	79	76.45
6-短	332	7	2014-10-24,9:00	容积法	0.02	37.2	3.62	39	70.55
7-长	327	4	2015-5-21,15:00	容积法	0.02	19.9	2.23	91	101.42
7-短	332	7	2015-5-21,15:00	容积法	0.02	32.3	4.44	36	80.00
8-长	327	4	2015-6-26,9:30	容积法	0.02	16.2	1.98	98	97.19
8-短	332	7	2015-6-26,9:30	容积法	0.02	36.3	3.85	37	71.23
9-长	327	4	2015-7-25,9:00	容积法	0.02	18.7	2.23	76	84.71
9-短	332	7	2015-7-25,9:00	容积法	0.02	32.3	4.11	34	69.94
10-长	327	4	2016-1-22,14:00	容积法	0.02	17.5	2.14	59	63.21
10-短	332	7	2016-1-22,14:00	容积法	0.02	33.6	3.75	32	60.00
11-长	327	4	2016-5-24,9:00	容积法	0.02	19.2	2.34	77	90.00
11-短	332	7	2016-5-24,9:00	容积法	0.02	30.8	4.02	38	76.42
12-长	327	4	2016-6-21,9:00	容积法	0.02	17.9	2.09	59	61.57
12-短	332	7	2016-6-21,9:00	容积法	0.02	34.5	3.89	39	75.89
13-长	327	4	2016-7-12,9:00	容积法	0.02	18.5	2.23	79	88.05
13-短	332	7	2016-7-12,9:00	容积法	0.02	32.3	4.00	33	66.00
14-长	327	4	2016-8-10,9:00	容积法	0.02	18	1.92	89	85.44
14-短	332	7	2016-8-10,9:00	容积法	0.02	37.5	3.56	38	67.72
15-长	327	4	2016-9-9,10:00	容积法	0.02	20.2	2.11	69	72.63
15-短	332	7	2016-9-9,10:00	容积法	0.02	34.2	4.00	44	88.00
16-长	327	4	2016-9-31,11:00	容积法	0.02	18	2.01	97	97.27
16-短	332	7	2016-9-31,11:00	容积法	0.02	35.9	3.91	39	76.30
17-长	327	4	2016-10-27,8:00	容积法	0.02	18.4	2.18	87	94.91
17-短	332	7	2016-10-27,8:00	容积法	0.02	33	4.02	45	90.50
合计									2 647.63

　　钻孔施工完毕后,采用孔口管对钻孔的孔口内1.5 m的深度范围进行保护,防止钻孔端部踏空造成整个钻孔堵塞。静含水的疏放时间为2~5天,当所有钻孔均无连续的水流流出后,静含水疏放工作即可结束。

10.2 邻近巷道俯角钻孔抽放水实践

10.2.1 俯角放水钻孔设计

施工地点:2-2中煤层回风大巷。

施工目的:为探放3-1煤顶板砂岩裂隙水,掩护3-1煤层回风大巷安全掘进,在2-2中煤回风大巷施工前探钻孔,超前探放3-1煤层回风大巷顶板砂岩水(图10.5)。

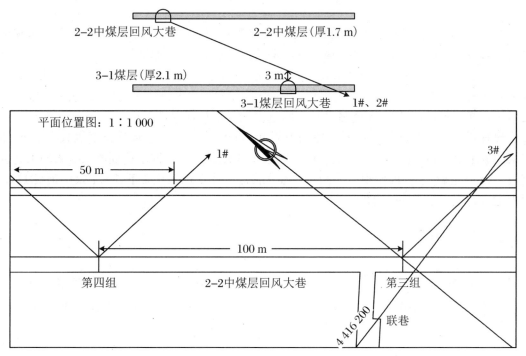

图 10.5 3-1煤顶板砂岩裂隙水探放孔布置

钻孔布置参数如表10.3所示。

表 10.3 3-1煤顶板砂岩裂隙水探访孔参数

孔号	方位(°)	与巷道夹角(°)	倾角(°)	孔深(m)
1	4	42	-30	60
2	184	42	-30	60
3	184	42	-30	60

放水效果如表10.4所示。

表 10.4　色连二号矿井探放水钻孔出水量

地点	观测时间	具体位置	观测方法	参数		涌水量 (m³/h)	备注
				容积(m³)	时间(s)		
2-2中 回风大巷	2月23日	1-2#	容积法	0.017	56	1.09	
	2月27日	1-2#	容积法	0.017	66	0.93	
2-2中 回风大巷	2月27日	2-2#	容积法	0.017	155	0.39	

10.2.2　俯角孔放水效果分析

钻孔实际出水量数据表明俯角孔抽水的效果很不明显,而3-1煤层回风大巷迎头顶板出水量很大,说明现行的俯角孔抽水措施并不能达成预期的目标,原因如下:

抽水泵所在位置的标高大于孔底21 m以上,而抽水泵的极限吸水高度不超过17 m,即便抽水泵在极限状态下工作,3-1煤顶板4～5 m范围内的含水仍然无法抽出(这里的极限状态是指钻孔绝对密封,且抽水泵能将钻孔空间范围抽成绝对真空状态)。

现有的封孔长度只有3 m,孔口密封效果并不好。抽水泵的进水管长度也只有3 m,即使水泵的进水管延长到孔底,以水泵的实际工况,真正能通过俯角抽水达到放水效果的深度也不超过10 m。也就是说,即便现有的俯角孔抽水措施工作在理想状态下,3-1煤层顶板11 m范围内围岩的含水是无法抽出的。

10.2.3　总结

① 通过俯、仰角钻孔效果对比发现,仰角孔排水效果很好,俯角孔排水效果不理想。

② 在绝大多数情况下,仰角钻孔排水无需真空泵配合,且排水效果能够达到预期目标,故这一疏排水技术值得在具有同样地质情况的内蒙东胜矿区大力推广。

11 "生根网壳"支护结构的数值分析

11.1 有限元数值计算模型基本概况

这一模拟将采用对比的手段对色连二矿3-1煤层回风大巷采用双网混凝土壳与采用单网混凝土壳时的承载力进行对比分析。两个三维有限元模型中的一个为双层锚网喷,另外一个为单层锚网喷,平衡考虑到解题规模和模拟精度的矛盾,整个模型中围岩部分采用六面体单元离散,而锚网结构采用二维线性单元划分。为避免单元退化,在网格划分中,使用了ABAQUS分割法,利用该法可以将复杂的几何体转化为多个简单的组成部分(简单的几何体),通过对简单部分的网格划分,间接实现对整体模型的划分。网格模型如图11.1、图11.2和图11.3所示。围岩结构划分后具有18 578个单元,分析采用Linear hexahedral elements of type C3D8R单元;锚网结构具有19 089个单元,分析采用T3D2单元类型,无警告和错误单元,可保证分析结果的准确性。

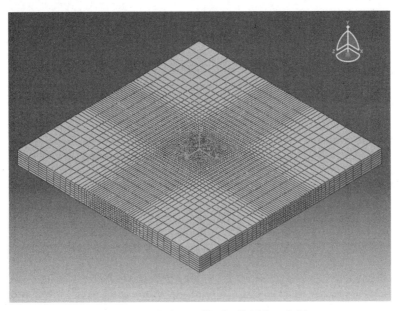

图11.1 整个有限元模型网格划分示意图

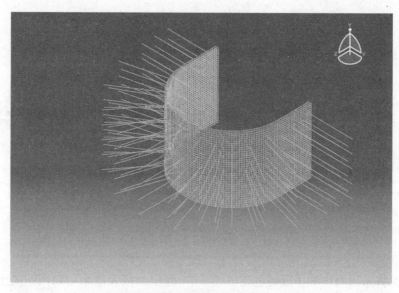

图 11.2   锚网喷结构网格划分示意图

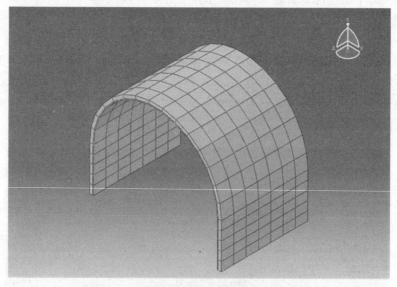

图 11.3   C20 混凝土喷层结构网格划分示意图

11.2   模 型 概 述

模型总体设计概况：巷道断面掘进宽度 5 500 mm、掘进高度 4 450 mm，掘进断面积 21.25 m²；净宽 5 200 mm、净高 4 100 mm，净断面积 18.41 m²。

3—1 煤层回风大巷断面为直墙半圆拱，断面参数如表 11.1 所示。

表 11.1　断面参数表

巷道净宽 (mm)	巷道净高 (mm)	开拓宽 (mm)	开拓高 (mm)	墙净高 (mm)	$S_净$(m²)	$S_掘$(m²)
5 200	4 100	5 500	4 450	1 500	18.41	21.25

断面形状:直墙半圆拱,具体形状与尺寸见图 11.4,模型、锚网结构几何尺寸示意图见图 11.5、图 11.6。

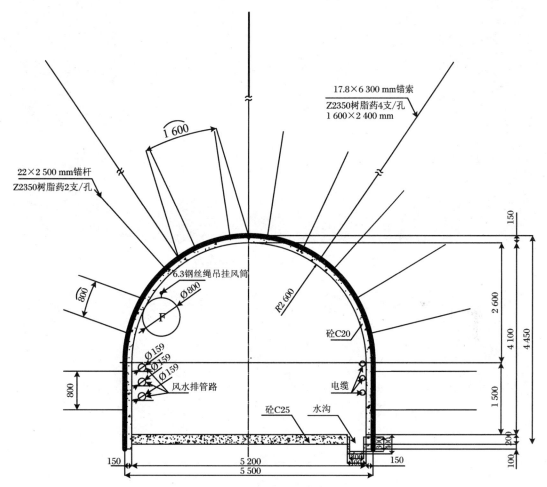

图 11.4　双层锚网喷 + 注浆支护巷道断面示意图(单位:mm)

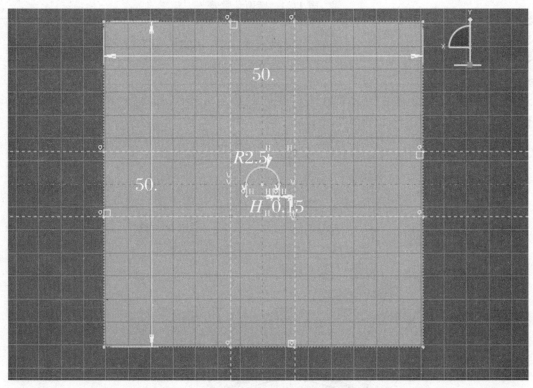

图 11.5　模型几何尺寸示意图

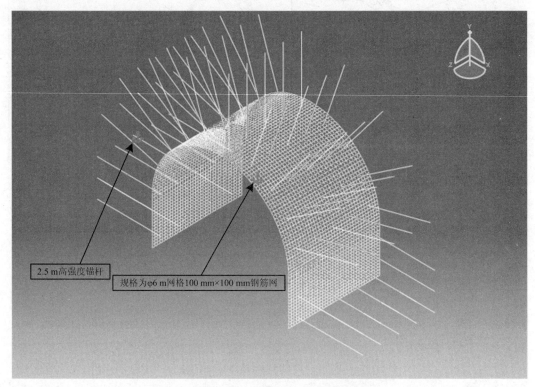

图 11.6　锚网结构几何尺寸示意图

11.2.1 边界条件

在左、右两个边界上约束 1 方向自由度,在底边上约束 3 方向自由度,前后约束 2 方向自由度,顶边自由,作用有上覆地层压力 $\gamma_H = 7.2\,\mathrm{MPa}$,重力加速度取为 $9.8\,\mathrm{m/s^2}$,水平侧压系数取 1(图 11.7)。

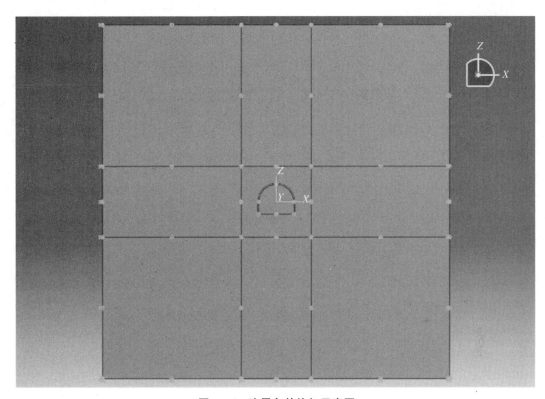

图 11.7 边界条件施加示意图

11.2.2 材料参数

经过对模型的简化分析,在试验数据的基础上,考虑现场岩体和实际岩芯参数的不同,经过人工整合,最后得出如表 11.2 所示数据进行计算。

表 11.2 材料参数表

材料	密度 (kg/m³)	弹性模量 (GPa)	泊松比	黏聚力 (MPa)	内摩擦角 (°)	屈服应力 (MPa)
C20	2 400	25.5	0.18	/ - -	/ - -	/ - -
围岩	2 400	12.0	0.26	2.2	44	/ - -
钢材	7 800	200	0.3	/ - -	/ - -	200
锚杆(索)	7 800	100	0.3	/ - -	/ - -	/ - -

说明:围岩采用 Mohr-coulomb plasticity 本构关系进行分析。C20 采用 Concrete damage plasticity 本构关系进行分析（具体参数设置如图 11.8 所示）。

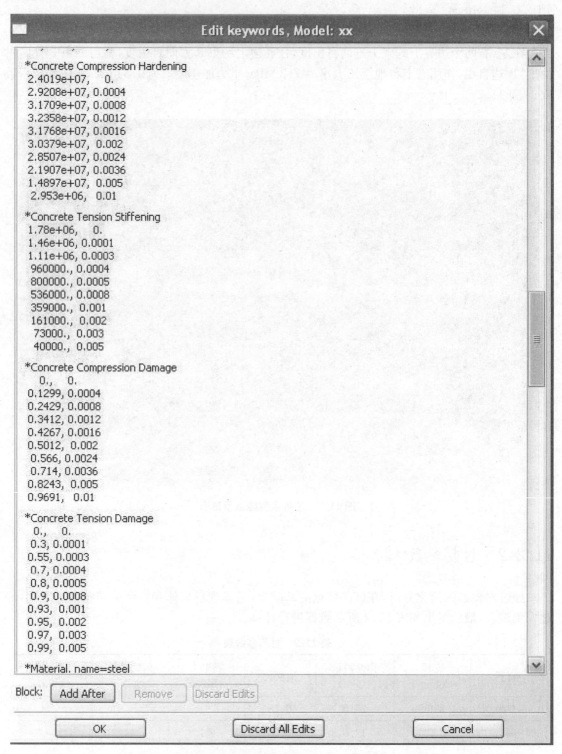

图 11.8　关于混凝土材料具体参数在 keywords 中的具体设置

11.2.3 求解步骤和模拟方案

1. 双网混凝土壳结构分析步骤

计算分为以下步骤：

① 首先进行地应力平衡，以保证后续得到的位移准确；

② 采用模态衰减方式释放 3-1 煤层回风大巷所对应的断面的部分应力；

③ 安装第一层锚杆和钢筋网；

④ 喷第一层混凝土（厚度为 120 mm）；

⑤ 采用单元生死技术彻底开挖对应的断面；

⑥ 安装第二层锚杆和钢筋网；

⑦ 喷第二层混凝土（厚度为 30 mm）。

2. 单网混凝土壳结构分析步骤

计算分为以下步骤：

① 首先进行地应力平衡，以保证后续得到的位移准确；

② 采用模态衰减方式释放 I_3 轨道大巷所对应断面的部分应力；

③ 安装第一层锚杆和钢筋网；

④ 喷第一层混凝土（厚度为 130 mm）；

⑤ 采用单元生死技术彻底开挖对应的断面。

11.3 计算结果定性分析

所有模型计算完成后，首先根据应力和位移图进行定性分析。平衡后的地应力分布和位移分布如图 11.9 和图 11.10 所示。可以看出 S_{11} 与 S_{22} 与 S_{33} 基本相同，这与一开始所设置的侧压系数 1 是相一致的，而位移分布也在 10^{-8} 数量级，符合计算要求。

11.3.1 混凝土喷层 MISES 应力对比

巷道未开挖时，地下岩体处于三轴平衡状态，巷道开挖后，这个平衡系统就会被破坏，巷道壁变为单轴应力状态，最大主应力出现在沿巷道壁面的切线方向，并且随着向采空区靠近，切向应力越来越大，在巷道壁面切向应力达到最大值。而双层锚网喷作为一种新型的巷道支护技术，就是通过第二层锚网喷为混凝土支护结构提供新的三轴平衡状态，从而提高混凝土支护结构强度。

此处之所以应用 MISES 应力，而不是选择真实应力张量的分量，是因为塑性模型是以 MISES 应力的模式定义塑性屈服的。

而本模拟旨在通过对比判断双层锚网对提高混凝土壳强度的效果。取第一层的混凝土喷层分析(如图 11.9 所示,左边为双网,右边为单网锚喷结构),可以看出在外层两者分布基本一致,而内层应力在拱圈上分布较为一致;双锚结构在帮部由外层向内层应力逐渐减小,最大减小到一半,单锚结构在内外层的应力分布基本一致(图 11.10、图 11.11)。

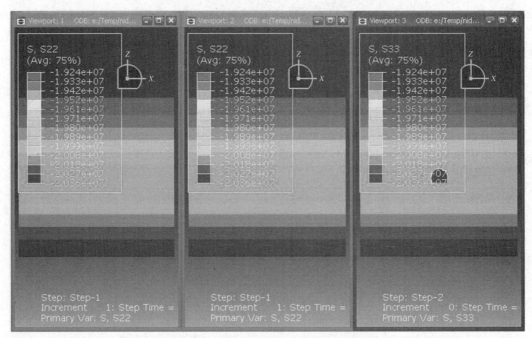

图 11.9   地应力平衡后的各方向应力分布图(从左到右依次是 X,Y,Z 方向)

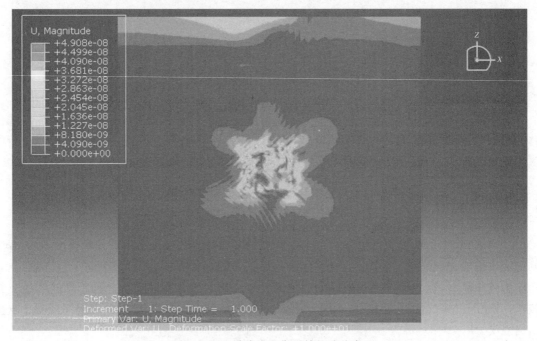

图 11.10   地应力平衡后的位移分布

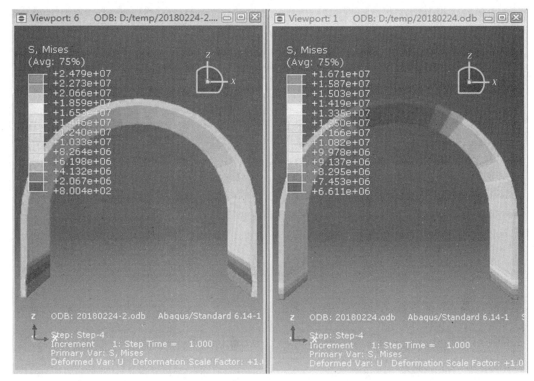

图 11.11 混凝土喷层 MISES 应力对比图(左为双层锚喷,右为单层锚喷)

11.3.2 混凝土喷层应变对比

对比两者拱部内层最大主应变可以发现,双层锚喷的主应变比单层锚喷结构的缩小了一半。所以可以得到结论,在第二层锚网结构的作用下相应拱部的混凝土结构的强度提高了一倍,粗略对比帮部云图可看到应变和单网锚喷的基本相同。图 11.12~图 11.15 为各个应变分量的云图对比。

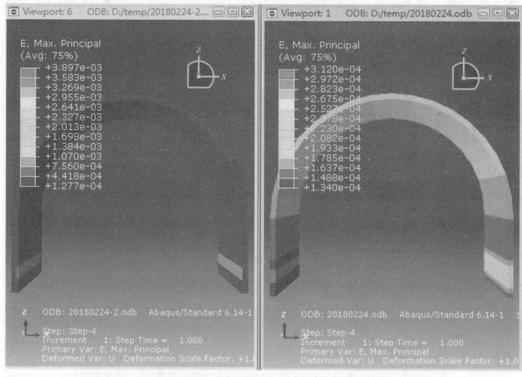

图 11.12　混凝土喷层最大主应变对比图(左为双层锚喷,右为单锚喷)

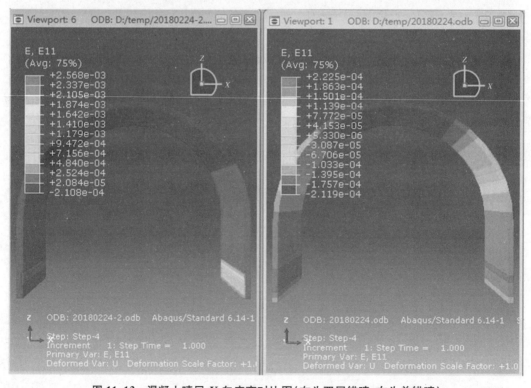

图 11.13　混凝土喷层 X 向应变对比图(左为双层锚喷,右为单锚喷)

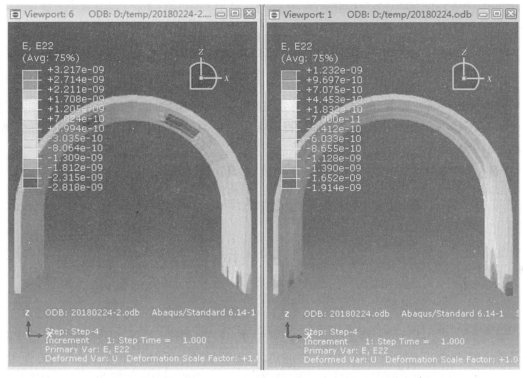

图 11.14 混凝土喷层 Y 向应变对比图(左为双层锚喷,右为单锚喷)

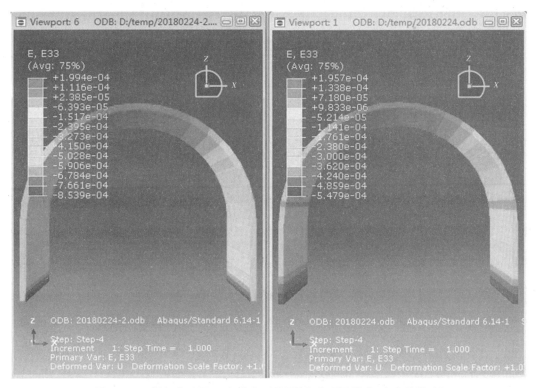

图 11.15 混凝土喷层 Z 向应变对比图(左为双层锚喷,右为单锚喷)

11.4   计算结果定量分析

定性分析为研究提供了一个直观的感觉,得到一个大致的变化规律。定量分析则在定性分析的基础上,从混凝土结构的关键部位提取相应的应力-应变曲线,从而对结构的加强效果作出更准确的描述。

为得到关键部位点,先分析相对应路径上的应力、应变的变化。

11.4.1   对比应力路径和确定关键点

如图 11.16、图 11.17 所示为对应的应力提取路径(图 11.16 为外侧,图 11.17 为内侧)。

11.4.1.1   外层 MISES 应力对比曲线图(红色为双网锚喷,黑色为单网锚喷结构)

如图 11.18 中所示的曲线图中,外层的应力分布较为一致。由图还可看出不管是双网锚喷还是单网锚喷,其应力极值点均出现在底角、顶板的位置。所以从外侧应力对比方面考虑,可以在这两个位置取关键点。但同时还要考虑到底角位置的应力突增可能是由应力集中引起的。这对分析结构的强度提高是个不利因素。所以从外侧应力分布情况来看,关键点应取在顶板上。

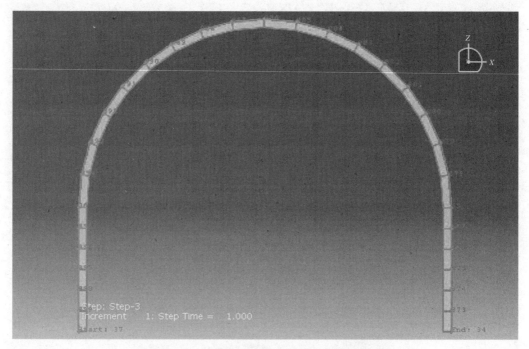

图 11.16   外层应力路径示意图 START→END

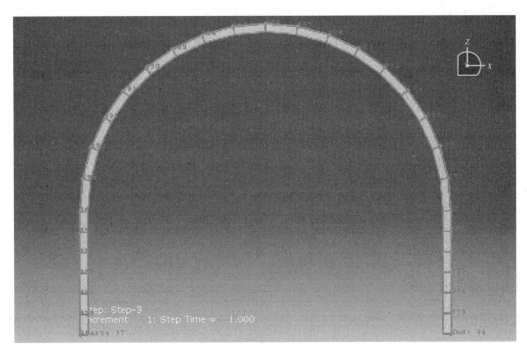

图 11.17 内层应力路径示意图 START→END

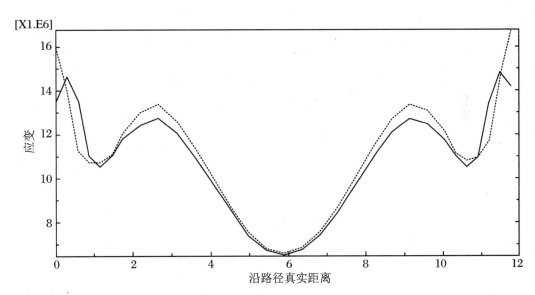

图 11.18 内层应力路径示意图 START→END

11.4.1.2 内层 MISES 应力对比曲线图（实线为双网锚喷，虚线为单网锚喷结构）

从图 11.19 的应力曲线图可以看到，在拱部位置双网和单网结构的应力分布基本一致。而同样在帮腰部，应力大小从 29 MPa 减为 14.5 MPa，缩水一半。首先在拱部，不论双网还是单网结构，其应力较为一致且是一个极值分布区，所以可以在上面取关键点。其次在腰帮部，可以看到双网和单网结构区别很大。所以为了对前后的强度进行对比，腰帮部的点可以作为一个较为重要的参照点。综合来看,对比关键点应取在两个地方:拱顶部(关键点 1),腰帮部 (关键点 2)(从图 11.18 来看约为帮上 1.158 m 处)。关键点如图 11.19 所示。

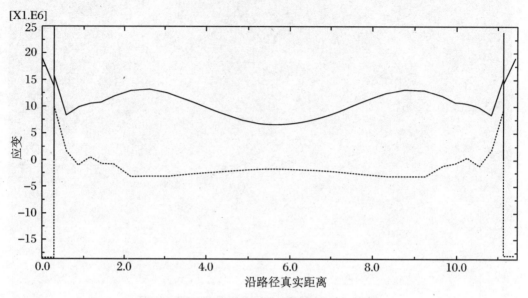

图 11.19　内层应力路径示意图 START→END

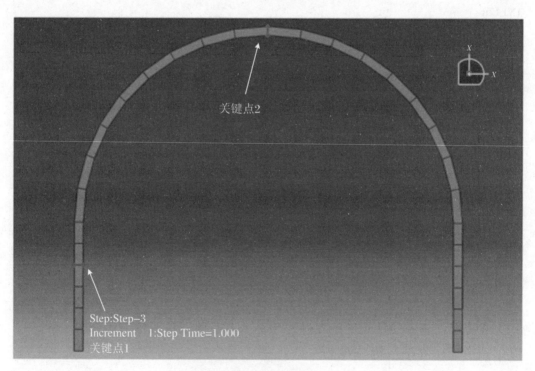

图 11.20　关键分析点示意图

11.4.2　所选关键点应变对比及应变分量的选取

11.4.2.1　关键点1所得到的各应变分量曲线图分析

图11.21、图11.22中4种线型表示了不同应变分量。

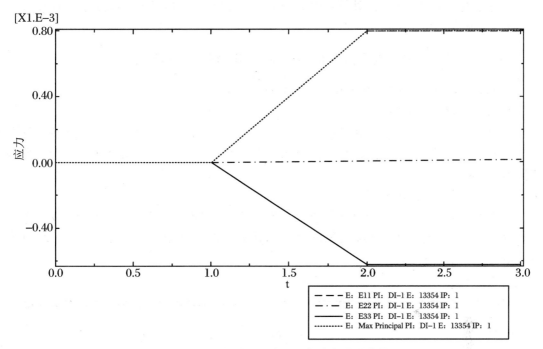

图11.21　双网锚喷关键点1和各应变分量曲线图

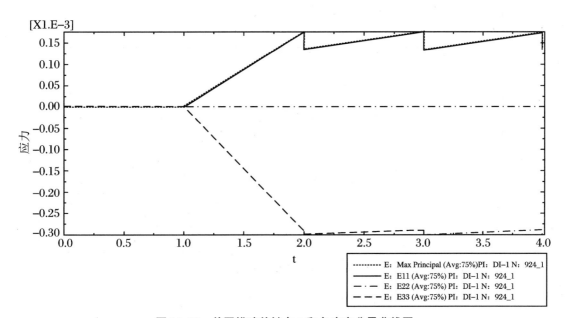

图11.22　单网锚喷关键点1和各应变分量曲线图

1. 双网锚喷结构所得

从图 11.21 中可以看到两条曲线在进入 STEP2、STEP3 后应变较大。由于应变的最大分量可以清楚地显示在该积分点处材料的弹性和塑性行为,所以相对于关键点 1,其应变分量选取应取 E_{11} 或最大主应变。

2. 单网锚喷结构所得

从图 11.22 中可以看到两条曲线在进入 STEP2、STEP3 后应变较大。由于应变的最大分量可以清楚地显示在该积分点处材料的弹性和塑性行为,所以相对于关键点 1,其应变分量选取应取 E_{11} 或最大主应变。

11.4.2.2 关键点 2 所得到的各应变分量曲线图分析

图 11.23、图 11.24 中 4 种线型表示了不同应变分量。

1. 双网锚喷结构所得

从图 11.23 中可以看到两条曲线在进入 STEP2、STEP3 后应变较大。由于应变的最大分量可以清楚地显示在该积分点处材料的弹性和塑性行为,所以相对于关键点 2,其应变分量选取应取 E_{33} 或最大主应变。

2. 单网锚喷结构所得

从图 11.24 中可以看到两条曲线在进入 STEP2、STEP3 后应变较大。由于应变的最大分量可以清楚地显示在该积分点处材料的弹性和塑性行为,所以相对于关键点 2,其应变分量选取应取 E_{33} 或最大主应变。

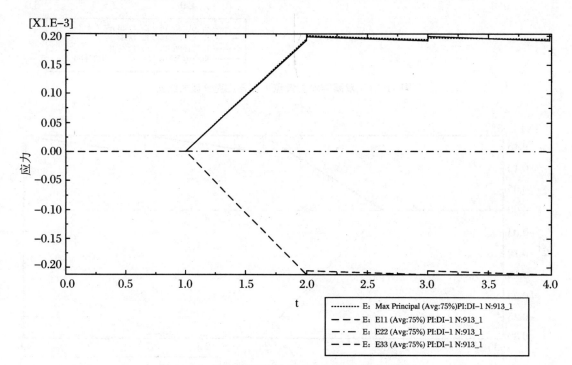

图 11.23 双网锚喷关键点 2 和各应变分量曲线图

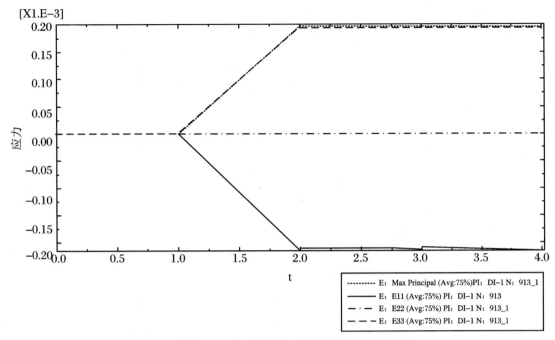

图 11.24　单网锚喷关键点 2 和各应变分量曲线图

综合以上分析,可知关键点 1 和 2 均可以采用最大主应变进行应力-应变对比分析,所以采用最大主应变与 MISES 应力进行强度对比分析。

11.4.3　所选取关键点强度对比分析

11.4.3.1　关键点 1 所得到的应力-应变曲线对比图分析

在图 11.25 中,实线为单网锚喷,虚线为双网锚喷。

由关键点 1 应力-应变曲线图可以看出由于强度是由应力-应变关系所对应的,可以看到实线位于虚线的上方,可以说明双网锚喷对混凝土结构的加强作用。当应力处于一定的范围内时,混凝土在弹性变化范围内,其强度可以定性地认为是曲线的斜率,能看出双网锚喷混凝土的强度提高了数倍。

11.4.3.2　由关键点 2 所得到的应力-应变曲线对比图分析

在图 11.26 中,实线为单网锚喷,虚线为双网锚喷。

同样由关键点 2 所得到的应力-应变曲线对比可看出拱部由于其结构关系,相对于帮部虚线均较高。而在双网锚喷的情况下,虽然应力数值已大幅超出其屈服强度(C20 抗压强度系数约为 20 MPa),其应力-应变曲线仍表现出线弹性关系,这充分说明了双网锚喷对混凝土强度的提高作用。

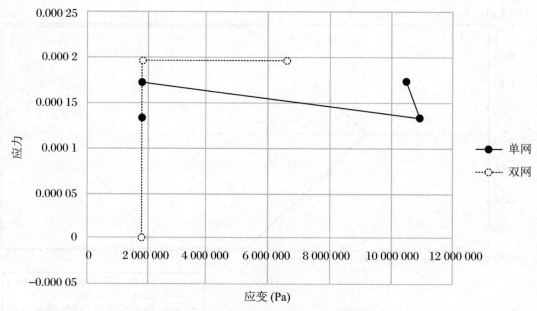

图 11.25　关键点 1 应力 - 应变曲线图

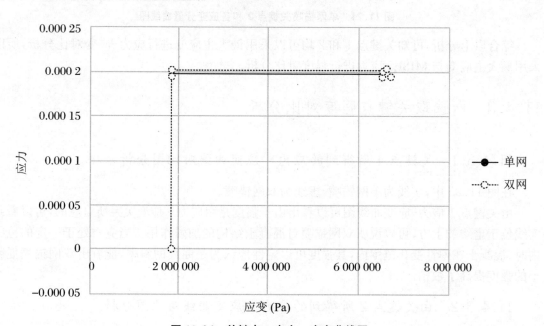

图 11.26　关键点 1 应力 - 应变曲线图

11.5　结　　论

　　根据图 11.19 所示应力路径作图和图 11.27 应力路径强度对比图。可以看出双网锚喷对结构强度的提高集中在中间，而在腰帮部的提高最大（接近 2.5 倍）。由此得出结论：双网锚喷作为一种新兴的支护技术对混凝土喷层强度的提高具有明显作用,且施工方便,可以在煤矿巷道支护中推广应用。

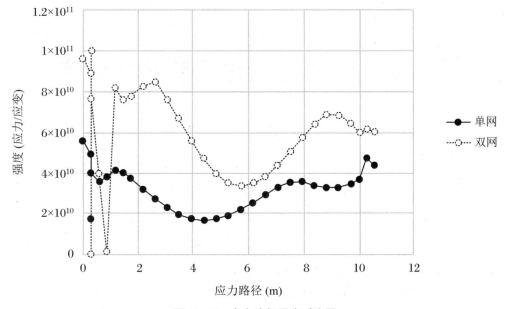

图 11.27 应力路径强度对比图

12 综掘机械化配套技术研究

12.1 项目工程概述

中北煤化工有限公司色连二号矿井位于鄂尔多斯市东胜煤田高头窑矿区内,行政区属鄂尔多斯市东胜区罕台镇管辖,矿井及选定的工业广场距东胜市区 10 km 左右,矿区交通条件优越,井田探矿权面积 38.27 km²,规划面积 105 km²,井田东西最宽约 6.9 km,南北最长约 16.8 km,面积 106.3 km²,预计地质储量 10.5×10^8 t,可采 5.9×10^8 t,其中城市规划占 1.5×10^8 t,按照 400 Mt 的生产能力服务年限约 87 年,已获探矿权范围,南北长约 8.27 km,东西宽约 4.6 km,面积 38.27 km²,资源量约 6×10^8 t;实际拥有探矿权面积 27.58 km²,资源量 4.23×10^8 t。井田属典型侵蚀性丘陵地貌,海拔高程一般在 1 440~1 480 m 之间,地势南高北低。矿井为煤层群开采,可采煤层 9 层,主采煤层为 3-1、4-1、5-1$_上$,煤种为长焰煤。矿井属低瓦斯矿井,各可采煤层煤尘均有爆炸性,煤层自燃倾向为易自燃或很易自燃。

12.1.1 3-1 煤回风大巷工程地质概况

3-1 煤回风大巷位于 +1 140 m~+1 160 m 水平之间(距地面深度在 292~312 m 之间),上距 2-2 中煤回风大巷 22~40 m,水平距离约 20 m。

依据地质柱状及 2 煤回风大巷揭露岩性可知色连二矿属于侏罗系煤层开采,3-1 煤回风大巷巷道围岩主要为细砂岩、砂质泥岩、中砂岩、粉砂岩、3-1 煤等,因 3-1 煤回风大巷为跟煤巷道,故 3-1 煤是该巷道的主要围岩之一。依据钻孔岩芯测试、科研单位测试及现场揭露情况看,巷道围岩的整体物理力学性质很不理想,普遍强度(抗压与抗剪强度)很低,虽然某些细砂岩在自然状态下有较高的强度,但因为砾岩及各粒级的砂岩均为孔隙式砂泥质、泥质胶结,胶结较疏松,失水后易干裂破碎,故有遇水软化、强度急剧下降甚至砂化、泥化,成为松散体的情况。

依据整个东胜矿区的调研情况及泊江海孜煤矿的地应力测试结果推测,该矿区属自重应力分布区域,不存在大的构造应力,整体地应力不大。尽管区域内地应力相对较低,但由于岩石强度也很低,故围岩质点的应力/强度比却不小,依据固体力学中的应力状态理论,当其应力状态发生改变时,很容易发生破坏,施工过程中表现出来的就是极易偏帮、冒顶。

12.1.2　3-1煤回风大巷水文地质概况

依据各井筒检查孔抽水试验、色连二矿周围矿井分布情况、3-1煤及2-2煤底板等高线图和2-2煤回风大巷的现场考察可以推知,3-1煤周围岩体中主要含水成分为砂岩孔隙静态含水,含水具有一定的压力,属承压水。这一承压水的直接表现就是巷道开挖后因压差的产生导致含水向巷道方向移动,形成巷道淋水。

此外,围岩中分布着一些较大的裂隙,这些裂隙中原本就储存着裂隙水,巷道通过这些裂隙时,裂隙水会自然流出。裂隙水的流出使得其水头发生变化,这一变化会引发其与周围砂岩静含水之间的压差改变,从而导致砂岩静含水流向裂隙并最终流入巷道。

12.1.3　工程地质与水文地质情况对3-1煤施工的影响

上述工程地质与水文地质资料分析结果表明,巷道快速施工将面临诸多因素的影响,主要因素可概括如下。

12.1.3.1　水

依据上述分析,巷道施工过程将受到较严重淋水与裂隙涌水影响,这一影响包括直接影响与间接影响。

直接影响:淋水与涌水直接影响工作效率,并进而影响工程进度。

间接影响:导致围岩软化,发生冒顶与偏帮,阻碍工程进度;同时防治水措施的实施也将严重影响工程进度。

12.1.3.2　岩性

2-2煤与3-1煤回风巷围岩岩性均为胶结性很差的岩石,其应力/强度比较大,这种岩石随着应力状态改变很容易发生变形与破坏,而巷道开挖势必引发围岩质点应力状态改变,因此围岩支护的难度较高,而这也势必会导致施工难度加大。

上述两大因素是快速施工的直接障碍性因素。

12.2　3-1煤回风大巷快速综掘实施条件与影响因素

12.2.1　快速综掘基本条件

12.2.1.1　快速综掘基本条件分析

岩石巷道快速综掘施工是需要一定前提条件的,具体可以概括为3个方面:

① 岩体稳定性处于中等稳定以上(包含中等稳定);

② 岩石硬度 f 为3~8;

③ 巷道断面较大,巷道内可以设置临时矸石仓以满足工作面快速出矸和铺设皮带运输机

的需要。

对于岩体稳定性较差的巷道(稳定性涉及因素较多,具体包括:岩石强度、巷道断面形状与大小、地应力方向与大小等),如若采用综掘机掘进,则难以控制偏帮、冒顶,断面很难符合质量要求,围岩难以和支护体形成共同作用,难以保证巷道后期稳定性。在此种情况下采用快速综掘机械化作业线施工,必须采取特殊的临时支护方式和施工工艺。

对于 $f<3$ 的岩石,在伴随大断面或高地压时,直接影响巷道稳定性条件;对于 $f>8$ 的岩石,综掘机割岩困难,难以发挥快速掘进的优势。在 $3<f<8$ 的情况下,一方面围岩稳定性较易控制,另一方面,综掘机截割岩石效率较高,能够实现高效、安全的施工。

对于断面尺寸较小,难以设置临时矸石仓或不能实施皮带机直接排矸的岩石巷道,因排矸速度达不到要求,综掘机割岩时间有限,也难以实施快速综掘。

因此快速综掘并不是对所有岩石巷道都适用的。

12.2.1.2　色连二矿 3-1 煤回风大巷快速综掘条件分析

依据上述工程地质与水文地质条件分析,3-1 煤回风大巷上下岩层及围岩性质较差,在遇水与风化时难以满足上述的前两个基本条件,此种情况下实施快速综掘需认真做好 3 方面的工作,具体如下:

① 做好防治水工作,尽可能保持工作面处于较干燥状态;

② 加强临时支护措施,提高工作面岩体稳定性,避免发生冒顶与偏帮;

③ 采取特殊施工工艺,减小工作面断面面积,同时加快支护速度和提高支护质量,减小围岩暴露时间,降低风化程度,避免过快降低围岩的稳定性。

在认真履行上述 3 方面工作的前提下,快速综掘的前两个条件可以得到弥补。

3-1 煤回风大巷净断面面积超过 20.493 2 m²,巷宽 5 200 mm,空间尺寸足以布置临时矸石仓。

综上所述,3-1 煤回风大巷在做好防治水工作的同时,落实临时支护措施且施工工艺合理的前提下,可以实施快速综掘。

12.2.2　快速综掘基本影响因素及 3-1 煤回风大巷机械化作业方式的确定

12.2.2.1　快速综掘基本影响因素

依据国内外快速综掘先进经验,快速综掘的基本影响因素可概括如下:

① 作业方式;

② 机械化配套;

③ 支护技术;

④ 劳动组织、循环作业图表;

⑤ 施工工艺;

⑥ 管理技术;

⑦ 管理措施。

下面现就 3-1 煤回风大巷机械化作业方式进行分析确定。

12.2.2.2　3-1煤回风大巷机械化作业方式确定

目前国内外对于岩石巷道施工的机械化作业方式主要有4种:单行作业、平行作业、混合作业和掘支一次成巷作业。4种作业方式各有优缺点,具体见表12.1所示。

表12.1　不同机械化作业方式优缺点对比

序号	作业方式	优　点	缺　点
1	单行作业	① 安全性较好; ② 施工组织较简单	① 对围岩要求高,软岩巷道一般较少采用; ② 主要对象:短、硬岩巷道; ③ 需进行临时支护; ④ 施工速度慢
2	平行作业	① 施工速度比单行作业快30%~40%; ② 施工成本比单行作业低20%~30%; ③ 安全性较好	① 布置设备工作量大; ② 施工组织复杂; ③ 需进行临时支护
3	混合作业	施工速度快,机械化配套设施效率能够得到充分发挥	① 掘支工序交替频繁; ② 施工组织复杂; ③ 安全性较差
4	掘支一次成巷	① 工序转换时间较少; ② 多层次利用巷道内空间进行作业; ③ 对机械设备的综合施工能力要求较高	① 各工序相互影响; ② 施工组织很复杂; ③ 施工安全性最差

众所周知,作业方式的确定应首先考虑安全性和经济成本,其次考虑施工速度,最后考虑施工组织的难易程度。针对该矿围岩稳定性较差、工程量大、工期紧等情况,经过反复比较研究和总结国内快速掘砌成功案例,最后认为混合作业方式为该矿3-1煤回风大巷施工的最佳作业方式,这一方式最为突出的特点是省时、省事、省钱,永久支护紧跟掘进工作面;在技术力量、管理水平、施工机械及工程和水文地质条件满足要求的情况下,该作业方式有利于充分发挥机械化配套作业线的优势。

12.3　机械化作业线配套原则与配套内容

12.3.1　机械化作业线配套原则

要实现巷道的快速掘进,必须建立快速综掘机械化作业线。综掘作业线由若干设备组成,配置的设备必须满足机械化配套的要求,即后道工序设备的生产能力应大于前道工序设备的生产能力,同时考虑以下原则:

① 破岩、运岩、装岩等主要工序全部由机械化进行,大多数的临时支护采用机械化进行,以减少繁重的体力劳动,提高生产效率;

② 各工序所使用的机械设备,在生产能力上要相互协调、合理匹配、相互适应,避免因设备能力不均衡,出现木桶效应,进而影响其他设备潜力的发挥;

③ 配备的机械设备能力和数量应有适当的冗余量。

④ 机械的规格及结构形式必须与施工条件、巷道规格及作业方式的要求相适配。

要保证施工能获得可持续的高速度、高效率以及合理的经济技术指标,并确保安全。

根据上述机械化施工设备配套原则和巷道综掘施工条件分析,实现快速岩石巷道掘进的机械化作业线必须包括岩石巷道综掘机 1 台、皮带运输机 1 台、水平临时矸石仓 1 座、耙矸机 1 部、1.5 t 矿车 115 部(按照每循环进尺 1 600 mm 计算),同时还需一系列相关辅助设备,相关辅助设备见表 12.2,机械化作业线见图 12.1。

表 12.2　辅助施工设备一览表

设备名称	建议型号	单位	使用量	备用量	合计
皮带机	SSJ800	部	2	1	3
绞车	JD25	部	4	1	5
激光指向仪	JZY-4	台	1		1
锚杆机	MQT-120	台	4	4	8
凿岩机	YT-28	台	4	4	8
局扇	2×30 kw	部	2	1	3
喷浆机	转 V 型	台	3	1	4
耙斗机	P-60B	台	1		1
单体液压支柱	DN35	台	6	2	8
气动快速成孔钻机	ZQJJ-200/1.8	台	1	0	1
桥式转载机	QzP-260 型	台	1	0	1

表中 YT28 凿岩机主要用于岩石硬度系数 $f \geqslant 8$ 的局部硬岩深孔爆破使用。

对于上述的机械化配套,核心部分是综掘机、皮带运输机、水平临时矸石仓和矿车,四者之间必须相互协调配套,其中皮带运输机匹配相对简单,市面上一般型号的皮带运输机的矸石运载量均可满足要求;矿车数量最低需求能够保证装运两个循环产生的矸石量(72.128 m^3)即可,此要求对于现阶段设备能力不难达成;因此,机械化作业线的效率提升主要体现在综掘机的排矸能力和临时矸石仓的储存能力方面。

现有的国产半煤岩综掘机,对于切割 $f < 8$ 的岩石不存在任何问题,但对于较硬的岩石,综掘机排矸系统中的链板部分常常会因碎岩块卡链而需要停机修复,导致整体掘进速度大为降低。临时矸石仓决定着工作面矸石的临时储存任务的完成效率,若容积不够,就会导致工作面的矸石无法顺利排出,进而影响掘进速度。因此,这两部分构成了快速综掘机械化作业线的核心环节。

结合巷道断面及岩性分析,经对比研究,色连二矿可采用的综掘机包括 EBZ260、EBZ200H 等型号,下面分别就综掘机基本情况和临时矸石仓的设计进行介绍。

此处的机械化作业线配套主要包含两个方面:① 综掘机割岩能力与巷道断面、围岩性质配套;② 整个排矸系统各环节排矸能力的配套。下面举例说明。

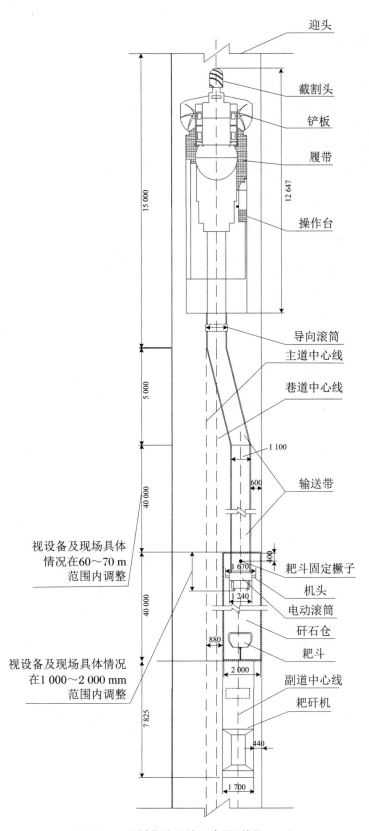

图 12.1 机械化作业线示意图(单位:mm)

12.3.2　综掘机割岩能力与巷道断面、围岩性质配套

3-1煤回风大巷,净宽×净高=5 200 mm×4 500 mm,净断面20.493 2 m²,掘进断面22.54 m²,大部分围岩的岩石坚固性系数 f=3~8。

EBZ260型国产半煤岩综掘机外形尺寸(长×宽×高)=12.6 m×3.6 m×2.0 m,最大掘进高度=5.2 m,最大掘进宽度=6.3 m,最大/经济截割岩石单项抗压强度=110/90 MPa。经对比,EBZ260型国产半煤岩综掘机性能符合上述巷道断面尺寸与岩石强度两方面要求,能够与之配套。

12.3.3　整个排矸系统各环节排矸能力的配套

对于岩石巷道快速综掘作业而言,排矸速度是决定整体掘进速度的重要因素,故作重点研究。对于上述巷道,采用的排矸系统如图12.2所示。

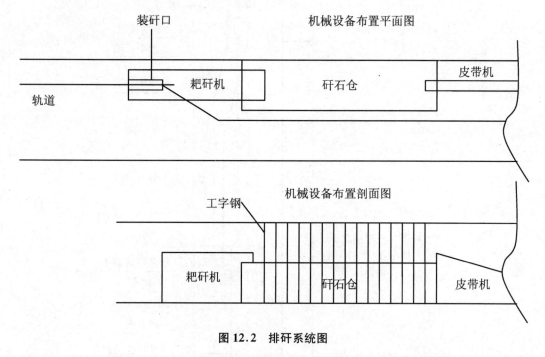

图12.2　排矸系统图

由图12.3可见,出矸系统充分利用了临时矸石仓的储矸能力,迎头破落的矸石由综掘机自动装载,而后经综掘机链式输送机输送到桥式转载机上,并转运到皮带机上。皮带机将矸石直接送入矸石仓,再由矿车送入主井装载提运系统,即出矸线路为:迎头综掘机→过桥转载→皮带机→临时矸石仓→矿车→主井→地面。

因此,岩石巷道的排矸系统主要由4大子系统构成:① 综掘机附属排矸系统;② 皮带机排矸系统;③ 矸石仓临时储矸系统;④ 矿车转载系统。

就机械化配套的原则而言,需要保证皮带机排矸能力大于综掘机排矸能力。EBZ260型国产半煤岩综掘机装载能力达到4.3 m³/min,矸石碎胀系数按照1.8计算,完整岩石容重按照2.4 t/m³计算,EBZ260型国产半煤岩综掘机装载能力为344 t/h,而配套的 SSJ800/2×40

型皮带机功率为 $40 \times 2\,kW$，带宽 $800\,mm$，运量 $400\,t/h$，大于 EBZ260 型国产半煤岩综掘机的装载能力。因此，两者之间的匹配关系完全符合机械化作业线的配套原则。

12.4　机械化作业线核心设备概要

12.4.1　综掘机

本项目实施过程中采用的掘进机可参考 EBZ260、EBZ200H 两种，两种综掘机适用范围略有区别，下面分别作详细介绍。

12.4.1.1　EBZ260 型半煤岩综掘机

图 12.3 所示为三一重工生产的 EBZ260 型综掘机，该机充分消化、吸收国内外掘进机先进技术，结合中国煤矿施工的特点及国内操作者工作习惯和本地煤矿的施工特点，通过国际化采购获取了世界最先进的部件制造而成。它适用于煤矿综采工作面的巷道掘进，对于所有断面形状的煤巷、半煤岩巷道、全岩巷道的掘进工作广泛适用，还可用于条件类似的其他矿山及工程施工巷道的掘进。

图 12.3　EBZ260 型综合掘进机

1. 主要技术参数

主要技术参数如表 12.3 所示。

表 12.3　EBZ260 型综掘机主要技术参数

项　目	技术参数
外形尺寸（长(m)×宽(m)×高(m)）	$12.6 \times 3.6 \times 2.0$
整机质量(t)	95

续表

项　目	技术参数
最大掘进高度(m)	5.2
最大掘进宽度(m)	6.3
最大爬坡能力(°)	±18
机身地隙(mm)	230
卧底深度(mm)	230
对地压强(MPa)	0.195
最大/经济截割岩石单项抗压强度(MPa)	≤110/90
截割电机功率(kW)	260
截割头转速(r/min)	55/27
截割头伸缩量	固定式
行走速度(m/min)	0~6.5
履带宽度(mm)	650
外形尺寸(长(m)×宽(m)×高(m))	12.6×3.6×2.0
装载形式	弧形五爪星轮
装载能力(m³/min)	4.3
运输机形式	边双链刮板式
运输机链速(m/min)	54
最大不可拆卸尺寸(长(m)×宽(m)×高(m))	2.2×1.6×1.4
最大不可拆卸件质量(t)	8.9
油泵电机功率(kW)	160
油箱容积(L)	1 000
外喷雾水压(MPa)	1.5
内喷雾水压(MPa)	3.0
文丘里喷嘴水压(MPa)	8.0
需要供水量(L/min)	120
额定总功率(kW)	472(含二运 15 kW 和除尘风机 37 kW)
供电电压(V)	1 140

2. EBZ260 型掘进机的主要特点

① 截割头单刀力大,截齿布置合理,破岩过断层能力强,最大截割硬度 $f≤11$,经济截割硬度 $f≤9$;

② 所有接头均为高强度材料,接头采用专利防松技术,整机可靠性高;

③ 行走传动采用国际名牌电机,有效增加了设备的牵引力,爬坡能力较好;

④ 行走履带采用军工技术,采用一体锻压式履带板,强度高、抗冲击能力强;

⑤ 星轮、一运驱动均直连进口低速大扭矩液压马达直连方式,故障率低;

⑥ 液压系统采用 260 kW 油泵电机、变量系统、负载敏感多路阀、液控先导阀,关键部件和

密封件均采用国际知名品牌；

⑦ 采用双冷却方式和集中润滑的液压系统，使常规润滑工作更加便捷可靠；

⑧ 内置内、外两层喷雾系统，其中内喷雾系统采用双重密封防护，新增文丘里喷嘴设计，降尘效果更佳；

⑨ 采用 PLC 可编程序控制器，配备中文 LCD 显示屏，具备各项保护和显示功能；

⑩ 增加辅助支撑系统，提高了操作过程中机械的稳定性；

⑪ 增设自动加油装置，减少工人劳动强度，使其更加人性化。

12.4.1.2   EBZ200H 型综掘机

图 12.4 所示为 EBZ200H 型综掘机。

图 12.4   EBZ200H 型综掘机

1. 主要技术参数

主要技术参数见表 12.4。

表 12.4   EBZ200H 型综掘机主要技术参数

项　目	技术参数
最大掘进高度(m)	4.8
最大掘进宽度(m)	6.0
爬坡能力(°)	±18
长(m)	11.5
宽(m)	3.6/3.2
高(m)	1.9(不含截割部高度)
最大/可经济截割岩石单向抗压强度(MPa)	≤100/80
整机质量(t)	78(含二运、除尘系统)
卧底深度(mm)	228

续表

项　目	技术参数
供电电压(V)	1140
截割电机功率(kW)	200/150
油泵电机功率(kW)	132
截割头转速(r/min)	46/23
额定输出功率(kW)	387(含二运、除尘系统)
装载形式	五齿星轮
要求井下供水压(MPa)	3~8
运输机形式	边双链刮板式
需/最小冷却水量(L/min)	120/30
运输机功率(kW)	43
机身地隙(mm)	200
最大不可拆卸件尺寸(长(m)×宽(m)×高(m))	3.68×1.39×1.47
最大不可拆卸件质量(kg)	8 244
行走速度(m/min)	0~6.7
履带宽度(mm)	650
星轮转速(r/min)	30
液压泵(mL/r)	145/145
装载能力(m³/min)	4.0
对地压强(MPa)	0.158
油箱容积(L)	600
电气控制	进口专用控制器

2. 特点

(1) 截割能力强

截割头采用世界领先技术,设计的单刀切割能力强,截齿布置合理,过断层破岩能力强。大惯量保证了低载荷波动;小截割头提高了切割力;三一重工采用了具有自主知识产权的的截割头载荷计算软件,对截齿数、崩裂角、齿向角等均进行了一定程度上的提高,机器工作时的震动减小,截齿和齿座的磨损以及截齿受力都得到了最大程度的优化。为了提高了其耐磨度,更不计成本,采用了岩巷掘进的专用截齿。

采用高效的双速截割技术,截割电机功率为 200/150 kW,截割扭矩接近 EBZ200 标准型掘进机截割扭矩的 1.4 倍,远超平均水平。

在节理发育的地质条件下,对硬度在 80 MPa 的全岩断面可以进行更加经济、高效的截割,截割硬度高达 100 MPa,最大截割断面可达 28 m²。

新增压力可调节的横向支撑。EBZ200H 型岩巷掘进机独创了收缩后与机身同宽的可伸缩水平支撑油缸,可自由调节压力,该支撑油缸伸出后可顶至两帮,增加了 40 t 的等效质量,有效地保证了机器工作时的稳定性。

接地比压小,适用于各种复杂底板。接地比压仅 0.158 MPa,故能配适软弱底板。

(2) 除尘效果好

EBZ200H 硬岩掘进机采用专利技术,充分结合掘进机巷为独头巷的特点,配置了高效除尘系统,该系统可根据断面面积以及压入风量对机载高效长压短抽式除尘系统进行合理配置,通过水浴式除尘在迎头两三米的范围内,将粉尘控制在总尘量的 5% 以下,减少粉尘对操作手的伤害以保证井下操作人员的身体健康,因此操作人员工作时全程无需佩戴防尘面具。

(3) 装运效率高

铲板和第一运输机是岩石装运系统出现卡料现象的高发部位,这是限制进尺的重点瓶颈之一。EBZ200H 硬岩掘进机的第一运输机采用了双大扭矩驱动马达,铲板部位采用特殊的防卡料设计,输送物料连续通畅,很少出现卡料现象,偶发后的排卡也极为迅速。

12.4.2　载式临时支护装置

综掘机载式临时支护装置如图 12.5 所示,其采用全液压传动,由液压系统和滑道、滑台、主臂和护顶梁四部分以及外配套电气设备等构成,它成功解决了综掘巷道机械化临时支护的难题。

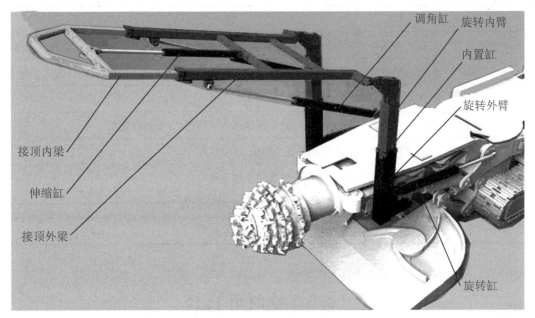

图 12.5　载式临时支护装置

滑台上配置了泵站、油箱、操作台、回转体、支臂油缸、摆动臂油缸和引导油缸等。滑台下配置了滑道油缸和滚轮,可使滑台在滑道上前后移动。滑道通过 3 组横梁固定在掘进机的中上部。主臂采用双层套筒式伸缩结构,内置变幅油缸,可使主臂伸缩变幅。主臂后端与滑台上回转体铰接,并受支臂油缸的支撑,可实现上下运动。回转体在摆臂油缸的作用是使主臂能够左右摆动。主臂前端安装仰俯油缸并与护顶梁铰接。仰俯油缸用于调整护顶梁的仰俯角,使护顶梁始终平行于巷道顶板。护顶梁由延伸油缸、斜撑油缸、上下双层护板、左右两侧护板及导向杆等组成。延伸油缸和导向杆用以推动上层护板向前伸长,使护顶长度增加。斜撑油缸用以展开两侧铰接的侧护板,使护顶宽度增加。该临时支护装置可与MRH-S100/S150/S200/120TP,ELMB-75(B)型等各种掘进机配套,还可以根据巷道的形状、锚杆布置以及网梁托板形式等工况条件,设计出不同类型和尺寸的护顶梁,以满足不同巷道临时支护的需要。

综掘机载式临时支护装置工作原理:该临时支护装置在掘进机截割掘进时,收拢后沿轨道退至机身后部,将主臂抬至适当的位置,以不挡掘进机司机视线为度。待掘进机掘进规定距离后,将掘进机后退至已经支护的区域,停放在巷道的一侧,关闭掘进机的电源。待挂好网片和钢带后,启动临时支护装置,将临时支护装置从掘进机的后部开至前部。摆动和伸出主臂,展开双层护顶板将网片展平,护顶板到位后,将其压紧巷道顶板,关闭临时支护装置动力源。此时,工作人员进入掘进工作面进行锚杆支护人工作业。

由于色连二矿 3-1 煤回风大巷岩性较差,这一临时支护装置具有十分重要的作用,有了这样装置即可实现"一掘多锚",掘进速度将大幅提升,同时大幅降低工作面的安全隐患。

目前,煤炭科学研究总院南京研究所可以生产制造该装置。

同其他临时支护装置相比,综掘机载式临时支护装置具有十分明显的优点,如表 12.5 所示。

表 12.5 综掘机载式临时支护装置优点

名　　称	优　　点
安装停放位置	在机身上安装,生根有力,稳定可靠;停放在机身正上方,不影响掘进机操作人员视线
选位功能	可以任意选位,对掘进机停放位置没有特殊要求,选位灵活,可确保锚杆施工质量
支撑力	主动护顶力 20 kN 被动护顶力 40 kN
护顶位置	可以将掘进机退出空顶区,将护顶梁送入空顶区,方便锚杆施工
顶板适应性	柔性护顶梁可以适应多种巷道顶板,适应性好
机构设置	主臂、护顶梁和油缸等组成可靠的支撑系统
动力配置	可自带动力,也可利用掘进机动力系统,安全可靠
安全保护	可配置报警装置液压卸压保护系统,安全可靠

12.5　临时矸石仓

皮带机的连续排矸是掘进机快速施工的核心,而设置临时矸石仓则是保证皮带机连续排矸的核心,具体如图 12.6 所示。

矸石仓一般设在皮带机头,其规格应根据煤巷断面大小确定。一般规格为 30 m(长)×2.5 m(宽)×2.6 m(高),容积 195 m³。

矸石仓的隔矸墙立柱使用11♯矿用工字钢制成,采用直径16×110 mm螺丝把5×50 mm钢板锚固在立柱上。立柱预埋底板以下1 m处浇注等级为C30的混凝土。储矸仓内卧底300 mm,采用24 kg/m的轨道按间距300 mm铺底32 m。两端用11♯工字钢地锚固定,施工水泥地坪,上敷设10 mm厚的钢板,钢板戗茬搭接地锚固定。

为提升储矸仓的容量,同时防止耙装机扒斗对皮带机头的撞击,将皮带机基础增高1 m。机头由⌀15.5 mm钢丝绳和两根地锚(⌀22×2 500 mm锚杆)连接固定,机尾则由两根地锚(⌀22×2 500 mm锚杆)与Φ15.5 mm钢丝绳牢牢固定。

工艺流程:工作面矸石→综掘机→过桥转载→皮带机→临时储矸仓→后方耙矸机→矿车→5 t电机车运至外部车场。

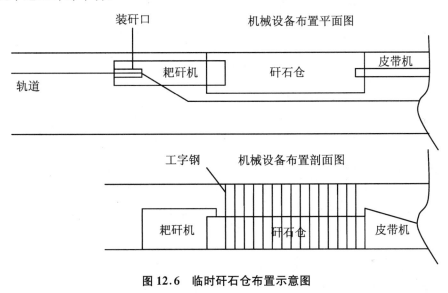

图 12.6　临时矸石仓布置示意图

12.6　其他机械化配套设备

12.6.1　钻孔施工设备

架棚支护巷道,综掘机无法切割之处需要卧底刷帮、挑顶和补眼放炮,且局部硬岩截割前需预先放炮以松动围岩,所以必须配备钻孔设备;对于锚喷支护巷道,不同的位置施工需要钻进深度不同的钻孔,所以对钻孔设备的要求也更高。本项目试验巷道钻孔施工按照4部YT-26型风锤＋4台MQT-120型锚杆钻机＋1台ZQJJ-200/1.8气动架柱式钻机/每巷道进行配置。其中,施工普通钻孔使用YT-26型风锤,深眼施工使用MQT-120型锚杆钻机,长距离水平泄水孔施工使用ZQJJ-200/1.8气动架柱式钻机。

1. YT-26 手持式风锤

YT-26手持式风锤的特点是体积小、重量轻、耗气量少,可以进行干式凿岩,在小矿山、采石场、山区筑路、水利建设等工程施工中广泛应用,用于在表层钻凿角度为垂直或倾斜的钻孔。YT-26型凿岩机的强力吹风设备是单独设置的,适用于钻凿竖直孔。主要技术参数如表12.6

所示。

表 12.6 YT-26 型凿岩机主要技术参数

项　目	技术参数
质量（kg）	26
长度（mm）	650
钎尾规格（mm）	Ø22×108
钻孔直径（mm）	32～42
活塞直径（mm）	65
活塞行程（mm）	70
气压（MPa）	0.5
耗气量（L/s）	50
冲击频率（Hz）	27
转数（r/min）	280
进气口尺寸（mm）	19

2. MQT-120 气动锚杆钻机

MQT-120 气动锚杆钻机在岩石硬度的巷道表现突出，MQT-120 气动锚杆钻机在巷道的锚杆支护作业中既可钻顶板锚杆孔，又可钻锚索孔，还可搅拌和安装树脂药卷类锚杆、锚索，可实现一次安装拧紧锚杆螺母，满足初锚预紧力的要求且不必使用其他设备配合，表现十分优异。

MQT-120/2.7 型气动锚杆钻机特点如下：

小巧、轻便、易操作、易维护，齿轮式气动马达运转稳定可靠，拥有使用寿命更长且安全防爆的新型玻璃钢气腿设计。

所有可使用工程塑料的部件均采用工程塑料材料，故而减轻了重量、降低了操作难度。MQT-120 气动锚杆钻机的动力系统使用的是大功率电机，有着更高的功率重量比，延长了使用寿命。优化了参数匹配，使钻机在接近最优钻速的情况下，可获得最大的输出功率。

MQT-120 气动锚杆钻机采用新型玻璃钢气缸作为推进部分，具有安全、防爆、轻便、灵活的特点。内置水阀具有独创性专利技术，可以满足煤矿超高地表静压水的要求。MQT-120 气动锚杆钻机为了降低噪音，改善井下工作环境，采用了新型的排气消声设备。

表 12.7 MQT-120 气动锚杆钻机主要性能参数

项　目	技术参数
工作压力（MPa）	0.40;0.50;0.63
额定转矩（N·m）	100;120;130
额定转速（r/min）	190;220;240
一级推进力（kN）	6.6;8.2;9.8
二级推进力（kN）	5.2;6.5;8.1

续表

项　　目	技术参数
三级推进力(kN)	4.1;5.1;6.4
最大输出功率(kW)	1.9;2.7;3.2
空载转速(r/min)	≥540;≥580;≥620
1/2空载转速(r/min)	270;290;310
1/2空载转速下转矩(N·m)	75;85;95
起动转矩(N·m)	175;225;260
失速转矩(N·m)	185;235;270
最大负荷转矩(N·m)	165;215;250
耗气量(m³/min)	3.2;4.2;5.3
噪声声压级(dB(A))	≤93;≤95;≤98
声功率级(dB(A))	≤110;≤112;≤115
整机最大高度(mm)	2 457±50;3 057±50;3 657±50
整机最小高度(mm)	1 150±50;1 300±50;1 450±50
推进行程(mm)	1 307;1 757;2 207
空载推进速度(m/s)	2
一级推进行程(mm)	740±50
二级推进行程(mm)	720±50
三级推进行程(mm)	730±50
机重(kg)	48;50;52
钻尾连接尺寸(mm)	S＝19;22
钻孔直径(mm)	∅32
冲洗水压力(MPa)	0.6~1.2

3. ZQJJ-200/1.8气动架柱式钻机

ZQJJ-200/1.8气动架柱式钻机是一种新型高效的凿岩设备,具有动力单一、结构简单、辅助时间短、质量轻、劳动强度小、效率高等特点。本钻机广泛适用于各种工况下钻凿大直径深孔,可用于煤矿井下水平向及向下深孔的施工。具体参数如表12.8所示。

表12.8　ZQJJ-200/1.8气动架柱式钻机技术参数

项　　目	技术参数
钻孔直径(mm)	60~90
使用风压(MPa)	0.4~0.8
钻具一次推进量(mm)	1 000
外形尺寸(mm)	2 000×600×600

续表

项　　目	技术参数
适用岩石硬度	2～16
垂直向下钻孔深度（m）	≥20
水平钻孔深度（m）	≥35
耗气量（m³/min）	6～8
钻具回转速度（空载）（r/min）	105～110
质量（kg）	104（含胶管、附件）
排渣方式	气流排渣
机身固定方式	多种
移动方式	配有专用轮轴，一人即可移动、固定、操作
操作工作人员	1～2 人

12.6.2　临时支护设备

掘进头临时支护设备除了综掘机载式临时支护装置之外，建议采用内注式单体液压支柱作为配套（图12.7）。该支护设备的特点是自身带泵及油，支设时可用手摇把快速升柱，降柱时不排出工作液，可较好地保护工作环境，且使用方便、管理灵活、装备简单，不需要配置乳化液泵站和管路系统。

针对 3-1 煤回风大巷，建议采用的型号如表 12.9 所示。

表 12.9　内注式单体液压支柱规格、型号一览表

项　目	单　位	规　格		
最大高度	mm	DN28	DN31.5	DN35
最小高度	mm	2 800	3 150	3 500
工作行程	mm	2 100	2 450	2 800
缸径	mm	90		
额定工作阻力	kN	250	160	160
额定工作液压	MPa	39	25.1	25.1
初撑力	kN	38.7～78.5		
初撑时手把操作力矩	N·m	＜200		
空载时手把摇动一次活柱升高值	mm	20		

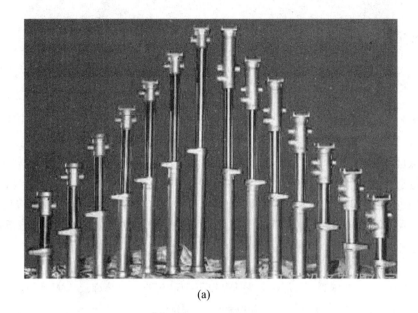

(a)

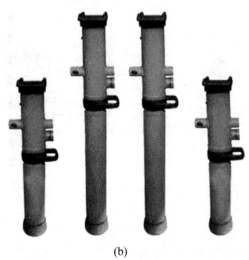

(b)

图 12.7 内注式单体液压支柱

12.6.3 矸石运输设备

在巷道综合掘进系统中,综掘机负责围岩的破落和破落矸石的装载,而矸石的后续运输任务则由皮带机完成。

皮带机是岩石巷道中矸石转运的最主要设备,本研究选用的是 SSJ800/2×40 型皮带机,其功率为 40×2 kW,带宽 800 mm,运量 400 t/h,能保证将掘进工作面所产生的矸石快速而及时地转运出去,为巷道快速掘进提供了保障。

SSJ800/2×40 型皮带机具有以下优点:

① 输送距离长、运量大、连续输送,能充分发挥综掘设备的效能;

② 运行可靠,易于实现自动化和集中化控制;易于实现集中管理,简化生产环节,提高生

产效率；

③ 运输环节少，占用人员少，主辅运输互不干扰。

12.6.4　QZP-260 型桥式转载机

QZP-260 型桥式转载机是煤及半煤岩悬臂式掘进机的配套产品，用于在巷道掘进时将煤及半煤岩转运到胶带输送机或者刮板输送机上（图 12.8）。该机通过调整与可伸缩皮带机的搭接长度，保证了转载及运输机的连续，减少可伸缩皮带机拉伸皮带次数，缩短了辅助工时。

技术特点：该机主要用于"S100""EBJ-120TP"型掘进机与"SJ-44""SJ-80""SDJ-150"型可伸缩皮带机之间的中介转载，通过该机与可伸缩皮带搭接长度的变化，可保证转载及运输机的连续性，减少可伸缩皮带机拉伸皮带的次数，缩短辅助工时，加快掘进速度。该机以电动滚筒驱动，动力单一。

技术指标：输送量 160 T/n；输送长度 16 m；输送带宽 650 mm；带速 1.6 m/s；阻燃输送带 580 S、$B = 650$ mm；电动滚筒驱动型号为 BYD75-160-6540；功率 7.5 kW；电压 660/1 140 V；电动滚筒直径 Ø400 min；外形尺寸 16 000 mm×1 400 mm×1 300 mm；质量 3 250 kg。

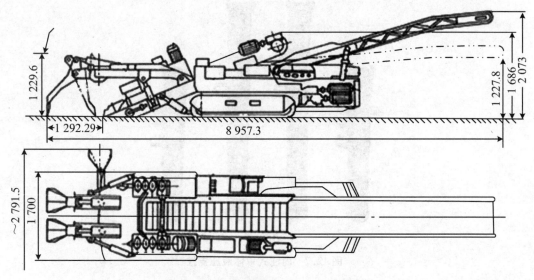

图 12.8　桥式转载机示意图（单位：mm）

12.7　基于超前疏放岩层中静态含水的岩石巷道快速施工新工艺："1－2－2－2－2－1"机械化快速施工

由于提前疏放静态含水，围岩强度不仅没有降低，反而较原始强度还有所提高，工作面割岩过程中的冒顶、偏帮现象，已成巷部分围岩的冒顶、偏帮现象，前掘后修现象等均大幅减少，机械化作业线的工作效率、支护和排矸效率等都大幅提高，相应的有效的管理模式效率也能够得到充分发挥，于是施工速度自然就得以大幅提升。

　　针对内蒙东胜矿区侏罗系富水砂岩特殊的性质,本项目在机械化作业线快速施工方面提出并有效实施了"1-2-2-2-2-1"机械化快速施工新工艺。

　　其中,"1"表示综掘机掘进1次。第一个"2"表示对应于综掘机的每1次掘进,安装2排锚杆;顶部锚杆一次性锚固,间隔采用M形钢带和T形钢带。第二个"2"表示帮部锚杆采用2次支护,其中第2次支护距离迎头不大于5 m,锚索支护距迎头8~10 m。第三个"2"表示综掘机掘进时采用"预留斜坡平行推进施工法"(图12.9)。最后一个"2"表示,综掘机每循环排矸两次。最后一个"1"表示皮带机头处设置1个水平储矸仓。

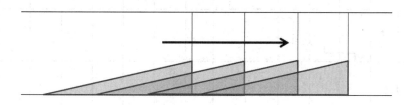

图12.9　预留斜坡平行推进施工法

预留斜坡平行推进施工法的优点如下:

① 少量的施工用水或渗水不会聚集在施工头。

② 巷道帮部和工作面顶部锚杆索可平行作业。

③ 工作面顶部锚杆索施工有现存平台。

④ 综掘机钻臂角度较小,避免块状岩石顺钻臂滚落至驾驶台伤人。

⑤ 斜坡便于综掘机排矸,排矸效率提升。

表12.10   色连3-1综掘正规循环表

作业方式：三八作业   循环方式：一掘一喷   循环进度：1.6 m

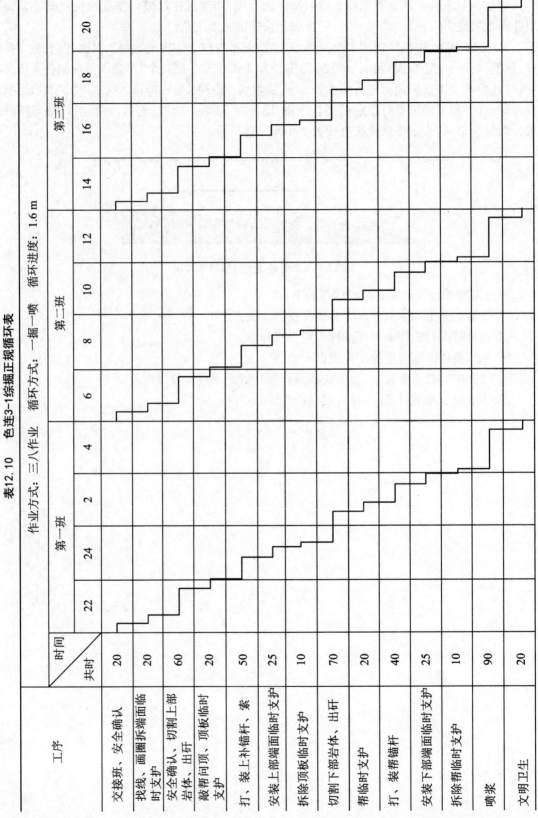

工序	时间 共时	第一班					第二班						第三班				
		22	24	2	4	6	8	10	12	14	16	18	20				
交接班、安全确认	20																
找线、画圈拆端面临时支护	20																
安全确认、切割上部岩体、出矸	60																
敲帮问顶、顶板临时支护	20																
打、装上补锚杆、索	50																
安装上部端面临时支护	25																
拆除顶板临时支护	10																
切割下部岩体、出矸	70																
帮临时支护	20																
打、装帮锚杆	40																
安装下部端面临时支护	25																
拆除帮临时支护	10																
喷浆	90																
文明卫生	20																

12.8　机械化快速施工配套管理措施研究

3-1煤回风大巷快速施工的质量和速度除与工程地质条件、水文地质条件、机械化配套作业线、施工方案合理程度密切相关外,还与施工劳动组织合理与否、管理工作科学与否有关。下面就施工组织管理模式、管理措施、管理体系、安全保证体系以及市场运行机制在本研究中的运用进行介绍。

12.8.1　施工组织管理模式

根据作业方式、施工工艺、施工方法、支护方案、施工单位的技术力量、机械化配套方案以及巷道的具体特征(包括掘进断面大小、在整个矿井中的地理位置、围岩稳定性情况、工程地质情况等),结合施工进度,经中北煤化有限公司、安徽理工大学两家单位课题组共同研究,最终确定了"1-4-3-1-1"创新管理模式。

这种管理模式不仅简化了管理链条,而且融合了心理学因素,遵循以人为本的原则,使得管理力度得到更大提高。本项目研究的工业试验巷道所采用的"1-4-3-1-1"机械化快速施工配套管理新模式含义如下:第一个"1"表示井下作业实施综合班组制,即所有工种组合为一个综合班组,一个领导核心,统一指挥;"4"表示井下综合班组按照专业技能和工作岗位共分为4个专业小组进行管理,即掘进、机电、支护和运输4个小组,如此一来责任明确,各司其职;"3"表示综合班组实施三班制管理;第2个"1"表示一个中心,即"掘进、机电、支护和运输"中以掘进为中心,其余各环节必须紧密配合掘进工作,不得影响掘进的正常进行;第3个"1"表示必须严格按照综掘施工循环作业图表安排施工。

表 12.11　色连 3-1 回风大巷施工劳动组织

工　　种	劳动定额人数	出勤人数			
		大班	第一班	第二班	第三班
钻眼、支护工	18		6	6	6	
小眼放矸工	6		2	2	2	兼做后勤工
电车司机	3		1	1	1	兼做后勤工
信号及把钩工	6		2	2	2	兼做后勤工
后运工	6		2	2	2	
皮带机司机	3		1	1	1	兼做后勤工
无极绳绞车司机	3		1	1	1	兼做后勤工
综掘机司机	3		1	1	1	兼做支护工
喷浆工	3		1	1	1	兼做支护工
局扇司机	3		1	1	1	兼做后勤工

续表

工 种	劳动定额人数	出勤人数				
		大班	第一班	第二班	第三班	
其他人员	6	6				巷道冲刷、维护轨道、文明生产
队干部	6	3	1	1	1	大队长1人，技术员1人，副队长4人
合计	66	9	21	21	21	
在册总人数	80					

实施以上管理模式的原因有3个：

（1）对简化经营内容、提高经营效益具有重要意义

由于分工明确、职责明确、重点突出、管理流程简练，有利于提高经营效率。

（2）利于公平分配收益，防止出现负面因素

整个综合小组所有人的工作职责都是一目了然的，每个人的专业能力不一样，利益的分配也和工作有关。

（3）工程"中心"和"基本点"清晰，便于分工协作，提高工作效率

如果是专门的班组责任制，那么，就会有更多的分工，更多的交班，更多的平行队伍，很可能会造成管理混乱，导致辅助工序出现疏漏，责任不明确，影响项目的进度。

本管理模式狠抓质量控制、安全控制和进度控制3个核心，分别采取了技术管理、施工管理、安全管理、进度管理等管理措施。

12.8.2 技术管理措施

12.8.2.1 基本技术、施工管理措施

这一措施的具体内容是：项目的前期准备，施工后的各种收尾工作以及整个施工过程的各个环节，主要表现在以下七个方面：

① 严格执行国家相关法规及行业管理制度、规范、规程、工艺规范。

② 在施工之前，制定切实可行的施工操作规范，经审批后，由各参与单位进行学习，并在施工中严格遵守。

③ 对工程进度进行合理的规划，确保按时完工。

④ 做到施工管理和技术管理的"十有"：

技术管理"十有"——开工有报告、图纸有会审、施工有措施、技术有交底、定位有复测、变更有手续、材料有试验、隐蔽有记录、质量有标准、竣工有档案。

施工管理"十有"——开工有准备、计划有平衡、施工有记录、质量有检查、工序有交接、管理有牌板、技术有责任、事故有追查、竣工有验收、质量有回访。

⑤ 建立和完善各工种的工作责任制，并在施工中严格落实。

⑥ 在工程变更后，应立即进行安全技术措施的补充，如有变更，不得再继续进行。

⑦ 在施工过程中，应仔细收集、整理、保存各种原始资料，完成后，及时提供竣工图纸和

资料。

12.8.2.2　机械化快速施工技术保障措施

技术管理要想获得较为理想的结果,必须配以较为完备的技术保障措施,对于本项目巷道的实验段,经多方面研究、总结,技术保障措施在如下几个方面得到应用:

1. 施工工艺工序的改进

在确保安全的前提下,最大限度地优化了施工方案。尽可能安排并行作业,紧扣岩巷施工中的"破、装、运、支"四个重要工序。在经营上均衡协调,确保各工序的施工质量。同时,最大限度地采用平行交叉作业,确保各个环节之间相互衔接,严格控制施工进度。

2. 装运系统的完善

排矸是制约岩巷单进的重要瓶颈,所以尽最大可能完善装运系统,保证排矸畅通。在岩巷中,优化煤矸石排出技术是改善单巷掘进效率的一个重要方法。合理的运输体系是保证掘进连续施工的关键,通过优化、改造和升级后的设备,实现了掘进、装车、运输一体化。

3. 科技指导下技术装备水平的提高

岩巷机械工作面技术规范:岩巷掘进工程,其设计长度在 1 000 m 以上、倾斜角度在 140°以下、f 值在 8 以下、截面面积在 18 m² 以上(巷道宽度在 5 m 以上、高度在 4.2 m 以上)以上;f 值在 3~6 之间、截面面积超过 16 m²(巷道宽度超过 4.6 m,高度超过 4 m),采用国产岩巷综掘机施工,后辅助设备可满足月进 300 m 的需要。

4. 设备管理的加强

为了确保掘进速度,必须加强设备的管理,加强维修、操作设备,确保施工安全、快捷。

① 严格执行班检、日检、旬检、月检制度,对综机、转载机、皮带机等设备进行强制检查,确保设备处于良好状态,从而确保了快速掘进,改变过去"出事故现抢修"的做法,对提高日进尺、维护月生产起到了决定性作用。

② 加强油品管理,及时更换变质的油品,定期清理油箱、过滤器和液压系统中的污垢,油箱盖要严密,并有专业的机械维护人员每日清理,并定期向掘进机的各个部位加油,以提高其润滑性能。

③ 对各类设备实施包办机制。保证职责清晰,维修细致,避免因设备故障而影响生产。另外,还配有专门的机械和机械技师,专门负责设备的维护、安装和配件的管理,以确保设备的正常运行。

④ 建立健全的轮班管理体系,在作业结束后,驾驶员和随行人员要仔细记录设备记录,并向值班驾驶员说明值班设备的工作状况,发现问题一起解决,严禁设备带病运行,以确保机器的工作效率。

5. 政策保障、强化培训

制定了《岩巷进尺、单进及重点工程考核办法》和《岩巷安全高效快速掘进工作的决定》,并在此基础上制定了《岩巷进尺、单钻及重点工程考核办法》。对岩巷总进尺、重点岩巷工程、单进综合三个指标进行了严格的评价。考核指标与组长(主管)的津贴相结合,实行问责制。

薪酬分配向岩巷掘进倾斜,增加对少数关键岗位的薪酬分配,适当提高项目经理、队长、机长、维修工等工位的薪酬分配,对"技术大拿"的指导、授课活动给予相应的奖励,充分利用岩巷技术大师的"传帮带"效应,充分发掘员工潜力,为岩巷快速开采献计献策。

引进竞争激励机制以提升员工的使命感与荣誉感。为了充分发挥工人的积极性、主动性,提高工人的作业能力、安全意识,把责任落实到实处,以保证安全、快捷的掘进工作。

针对煤矿生产作业人员数量少、技术水平不高的现状,加强了驾驶员和维修人员的技术培训,并对其进行了有针对性的、系统性的理论和技术训练;此外,还利用每周1、3、5安全学习日,加强对机电维修工、班组长、综做工等岗位人员的技术、技能培训,使他们的安全生产能力得到了较大提升。

加强现场作业技巧和应急处置能力。根据技术人员短缺的现状,及时将新调来的技校生充实到检修班组,充分发挥传、帮、带的作用,增加区队的技术力量,减少因缺少技术人员影响单进水平。

培养的内容与方法要注重实际,注重实际,组织现场队长、技术大师讲授课程,建立"一流管理,一流质量,一流装备,一流效率"的岩巷专业施工队伍。

综上所述,随着我国隧道掘进机械化水平不断提高,新技术持续推广和应用,应科学合理地选择和使用现有的设备,以最大限度地发挥其作用,保证掘进的安全、快捷。为实现上述目标,应加强领导,明确职责,加大岩巷设备投入,完善制度,严格考核,加强培训,推进岩巷专业队伍的建设,加大技术创新力度,抓好排矸系统的改造。

实践证明,上述5大技术保障措施的落实与否将直接影响3-1煤回风大巷的掘进效率。

12.8.3　安全管理措施

安全是建设速度最根本的保证,事实表明,没有安全快捷的施工技术是无法实现安全生产的。该工程试巷快速施工的安全保障措施主要包括以下7个方面:

① 加强员工培训。对所有参与施工的员工进行全面的安全技术培训,通过考试,方才发放上岗证书。

② 上齐、上全安全措施,搞好安全达标。

③ 严格落实各级安全生产工作责任制,开展安全检查,对存在的安全隐患及时处置。

④ 特种作业应由经专业技术人员培训、考核合格后施行,并按《煤矿安全技术操作规程》的有关规定进行。

⑤ 严格质量验收体系。直接施工人员必须严格按照规范施工,验收员严格按照规定的质量标准进行验收,验收时中腰线必须标注到顶头,每班必严格验收巷道工程质量及支护参数,发现不合格必须及时整改。

⑥ 实行值班制度。在开始施工之前,班组长要对施工现场进行检查,确保没有安全隐患,否则不得施工。在工作面进行交接班时,应由主管或领班人员在现场直接进行交接,具体项目如下:

　　a. 安全情况;

　　b. 质量情况;

　　c. 爆破情况;

　　d. 顶板变化情况;

　　e. 机电设备使用情况。

不清楚工作面情况时,不能擅自进入,必须向班长请示,并对以上5个方面进行检查,如果有什么问题,就立即向所或区的值班人员报告,由所或区的值班人员作出详细安排。

⑦ 其他未尽事宜,一律按《煤矿安全规程》执行。

12.8.4　进度管理措施

进度指标：150 m/月。

进度保障措施：

① 运用先进的科学管理手段、合理配备施工人员；

② 坚持正规循环作业，保证正规循环率在85%以上；

③ 坚持综掘机作业方式规定的进尺标准，坚持每小班两个循环制度，尽可能减少循环辅助时间；

④ 完善机械化生产的配套生产线，实现快速、优质的施工。

⑤ 开展创水平活动，具体内容包括以下几点：

a. 围岩性质较为稳定的情况下，每循环可适当增加1排锚杆，同时坚持每班两循环制度，从而将施工进度提高约30%；

b. 加强机械设备的维修保养，使设备始终处于良好的工作状态。

12.9　管理体系、质量保障体系、安全保证体系

在特殊的地质条件下，3-1煤回风大巷施工工艺的先进、精湛，是项目得以在此顺利完成的先决条件；但是一个项目能否保质保量地完成，仅有先进的施工设备和过硬的施工技术是不够的，同时还需要建立健全的管理体系、质量保证体系和安全管理体系。

12.9.1　管理体系

色连二矿3-1煤回风巷道的地质条件相对复杂，为了实现快速、安全、优质的目标，经中北煤化工有限公司、安徽理工大学共同研究，最终形成了"3-1-5"项目管理体系，其中"3"表示中北煤化工有限公司色连二矿工程管理部、施工单位和监理公司项目部3个单位；"1"表示上述3个单位抽调精兵强将形成1个岩巷项目工程指挥部；"5"表示整个项目指挥部人员分为5大部，即工程部、技术部、经营管理部、物质供应部、后勤部，所有的工作班统一由项目工程指挥部统一指挥。上述管理体系也可用框图12.10表示。

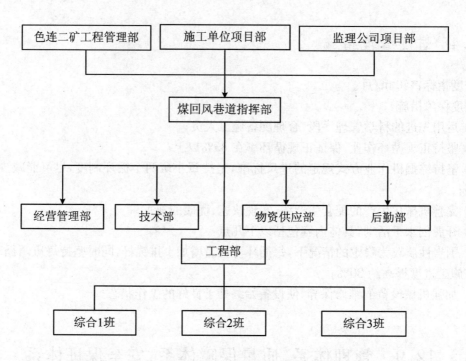

图 12.10　管理体系框图

　　该管理体系的建立,为统一指挥、高效协调、安全管理、质量保证、不间断施工奠定了坚实基础。

12.9.2　3-1煤回风大巷施工质量保障体系

12.9.2.1　3-1煤回风大巷施工质量标准

施工质量标准执行如下国家有关的现行技术规范、规程以及相关专业的质量标准(图12.11):

《矿山井巷工程施工及验收规范》(GBJ213—90);

《煤矿井巷工程质量检验评定标准》(MT5009—94);

《煤矿安全规程》(2005年版);

《煤矿建设安全规程》(1997年版);

《煤炭建设工程技术资料管理规定与评级办法》。

12.9.2.2　3-1煤回风大巷质量保障体系

3-1煤回风大巷质量保障体系见图12.12

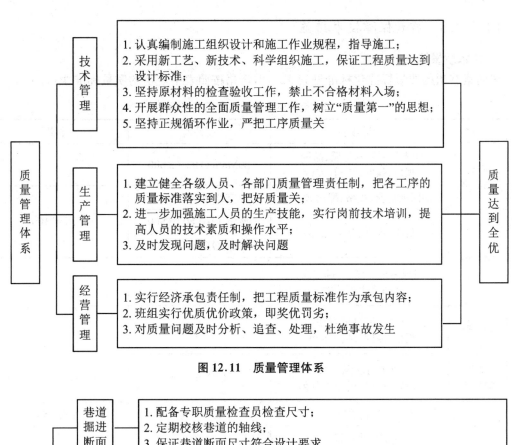

图 12.11　质量管理体系

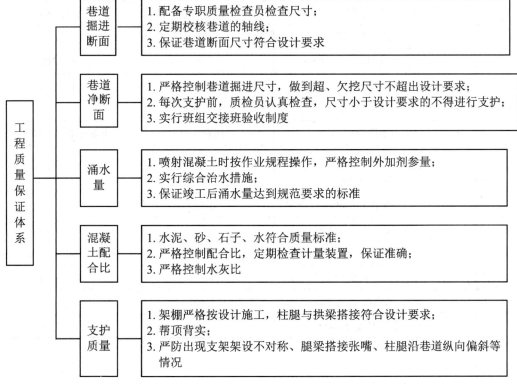

图 12.12　工程质量保障体系

12.9.2.3 质量保障技术措施

1. 技术质量标准

锚网索巷道的质量标准化标准见表 12.12,严格按照表中规定的质量标准执行。

表 12.12 锚网索巷道的质量标准化标准表

名称		检验项目	设计值	标准
保障项目	锚杆、锚固剂	杆体及配件的材质、品种、规格、强度、结构(mm)	20MnSi Ø22×2 500	压茬 100
		锚固剂材质、规格、配比、性能	Z2355、Z2850	
	钢筋网	材质、规格、品种(mm)	顶部:Ø64 800×900	
			帮部:Ø61 750×900	
		锚杆网格焊接、压接牢固,并在使用前除锈		
	锚索	杆体及配件的材质、规格、强度、结构(mm)	Ø17.8×6 500	
	喷射混凝土	所用的水泥、水、骨料、外加剂的质量(kg)	C20,5~10	
基本项目	锚杆	安装质量	密贴揳紧	密贴揳紧
		抗拔力(kN)	120	
	巷道规格	净宽(中线到任一帮)(mm)	2 600	0~100
		净高(mm)	4 500	0~100
		巷道坡度	跟煤施工	
		铺网(mm)	压茬 100	紧贴壁面压(绑)牢固
	锚索	钻孔方向	90°	±3°
		预应力(kN)	176.4	
		安装深度(mm)	6 200	
	喷射混凝土	净宽 中线至任一帮距离(mm)	2 600	0~+150
		净宽 无中心测全宽(mm)	5 200	−50~+200
		净高 腰线至顶、底板距离(mm)		0~+150
		净高 无腰线测全高(mm)	4 500	−30~+200
		喷射厚度(mm)	120	不小于90%

续表

名称		检验项目	设计值	标准
允许偏差项目	锚杆	间排距(mm)	800×800	±100
		孔深(mm)	2 450	0～+50
		角度(°)	90	≥75
		外露长度(mm)	5～50	露出托板≤50，喷浆后外露为0
		锚杆螺母扭矩(N·m)	200	≤5%
	锚索	排距(mm)	2 400	±100
		间距(mm)	1 600	±100
		孔深(mm)	6 300	0～+200
		外露长度(mm)	≤100	100～300
	喷射混凝土	表面平整度		≤50
		基础深度(mm)	100	≤10%
	钢筋网	钢筋网到岩面间的距离(mm)	70	
		钢筋网外的喷射厚度(mm)	50	

2. 锚喷巷道质量保证措施

（1）锚杆施工质量保证

① 打锚杆眼前，必须进行敲帮问顶，找到危岩活矸，进行初喷，初喷厚度50～70 mm；

② 根据设计要求，检查巷道规格，标记出锚杆眼位，画线打眼；

③ 打眼方向应垂直于巷道的轮廓线，与主要岩层层面夹角不小于75°；

④ 打眼的顺序，应按照由外向里、先顶后帮的顺序依次进行；

⑤ 采用钻机打眼时，风压应控制在0.4～0.65 MPa，水压应控制在0.6～1.2 MPa，钻杆、钻头要完好不堵塞；

⑥ 锚杆眼的深度、间排距及布置形式要符合设计规定：眼位误差不得超过100 mm，眼向误差不得大于15°；锚杆眼深度应与锚杆长度相匹配，打眼时应在钎子上做好记号，严格按锚杆长度打眼；

⑦ 安装锚杆前，应将眼孔内的积水、岩粉用压风吹扫干净；对锚杆眼、锚杆的质量进行检查，发现不合设计规定的要及时处理；

⑧ 按规定数量放入树脂锚固剂，把树脂锚固剂送入眼底，把锚杆插入锚杆眼内，使锚杆顶住树脂锚固剂，外端头套上专用搅拌器；锚杆搅拌30～50 s，搅拌先慢后快（送入眼底后搅拌时间不少于10 s），等待3～5 min后上好托盘，并用扳手将螺母拧紧，锚杆锚固力要求不小于40 kN。

（2）喷射混凝土质量保证

① 喷浆前，必须检查巷道支护情况，确认所有锚网安设设置合格，方可进行复喷支护；

② 挖出巷道两帮墙基础，要求基础深度不少于100 mm；

③ 初喷和复喷前必须对岩面进行冲刷，检查巷道规格质量，满足设计要求，并在巷道拱部

和两帮部位拉设喷厚标志线;

④ 喷射过程中应遵循先墙后拱的原则,喷射时从墙基开始,自下而上进行,拱部喷射顺序为先拱部、后拱顶;

⑤ 喷浆时,喷嘴出口处的风压应控制在 0.1～0.4 MPa;水压应比风压大 0.1 MPa,喷浆过程中应根据出料量的变化及时调整给水量,保证合适的水灰比,要使喷射的混凝土无干斑、无流淌、附着力强、回弹料少;

⑥ 水灰比为 0.4～0.5,坚持随拌料、随喷射的原则,拌好的料停放时间不应超过 2 h;复喷间隔时间不得超过 2 h,否则,必须用高压水流重新冲洗受喷面;

⑦ 人工拌料时,拌好的潮料含水量以在 8%～10% 为宜,应用手一捏成团,松手似散非散,混凝土比例按水泥∶黄沙∶石子＝1∶2∶2 的质量比进行配料,并翻拌 3 遍使其混合均匀;

⑧ 速凝剂用量为水泥用量的 3%～5%;

⑨ 喷浆操作自墙基向上按螺旋形轨迹运行,圈径 300 mm,一圈压半圈,喷头与喷射面尽量垂直,且距离控制在 1.2 m 左右;

⑩ 喷浆时如遇超挖或裂缝低凹处,应先喷补平整,然后再进行正常喷射;喷射工作结束后,在 7 天内,喷层应每小班洒水养护一次,持续养护 28 天。

（3）锚索安装质量保证措施

送锚索时应注意轻送,防止将药卷过早弄破。药卷送入眼底后安上锚索搅拌器,开动锚索机搅拌,搅拌应由慢到快,时间不少于 50 s(送入孔底后搅拌时间不小于 15 s)。卸下钻机,半小时后上垫板及锁具,最后用 SL-50T 型锚索张拉仪张拉锚索,锚索锁定后的预紧力不小于 80 kN,锚固力不小于 200 kN。

12.9.3　巷道施工安全保证体系及安全技术措施

12.9.3.1　巷道施工安全保证体系

作为淮南矿业集团西进的首批矿井,有很多情况在事前没有经验可以借鉴,同样也会有一些难以预料的事情发生。因此,建立一套严密的安全体系就显得格外重要。3-1 煤回风大巷快速施工的安全体系主要体现在以下 4 个主要方面:

1. 建立安全监察保证体系

设立安全监察机构,机构由中北煤化工有限公司工程部、施工单位项目部和监理公司各派员组成,人员须从事巷道施工 5 年以上且具有中级以上技术职称。

该监察机构主要监察项目部安全技术措施、安全规章制度、安全生产责任、业务保安责任的制定和实施,监督检查事故隐患的排查、整改情况,监督检查设备、设施、仪器和涉及安全材料的质量,监督检查重伤事故、二类以上机电事故和重大未遂事故的调查处理,监督检查职工安全行为;对违章作业人员有权提出罚款、调离岗位或撤销职务的建议,每 3 个月向建设单位、监理公司、施工单位主管部门组成的安全监察部汇报一次项目安全管理情况。

2. 设立安全管理机构

中北煤化工有限公司工程部、施工单位项目部和监理公司各派员 1 名组成安全管理机构,负责安全管理和制度检查。

3．建立各项安全管理制度

① 建立安全目标管理制度；

② 建立安全例会制度，每周不少于一次；

③ 建立安全检查制度，项目部每7个月检查一次，各队每日进行一次安全检查，班组实行三班互检制，确保检查有记录、有档案；

④ 建立值班制度，项目部必须坚持24小时有人值班；

⑤ 建立事故隐患排查制度，做到责任落实到人，有报告、有（整改）措施、有反馈；

⑥ 建立安全施工责任制度，各级管理和施工人员都有安全责任，实行安全责任层层分解、落实到人；

⑦ 加强职工安全教育和培训，提高员工的自我保护和安全能力；

⑧ 建立提升、运输、支护、一通三防、供电设施检修等安全管理制度。

4．明确项目部各级管理人员安全管理职责

① 项目经理对项目施工安全负全面责任，负责建立安全管理体系和组织，完善各项安全制度，亲自主持安全办公会，亲自主持安全大检查，亲自组织事故处理和处置；

② 技术经理对本项目工程的安全技术负责，负责编制《作业规程》《安全技术措施》和《技术标准》，负责一通三防的技术管理工作；

③ 主管部门的安全责任由主管部门负责，必须遵照施工组织设计和有关的安全法规、技术标准组织施工；

④ 施工队长是本队施工的第一责任者，必须依照行政作业规程、技术操作规范、施工作业规程和有关规章制度组织施工；

⑤ 工人应在本岗位工作，必须遵守劳动纪律，做好自保和互保。

12.9.3.2　岩巷综合机械化作业专项安全技术措施

1．机组启动前的安全注意事项

① 在开始工作前，必须提前3 min发出警报，并保证铲板前方及切割臂附近无人员、施工工具及物料；

② 掘进机液压系统及电气系统专用闭锁开关钥匙必须由专职驾驶员保管，驾驶员离开操作台或停止作业时，必须停止并闭锁这些开关以及关闭掘进机上的电源隔离手把；

③ 安装在掘进机上驾驶员非操作侧、用于紧急停止机器运转的急停开关，在开机前必须处于闭锁状态，只有在开机前由专职司机去解除闭锁；在掘进机运行过程中，只有遇须紧急停机的状况时方可按下急停开关，其他情况严禁随意按下；

④ 掘进机驾驶员必须按规定的作业流程进行操作：开机前对设备进行安全检查，确认安全状况；启动前发出警报；开启油泵电机；开启内外喷雾；按规定的切割流程图进行切割；切割完毕退出机组、停机并闭锁液压及电气系统开关；各操作手柄恢复空挡或零位；停水。

⑤ 切割前，跟班班组长及掘进机驾驶员应及时进行敲帮问顶，检查并确认顶板及帮部的安全；

⑥ 转载机看护人员的作业流程：开机前检查转载机上下、前后及皮带机机尾跑道的作业环境，确认转载机皮带无跑偏、阻塞，跑道上无积尘、积矸及杂物；联系皮带机机尾看护人员及掘进机驾驶员进行开停机；遇紧急情况按下转载机上的急停开关断开掘进机及转载机的电源，并在闭锁的情况下及时处理；

⑦ 掘进机及转载机附近20 m风流中,瓦斯浓度达1%就必须停止机组运转,切断机组电源进行处理;

⑧ 开关掘进机操作顺序:先开皮带机,后开桥式转载机,再启动机组刮板输送机;停机后,先停刮板输送机,后停桥式转载机,再停皮带机。

2. 机组运行中的安全注意事项

① 掘进机作业时必须配合内、外喷雾降尘装置使用,严禁掘进机操作员在无水或内、外喷雾水压不足的情况下作业;

② 掘进机在作业过程中如遇超过机组实际切割硬度($f \leqslant 8$)及超过装岩物理尺寸限度的岩石时,应退出掘进机,停机闭锁并在支护完整的顶板下进行处理;大块硬岩石应采用大锤、风镐或其他方法进行破碎,严禁采用来回进倒刮板输送机及左、右摆动耙爪的方法进行破碎,以防损坏刮板机及装载装置;

③ 掘进过程中如遇岩石超过机组能接受的截割硬度($f \leqslant 8$),机组驾驶员和班组长须及时向项目部调度汇报,并采取相应措施进行处理,严禁野蛮使用掘进机组;

④ 掘进作业中,当切割臂降到最低位置时,必须将铲板落下或停止耙爪运行,防止耙爪与切割臂碰撞损坏设备;

⑤ 掘进作业时如遇机组的电气或液压系统保护发生作用,必须及时停机进行故障处理,严禁使用弃用保护系统或屏蔽系统示警的方式继续作业;

⑥ 切割作业中,转载机看护人员必须集中精力看护好敷设在转载机架上的电缆及管路,以防转载机前后调动时损伤电缆、水管及液压管路;

⑦ 转载机看护人员在看护时要和转载机保持足够的安全距离,严禁在转载机靠近巷帮交界处及转载机出料口停留,谨防转载机翻倒及出料口抛出物伤人;

⑧ 在处理转载机掉道、转载机回转销折断及转载皮带跑偏时,必须停止掘进机组的运转,切断机组电源并进行闭锁,严禁在转载机运行时调整转载皮带跑偏、清理夹矸、掉矸或浮煤;

⑨ 掉道转载机复道时,必须有专人监护起吊情况,确认安全状况,起吊点及起吊用具必须安全可靠。

3. 机组停止运行后检查、检修的安全注意事项

① 要更换掘进机截齿或进行机组检查、检修,必须断开掘进机组的电气控制回路开关,切断掘进机组的供电电源并进行闭锁;

② 要用掘进机切割臂托梁架棚作业,必须及时支上机组配带的两块限位块,切割臂范围内不得有人;架棚作业必须断开机组电源由专职掘进机操作人员进行监护;

③ 掘进机停止作业,操作人员必须确认机组所有电气开关已经断开且所有操作手柄已恢复到零位或空挡位置;

④ 检修期间或非占机支护时间(其间应正确使用限位块),机组停机时,截割头应扎下底板,铲板应放下并贴实底板;

⑤ 严禁在切割臂、铲板及掘进机组下方处理机组故障或大块矸石;如必须在这些部位作业时,则必须正确使用限位块、道木、方木等将这些部件垫实、垫牢且须对机组停电闭锁;

⑥ 掘进机停电检修前,必须断开掘进机组电源,包括闭锁机组本地及上级电源开关,挂上停电牌"有人作业,严禁送电";

⑦ 检修前应检查并确认掘进机组附近顶板及支护的安全状况,保证支护环境安全可靠;

⑧ 在更换高压管及密封时,必须将液压系统充分卸压,更换时用手握紧高压管,管口不得

对人,以防高压液喷射伤人;

⑨ 在进行电气检修时检修人员必须严格按照规程规定的作业程序进行作业:检查瓦斯、断电、验电、放电、闭锁并挂好停电,之后方可进行检修,严禁带电搬迁或检修电气设备、电缆、电线等;

⑩ 更换掘进机组部件时,必须在掘进机相应部位的下方用限位块、方木、道木等垫实、垫牢并检查检修空间,经确认安全后方可进行操作;

⑪ 停机后掘进机驾驶员和转载机看护人员必须及时清理设备、积矸及杂物,检查设备的运行状况并及时进行必要的维护;

⑫ 掘进机操作人员和转载机看护人员交接班时,必须在现场向接班人员交代清楚本班机组运行的状况、出现的故障、存在的问题及施工中需要注意的安全问题,并及时在机组运转日志中详细记录。

4. 其他未尽事宜见《煤矿安全规程》中的要求。

12.10 市场运行机制在 3-1 煤回风大巷工程项目中的运用

12.10.1 项目责任人制

项目责任人制实质上是项目法人制的一部分。色连二矿在掘的岩石巷道较多,在此背景下,实施"项目责任人制",即由公司指定某个人或一部分人为项目责任人,具体负责项目的投资、进度和质量以及相关的工程招投标等事宜,项目责任人对指定项目全权负责。

工程的建设过程中,项目责任人的主要工作内容可概括为以下几点:

1. 树立竞争意识,严格招投标制

3-1 煤回风大巷掘进工程在招投标的过程中,应根据施工队伍的资质、技术水平、施工力量、投标价格等因素综合考量,不论地域界限,不讲人情关系,同时实施总公司纪委全过程监督制度,择优选择施工单位和工程建设监理公司。

2. 建章立制,建立基本建设各方相互约束机制

在"项目责任人制"的组织构架下,项目责任人与施工单位、监理单位共同担负建设色连二矿 3-1 煤回风大巷的风险与压力,形成施工、监理、建设三位一体的管理约束机制,实现分工、协调、协作、相互制约的有机统一;同时通过制定严格的管理制度和工作规程,将施工工作标准化、管理制度化,有效保证施工质量和建设工期,从而为 3-1 煤回风大巷的快速、优质施工奠定坚实基础。

3. 合理确定工期

建设工期选择得是否合理,直接关系到建设工程资金的合理配置与运用,关系到资金利用率的提高。

色连二矿依据矿井工程地质条件、施工单位的施工力量和技术水平以及机械化配套水平、工程量的大小和施工组织循环图表最终研究制定了每一条巷道的基本施工工期。

4. 严格合同管理

色连二矿在确定项目责任人后,项目责任人与设计单位、施工单位和监理单位分别签定设计、施工、监理合同,严格合同的执行、变更等条件,真正建立承发包双方之间的经济约束机制,激发承包单位的责任感和积极性。

12.10.2　施工监理制

1. 建设工程施工监理制

建设工程监理制是对建设工程的全过程进行监督和管理,即监理的执行者依据国家的相关法律规定和技术标准,运用法律、经济和技术手段来协调和约束参与工程活动各方的行为,同时明确各方的责任、权益和任务,制止建设行为的随意性和盲目性,确保建设行为的合理性、科学性和经济性,使工程建设投资活动快、好、省地进行,从而取得最大的经济效益。

2. 矿井建设施工监理制

① 实行建设施工监理制度,可以用专业化、社会化的监理队伍代替小生产管理方式,可以加强建设工程的组织协调,强化合同管理、监督,公正地调解权益纠纷,控制工程质量、工期和造价,提高投资效益。

② 监理单位作为第三方,可以通过法律、经济和技术手段协同制约,遏制工程过程中的随意性行为,抑制矛盾和纠纷的产生。

③ 监理单位可以利用其技术专长对工程投资、工程质量和工程进度实施控制,从而提高建设工程的总体综合效益。

3. 施工监理制在3-1煤回风大巷建设中的运用

色连二矿3-1煤回风大巷的监理工作内容可概括为六大方面:投资控制、工期控制、质量控制、合同控制、信息控制、组织协调。上述六大方面可再细分为以下若干具体内容:

① 协助业主编制工程招标文件以及审查投标单位资格;

② 协助业主召开招标会议、现场勘探和开标、评标;

③ 协助业主与承包单位签订承包合同,审查承包单位编写的开工报告;

④ 审核施工单位编制的施工组织设计、施工方案,并监督其实施;审查承包单位设备清单及其所列的规格和型号;

⑤ 核查承包单位用于工程的主要材料、构件的出厂合格证和材料检测报告;检查工程采用的设备是否符合设计文件或标书所规定的生产商、型号和质量标准,必要时在订货前对厂家进行考察、了解;

⑥ 督促和检查承包单位严格执行合同,严格按照国家技术规定、标准以及设计文件和施工图纸要求进行施工,对违反规范、规程者,及时签发停工通知单,控制工程质量;参加月末验收、单位工程中间和竣工验收,并对工程质量和数量进行验收;

⑦ 参与编制并汇总承包单位年度计划,并汇总承包单位正式的年、季、月的施工计划上报甲方,对工程进度实施全程控制;

⑧ 复核设计文件、施工图纸、概预算、标底,参加设计交底;对业主、设计单位、承包单位提出的设计变更进行审查,提出监理意见并报请甲方审批;

⑨ 根据工程验收核实认定的工程质量、数量,签发付款凭证;负责工程的结算价款审计,控制工程投资;汇总承包单位的统计报表并报甲方;

⑩ 监督、检查工程的文明施工及安全防护措施,协助、主持审理工程质量问题,监督事故处理方案的执行,监督检查承包单位移交技术资料的整理、归档;

⑪ 定期召开监理协调会议,及时通报工程合同执行情况,定期将工程进度、施工中主要问题及主要监理工作以监理报告形式告知业主,参加业主组织的工程协调会议;

⑫ 负责检查工程状况、签订质量问题责任书,督促保修。

12.10.3　工程合同制

1．工程合同制的概念及特征

工程合同是指法人和其他经济组织在同等的民事主体中,为实现一定的经济目的,明确相互权利义务关系而订立的合同。工程合同除具有一般合同的特征以外,还有以下独具的特征:

① 工程合同的当事人应是具有法人资格的社会组织,或是具有生产经营资格的其他经济组织或个人;

② 工程合同是当事人之间的经济协议;

③ 工程合同是双向有偿合同。

2．工程合同订立的基本原则

工程合同的订立是指两个或两个以上的当事人,依法就工程合同的主要条款经过协商达成一致的法律行为。合同订立时应遵循以下主要基本原则:

① 遵守国家法律和行政法规;

② 遵循平等互利、协调一致的原则。

3．工程合同制在 3－1 煤回风大巷掘进工程中的运用

色连二矿依据国家建设工程承包合同的规定,与施工单位鉴定合作合同,与监理公司签订监理合同,从而形成对 3－1 煤回风大巷掘进工程项目"三位一体"的管理格局,有效地促进工程顺利进行,它的优越性主要体现在以下两大方面:

(1) 保障了双方利益,规范了合同双方的义务规范了合作行为

在执行合同方面,乙方严格履行合同条款,根据合同的规定,依据工程进度及时拨付工程进度款项,保证了承建单位和监理单位良好的生产和生活状况,从而客观地保证了施工工期和工程质量;同时,由于合同的契约性,也使得承包方在实践中时时关注工程行为的规范,客观上为施工工期和工程质量的严格履行奠定了基础,最终使得双方利益得到保证。

(2) 严格合同管理,规范市场行为

在合同管理方面,各方严格按照科学的合同管理技术、方法和手段,对各类合同实行分类和动态跟踪管理,提高了合同的兑现率和兑现的及时性,规范了合作各方的市场行为,为整个工程的顺利完成创造了条件,为后期工程建设顺利开展奠定了基础。

12.11　总　　结

色连二矿是淮南矿业集团有限公司为数不多的首批西进矿井之一,在施工组织及技术管理方面除了继承了过去的优良传统和经验之外,经过多方反复研究也大胆提出了几项创新内容,具体如下:

① 施工组织管理方面提出了"1－4－3－1－1"创新管理模式,这样的管理模式既可以简

化管理链条，又将心理学因素融合其中，提倡以人为本的理念，使得管理力度得到很大提高；

②　在管理体制上提出"3-1-5"工程管理创新系统，使得业主、施工单位和监理单位得以团结一致，协同作战，充分调动各方积极性和能动性，大大缩短了工作流程的运作行周期，提高了工作效率；

③　严格的质量管理体系、质量保证体系、安全保证体系和质量检验措施的建立为3-1煤回风大巷的快速、优质施工奠定了坚实的基础；

④　项目责任人制、施工监理制、工程合同制等都会对工程项目的有效执行起到很好的推动作用，也为巷道快速、优质的完成发挥了非常积极的作用。

13 国产半煤岩综合掘进机在全岩巷道中应用的技术改造

13.1 国产半煤岩综合掘进机在全岩巷道施工中的应用

采用综合机械化施工工艺进行巷道掘进，能够实现连续切割、装载、运输作业，提高掘进速度，降低劳动强度，保障高产高效矿井生产接替的连续，是煤矿减人增效提高单进的有效途径。

随着技术迅速发展，目前采用的综合掘进机械化掘进技术已经可以适应各种复杂的地质环境，从松散软土到极坚硬的岩石都可以应用，使用范围日益广泛。

目前，国产的半煤岩综掘机在硬度较小的全岩巷道中已有应用了，但是其使用效果并不十分理想。究其原因，往往并不是整个综掘系统的切割、装载及运输能力不够或不配套，而是生产过程中经常出现一些"小故障"，往往使得整个生产线停工，导致整个综掘系统的能力得不到充分发挥。

众所周知，掘进机一般都由切割机构、装运机构、行走机构、电气系统、液压系统等模块组成。切割结构将煤岩截割后，装运机构必须连续稳定地将截割物及时装载并转运到后续配套设备（即转载机和输送机）上，才能保证整个综掘工作顺利进行。然而，目前主流的国内外掘进机第一输送机构均为链式刮板输送机构，存在很多问题，通常情况下不能满足上述要求。

链式刮板输送机构一般由液压泵或电动马达、溜槽、驱动装置、张紧装置、刮板链等组件组成，依靠液压马达或电动马达提供动力，使主动链轮带动刮板组件在溜槽内平行滑动推动岩块实现输送。

链式刮板输送机构因链条为柔性结构，故设有压链装置，链条与压链装置、溜槽之间留有一定的间隙，当链轮拖动链条运动时会出现飘链现象。如果掘进机在较为坚硬的煤岩层，尤其是全岩巷道中作业时，块状的坚硬岩石极易卡在链条与溜槽之间的缝隙中，致使链条的负荷突然增大，从而造成卡链、断链。

链式刮板输送机构在输送过程中，链轮拖动链条推动岩块运动，链条与输送岩块之间的摩擦为滑动摩擦。滑动摩擦力很大也是导致易出现卡链、断链现象的原因。

出现上述故障，整个掘进工作面势必要停工检修，会对掘进工作造成直接影响。

13.2 EBZ260综合掘进机技术改造

13.2.1 EBZ260型综合掘进机结构及技术特征分析

淮南矿业集团多个煤矿均采用三一重工的EBZ260型综合掘进机。该掘进机外形及总体结构如图13.1、图13.2所示。

图 13.1 EBZ260型综合掘进机外观图

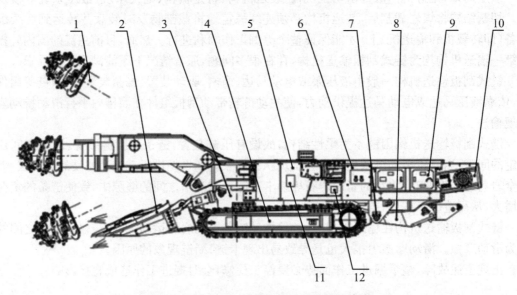

图 13.2 EBZ260型综合掘进机结构示意图

1.截割部；2.铲板部；3.本体部；4.行走部；5.液压系统；6.喷水系统；7.润滑系统；
8.后支撑部；9.电气系统；10.第一运输机部；11.产品铭牌；12.润滑系统铭牌

  EBZ260 型综合掘进机具有生产效率高、掘进速度快、适应性强、调动灵活等优点,目前已成为各主要产煤国家广泛装备的生产设备。该掘进机结构紧凑,适应性强,可用于含有瓦斯、煤尘或其他爆炸性混合气体巷道的掘进工作;可掘巷道最大宽度 5.0 m,最大高度 4.8 m,可掘任意断面形状的巷道,适应巷道坡度 ±16°,可经济切割单向抗压硬度 80 MPa 的煤岩,属中重型悬臂式掘进机,主要技术参数如表 13.1 所示。

表 13.1　EBZ260 型综合掘进机主要技术参数

最大掘进高度(m)	4.8
最大掘进宽度(m)	6.0
爬坡能力(°)	±18
长(m)	11.5
宽(m)	3.6/3.2
高(m)	1.9(不含截割部高度)
最大/可经济截割岩石单向抗压强度(MPa)	≤100/80
整机质量(t)	78(含二运、除尘系统)
卧底深度(mm)	228
供电电压(V)	1 140
截割电机功率(kW)	200/150
油泵电机功率(kW)	132
截割头转速(r/min)	46/23
额定输出功率(kW)	387(含二运,除尘系统)
装载形式	五齿星轮
要求井下供水压(MPa)	3~8
运输机形式	边双链刮板式
需/最小冷却水量(L/min)	120/30
运输机功率(kW)	43
机身地隙(mm)	200
最大不可拆卸件尺寸(长(m)×宽(m)×高(m))	3.68×1.39×1.47
最大不可拆卸件质量(kg)	8 244
行走速度(m/min)	0~6.7
履带宽度(mm)	650
星轮转速(rpm)	30
液压泵(mL/r)	145/145
装载能力(m³/min)	4.0
对地压强(MPa)	0.158
油箱容积(L)	600
电气控制	进口专用控制器

  该机主要是为煤矿综采工作面采准巷道掘进服务的机械设备,既适用于半煤岩巷道掘进,

也适用于条件类似的其他矿山及工程巷道的掘进。

该机后方配套转载运输设备,可实现桥式胶带转载机和可伸缩式带式输送机连续运输。

不难看出,如将 EBZ260 型综合掘进机用于硬度较大的岩石巷道中,由于输送机构的设计缺陷,难免会出现卡链现象。

图 13.3　EBZ260 型综合掘进机链板输送机构

13.2.2　EBZ260 型综合掘进机技术改造

13.2.2.1　解决问题的基本技术方案

为避免上述卡链现象发生,保障掘进工作顺利进行,必须彻底解决所有设计中所存在的缺陷。为此,下面提供了一种新型板式输送机构,可从根本上解决上述技术难题。

掘进机滚动的基本技改方案如下:

根据板式输送机构结构特点,采用钢结构箱体 1,箱体前端设置包胶驱动滚筒 2,后端设置包胶从动滚筒 3,中段设置多组包胶托轮 4,板式输送机构的驱动轮与从动轮之间采用缠绕胶带作为垫层 5,胶带垫层外覆叠形铰链式金属输送板 6,通过可调导向滚筒 7 张紧胶带垫层与外覆叠形铰链式金属输送板复合形成一体,利用掘进机液压系统驱动液压马达带动包胶驱动滚筒、包胶从动滚筒转动,实现连续运输。

13.2.2.2　技改后板式输送机构的特点

与已有技术相比,板式输送机构的主要优点如下:

1. 结构简单,输送可靠性强

与原有的链式输送机构相比,把平移滑动式运输方式改为采用胶带垫层与外覆叠形铰链式金属输送板复合通过张紧形成一体的滚动式运输方式,取消了压链装置,采用平面相对静止的货物输送方式,避免坚硬岩石在运输过程中引发卡塞现象。有效避免了掘进机链式刮板输送过程中的卡链、断链问题,可以实现快速、连续输送,保障掘进工作的顺利进行。

2. 摩擦阻力小

本实用新型改链式刮板滑动输送为平面板式滚动输送,避免了输送物与输送机链条、溜槽之间的滑动摩擦,减轻了驱动装置的负荷。

13.2.2.3　改装图

改装图如图 13.10～图 13.15 所示。

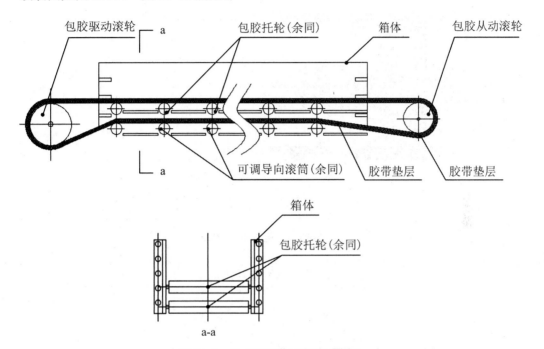

图 13.4　板式输送机构结构示意图

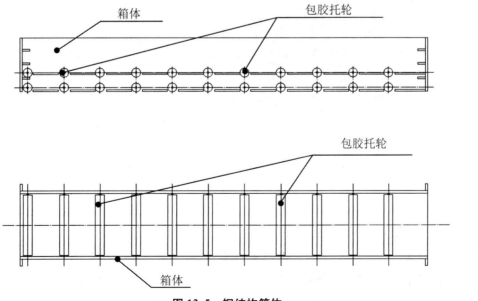

图 13.5　钢结构箱体

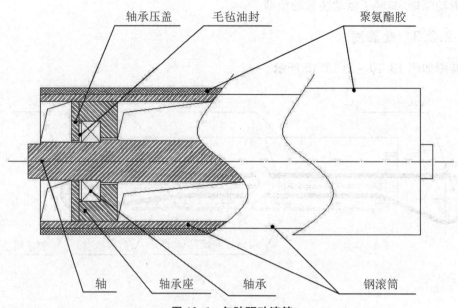

图 13.6　包胶驱动滚筒

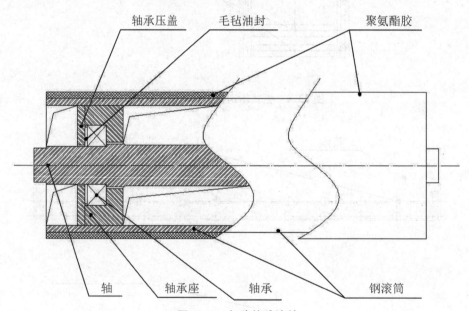

图 13.7　包胶从动滚筒

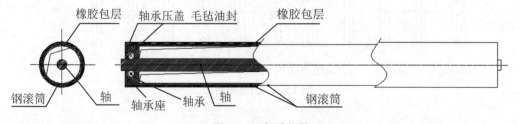

图 13.8　包胶托轮

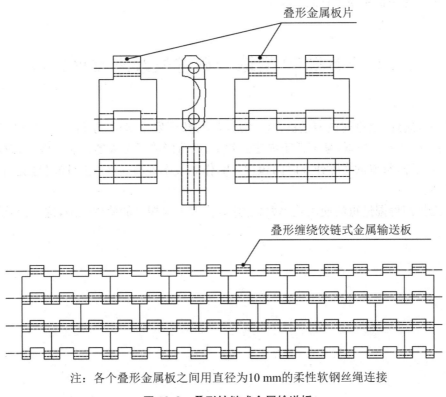

注：各个叠形金属板之间用直径为10 mm的柔性软钢丝绳连接

图 13.9　叠形铰链式金属输送板

13.2.2.4　技改后板式输送机动作原理

在图 13.4 中,掘进机板式输送机构采用钢结构箱体 1,箱体前端设置包胶驱动滚筒 2,后端设置包胶从动滚筒 3,中段设置多组包胶托轮 4,板式输送机构的驱动轮与从动轮之间采用缠绕胶带作为垫层 5,胶带垫层外覆叠形铰链式金属输送板 6,通过可调导向滚筒 7 张紧胶带垫层与外覆叠形铰链式金属输送板复合形成一体,利用掘进机液压系统驱动液压马达带动包胶驱动滚筒、包胶从动滚筒转动,实现连续运输。

在图 13.5 中,钢结构箱体 1 由钢板焊接成 U 型,中间设中板,底部设底板,功能为支撑箱体两侧立板。箱体 1 内设两排包胶托轮 4,功能为支撑胶带垫层 5 与外覆叠形铰链式金属输送板 6,实现滚动运输。

在图 13.6 中,包胶驱动滚筒 2 由钢滚筒外覆聚氨酯胶制成,功能为增大胶带垫层 5 与包胶驱动滚筒 2 之间的摩擦力,防止胶带在输送过程中打滑。

在图 13.7 中,包胶从动滚筒 3 由钢滚筒外覆聚氨酯胶制成,功能为增大胶带垫层 5 与包胶从动滚筒 3 之间的摩擦力,防止胶带在输送过程中打滑。

在图 13.8 中,包胶托轮 4 由钢滚筒外覆橡胶包层制成,功能为减小包胶托轮 4 的磨损,减少包胶托轮 4 的更换周期。

在图 13.9 中,叠形铰链式金属输送板 6 由两种型式的叠形金属板片组合构成,采用缠绕胶带作为垫层 5,胶带垫层外覆叠形铰链式金属输送板 6,通过可调导向滚筒 7 张紧胶带垫层与外覆叠形铰链式金属输送板复合形成一体。功能是为胶带套上防护层,减少输送过程中胶带磨损和防止遇块状坚硬岩石撕裂胶带。

13.3 EBZ260 型综合掘进机改进效果分析

据不完全统计,改进前该掘进机在使用过程中,频繁发生卡链,使得每班的实际作业时间仅 1 h 左右,作业效率极低,甚至低于炮掘的效率,严重影响了工人的作业积极性;改进后基本消除了卡链故障,每班的实际作业时间超过 5 h,作业效率提高 5 倍以上,同时也提高了工人的作业积极性。

改进工作使得掘进机的使用效率大大提高,扩大了综掘机的使用范围,这一经验可以全面推广。

14 色连 3-1 煤回风大巷支护方案

14.1 现状调查

目前,3-1 煤回风大巷埋藏深度约为 310 m,以 3-1 煤为底板。3-1 煤层下方为砂质泥岩,性能较好,厚度 12 m 左右;顶板为细粒砂岩,厚度 9.8 m 左右,富含静态水,岩性较差。

上述顶板砂岩特性非常鲜明,有三个显著特征:① 遇风成砂,极易风化;② 遇水成泥,浸水后强度大幅下降;③ 抗拉强度较低,与其他砂岩相比,"抗拉强度/抗压强度"值明显小得多。正是由于有此类特征,所以较易发生冒顶与偏帮,巷道成型效果非常不好。

由于顶板砂岩富含静态水,且含水会因巷道开挖后巷道所处位置水头降低而向巷道内渗流,而渗流势必会导致一定范围内围岩浸水程度增大,因此岩石因浸水而引发的强度降低不可避免(表 14.1)。

表 14.1 常见岩石(浸水)软化系数

岩石名称	抗压强度(MPa)		
	干抗压强度 R_{cd}	饱和抗压强度 R_{cw}	软化系数 η
花岗岩	40.0～220.0	25.0～205.0	0.75～0.97
闪长岩	97.7～232.0	68.8～159.7	0.60～0.74
辉绿岩	118.1～272.5	58.0～245.8	0.44～0.90
玄武岩	102.7～290.5	102.0～192.4	0.71～0.92
石灰岩	13.4～206.7	7.8～189.2	0.58～0.94
砂岩	17.5～250.8	5.7～245.5	0.44～0.97
页岩	57.0～136.0	13.7～75.1	0.24～0.55
黏土岩	20.7～59.0	2.4～31.8	0.08～0.87
凝灰岩	61.7～178.5	32.5～153.7	0.52～0.86
石英岩	145.1～200.0	50.0～176.8	0.96
片岩	59.6～218.9	29.5～174.1	0.49～0.80
千枚岩	30.1～49.4	28.1～33.3	0.69～0.96
板岩	123.9～199.6	72.0～149.6	0.52～0.82

该矿目前已施工巷道中,顺着锚杆索滴水、流水的现象随处可见,短期无妨,长期隐患极大,一旦锚杆索因锈蚀而失效,冒顶与偏帮将难以避免。

14.2 解 决 对 策

基于上述现状,围岩支护采用如下对策:

1. 围岩疏水,增强围岩强度、提高锚固效果

围岩稳定性的隐患主要来自含水。抗拉强度较低除了因为岩体胶结时间较短之外,含水较大也是主要原因之一。故疏水不仅可以防止锚杆索的锈蚀,提高锚杆索的支护效果,而且还会提高围岩的强度,增强围岩的自承载能力。

2. 及时支护,预防不良应力状态出现

该种底板砂岩抗拉强度较低,顶板及两帮在次生集中应力的作用下很容易因拉应变过大而发生冒顶和偏帮,故需及时支护。及时有效的支护可使得围岩处于较好的应力状态,避免冒顶与偏帮的发生。

3. 及时封闭围岩,防风化、强喷层

该种顶板岩石很易风化,风化会使围岩表面砂化。如果砂化后再实施喷浆,混凝土很难与围岩黏结,不仅浪费材料,而且喷层强度难以保证。故巷道开挖后喷一层薄浆及时封闭围岩,不仅可以防止围岩风化,而且可以保证喷层与围岩之间的黏接力和喷层的承载力。

4. 续锚补型,有效降低围岩应力集中程度

巷道围岩应力集中程度与围岩的断面尺寸紧密相关,巷道局部超挖会导致相应巷道部分围岩应力集中程度提高较大,而这一结果会引发临近未超挖部分的承载力丧失及偏离深部岩体。

14.3 松散富水砂岩层内静含水疏放措施

3-1煤回风大巷主要在富水的砂岩层内掘进,掘进手段为综合机械化掘进。综掘机对迎头围岩进行破落(俗称"割窑")时,岩层的强度着实不低,因为综掘机的截齿对围岩进行截割时能够产生大量的"火星",截割的痕迹也有明显的硬性截割的特征。但是,综掘机截割围岩达到一个循环后(俗称"割窑完成"),随着游离水渗出,围岩的强度迅速降低,现场很快就无法找到大块度的岩石,并且围岩泥化现象非常严重。顶板淋水不仅恶化了工人作业环境,更形成了极大的安全隐患。

因此,采用普通的地质钻机在巷道的中心点以及左右两侧总共布置静含水疏放孔5～7个。各钻孔间距为1.5～2 m,应均匀布满整个巷道断面,其间距参数可依地质钻机的摆放方便而略微调整。钻孔均采用仰角布置,仰角角度2°～3°;钻孔深度50～70 m,以地质钻机在岩层内的最大钻进深度为标准。

钻孔施工完毕后,安装孔口管对钻孔孔口区域 1.5 m 深度范围进行保护,防止钻孔端部踏空造成整个钻孔堵塞。静含水的疏放时间为 2~5 天,当所有钻孔均无连续水流时,静含水疏放工作即可结束。

14.4　永久支护形式、参数、规格、材料

1. 支护形式

采用全断面锚网索支护。

2. 支护参数、规格、材料

① 锚杆采用 Ø22 mm×2 500 mm 20MnSi 左旋无纵筋螺纹钢高强预应力锚杆,锚杆托盘为 10 mm×150 mm×150 mm 的钢板冷轧碟形盘,锚杆间排距,800 mm×700 mm,每排 15 根,以巷道顶板中心线对称布置;顶部锚杆使用 1 卷 K2355 和 1 卷 Z2355 树脂锚固剂;帮部锚杆使用 2 卷 Z2850 型树脂锚固剂。锚杆螺母扭矩不小于 200 N·m,锚杆抗拔力不小于 100 kN。

② 锚索采用 Ø17.8 mm 的钢绞线,长度 6 300 mm,间排距 1 600 mm×1 400 mm,并打在梯形钢带上。托盘为 15 mm×300 mm×300 mm 的钢板,每根锚索使用 1 卷 K2355 和 4 卷 Z2355 树脂锚固剂。锚索在安装(搅拌时间 30~40 s)至实际位置后,退下锚索钻机 30 分钟后上托盘,再用锚索张拉仪紧固锚索,预紧力不小于 80 kN,锚索外露长度为 100~300 mm,锚索紧跟迎头施工。

③ 梯形钢带:顶部采用梯形钢带(配合锚索使用),长×宽=3 400 mm×80 mm,用 Ø10 圆钢制作,网格间距 160 mm×80 mm,铺设在锚索托盘之下。

④ 锚网采用 Q235 金属网,网格间距 100 mm×100 mm,网片规格为顶部 4 900 mm×900 mm,帮部 3 400×900 mm。

⑤ 喷射混凝土严格按水泥:黄沙:瓜子片=1:2:2 进行配比,速凝剂掺量为水泥质量的 3%~5%,强度等级大于 C20。

⑥ 喷浆厚度:巷道断面开挖后立刻进行初喷,初喷厚度 50 mm 时迅速封闭围岩,而后施工锚杆索,复喷总厚度为 150 mm,墙脚基础挖掘深度不小于 100 mm,复喷前必须洒水冲洗喷层表面。喷浆后要每小班洒水养护,养护期为 28 天。铺底混凝土等级 C20。

3. 施工顺序

安全检查→综掘机切割→临时支护→挂顶部金属网→打顶部锚杆→打帮部锚杆→安顶部梯形钢带→打顶部锚索。

14.5　临时支护方式

临时支护方式有两种:综掘机载式临时支护装置、初喷加戴帽点柱。

14.5.1 综掘机载式临时支护装置

综掘机载式临时支护装置成功地解决了综掘巷道机械化临时支护的难题(图 14.1),该临时支护装置主要由滑道、滑台、主臂和护顶梁四大部件及液压系统、外配套电气设备等组成,采用全液压传动。

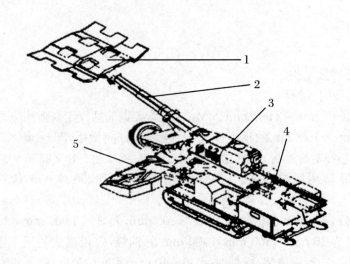

图 14.1 载式临时支护装置
1. 护顶梁;2. 主臂;3. 滑台;4. 滑道;5. 掘进机

滑台上配置了泵站、油箱、操作台、回转体、支臂油缸、摆动臂油缸和引导油缸等;滑台下配置了滑道油缸和滚轮,可使滑台在滑道上前后移动。滑道通过 3 组横梁固定在掘进机的中上部。主臂采用双层套筒式伸缩结构,内置变幅油缸,可使主臂伸缩变幅。主臂后端与滑台上的回转体铰接,并受支臂油缸支撑,可实现上、下运动。回转体在摆臂油缸的作用是使主臂左、右摆动。主臂前端安装仰俯油缸并与护顶梁铰接。仰俯油缸用于调整护顶梁的仰俯角,使护顶梁始终平行于巷道顶板。护顶梁由延伸油缸、斜撑油缸、上下双层护板、左右两侧护板及导向杆等组成。延伸油缸和导向杆用于推动上层护板向前伸长,增加护顶长度。斜撑油缸用于展开两侧铰接的侧护板,使护顶宽度增加。该临时支护装置与 MRH-S100/S150/S200/120TP,ELMB-75(B)等各型掘进机配套时还可以根据巷道的形状、锚杆布置以及网梁托板形式等工况条件,设计出不同类型和尺寸的护顶梁,以满足不同巷道临时支护的需要。

色连二矿 3-1 煤回风大巷,由于岩性较差,这一临时支护装置对其具有十分重要的作用,有了这种装置即可实现"一掘多锚",大幅提升掘进速度,同时大幅降低工作面的安全隐患。

目前,煤炭科学研究总院南京研究所生产制造该装置。

同其他临时支护装置相比,综掘机载式临时支护装置具有十分明显的优越性,表 14.2 所示为综掘机载式临时支护装置的具体优点。

表 14.2　综掘机载式临时支护装置优点

名称	优点
安装停放位置	在机身上安装,生根有力,稳定可靠;停放在机身正上方,不影响掘进机司机视线
选位功能	可以任意选位,对掘进机停放位置没有特殊要求,选位灵活,能确保锚杆施工质量
支撑力	主动护顶力 20 kN,被动护顶力 40 kN
护顶位置	可以将掘进机退出空顶区后再将护顶梁送入空顶区,方便锚杆施工
顶板适应性	柔性护顶梁可以适应多种巷道顶板,适应性好
机构设置	主臂、护顶梁和油缸等组成可靠的支撑系统
动力配置	可自带动力,也可利用掘进机动力系统,系统可靠
安全保护	可配置报警装置液压卸压保护系统,安全可靠

14.5.2　初喷加戴帽点柱

1. 形式、规格、材料

临时支护采取初喷加戴帽点柱,对于新掘出断面要及时进行敲帮问顶,找净帮、顶部的危矸、活矸,初喷 50 mm 混凝土封闭围岩,防止围岩开裂、风化、水解,然后打戴帽点柱支护顶板,只有在临时支护完成的情况下,才能对拱部进行锚网索喷支护。

点柱为 DW315-30/100 液压单体支柱,柱帽为 1 200 mm×200 mm×70 mm 的优质木板,点柱数量不少于 3 根。

2. 临时支护要求

① 点柱打设应及时、稳固、有力,初撑力不小于 2 t,点柱要打在实底上,柱底松软时必须穿"木鞋"(300 mm×200 mm×70 mm 的木块),点柱上部用木楔与顶板接实;

② 临时支护要紧跟迎头,距迎头的最大距离不得超过 700 mm,只有当顶板的锚杆支护结束后,方可撤除点柱。

14.6　锚网索巷道的质量标准

锚网索巷道的质量标准见表14.3。

表 14.3　锚网索巷道的质量标准

名称		检验项目	设计值	标准
保证项目	锚杆	杆体及配件的材质、品种、规格、强度、结构(mm)	20MnSi ⌀22×2 500	
		锚固剂材质、规格、配比、性能	顶部:K2355、Z2355; 帮部:Z2850	
	金属网	材质、规格、品种(mm)	顶部 4 900×900, 帮部 3 400×900	压茬 100
		网格焊接、压接,并在使用前除锈		
基本项目	锚杆	安装质量	密贴揳紧	密贴揳紧
		抗拔力(kN)	100	≥100
	巷道规格	净宽(中线到任一帮)(mm)	2 600	0～100
		净高(mm)	4 100	0～100
		巷道坡度	跟煤层底板施工	
		铺网	压茬 100 mm	紧贴壁面压(绑)牢固
允许偏差项目	锚杆	间排距(mm)	800×700	±100
		孔深(mm)	2 450	0～+50
		角度(°)	90	≥75
		外露长度(mm)	15～50	露出托板≤50
		锚杆螺母扭矩(N·m)	200	≤5%

14.7　锚杆网索施工工艺

14.7.1　锚杆施工工艺

综掘机出货并做好临时支护后,将锚杆机搬至迎头,接齐风水管,配齐钻头、钻杆等钻具,根据锚杆眼的设计深度,按设计的眼位用锚杆机由巷道中间向两帮打锚杆眼,用组装好的锚杆将 1 卷 K2355 和 1 卷 Z2355 树脂药卷送入锚杆眼内,用锚杆机带动锚杆搅拌 30～45 s(送入孔底后搅拌时间不小于 10 s),1 min 后用锚杆机拧紧螺母至垫片变形为止。接着按照设计眼位,打其他眼完成顶部锚杆的全部安装。帮部采用气动式单腿帮部锚杆机或 YT-28 型风锤施工,与顶部锚杆平行作业,用同样的方法完成帮部锚杆安装。1 h 后用预紧力扳手对安装好的锚杆进行再次预紧和检验。顶板稳定时,帮部锚杆滞后顶部锚杆不超过 3 排,顶板破碎时,帮部锚杆滞后顶部锚杆不超过 1 排。

14.7.2　锚索施工工艺

在设计眼位,用单体锚杆钻机和组合钎套按设计孔深打眼、清孔,向眼内装入 1 卷 K2355 和 4 卷 Z23553 树脂药卷,用锚索送入眼底,锚杆机卡紧锚索的另一端,旋转钻机带动锚索搅拌眼内药卷 50 s(送入孔底后搅拌时间不小于 15 s),卸下钻机。半小时后上托盘及锁具,最后用手动(或电动)油泵配合 YCD 卡式千斤顶张拉锚索,安装预紧力为 80 kN。

14.8　永久支护的技术质量要求

① 锚杆支护的最大控顶距为 800 mm,即每循环最多掘进 1 排。

② 锚杆间排距严格按设计要求施工,间排距误差不超过 ±100 mm。

③ 锚杆应垂直于巷道轮廓线,与岩面的夹角不小于 75°。

④ 锚杆托板应紧贴金属网,金属网应紧贴岩面,顶板出现起伏时,金属网应拿弯紧贴岩面,不得在托板与岩面间填充矸石或半圆木等物料。

⑤ 帮部局部超挖或偏帮时必须贴帮打锚杆,不得造形用煤矸等物充填,超挖或偏帮超过 500 mm 时,应在顶部加补锚杆(索),超高 500 mm 时在地脚补打一排横向钢筋网。

⑥ 锚杆螺母必须拧紧,安装采用快速安装工艺顶部锚杆时,螺母的预紧力矩不应小于 200 N·m;锚固剂凝固 15 min 后,用力矩扳手将螺母拧紧。

⑦ 锚杆端部必须推至孔底,尾端露出螺母不小于等于 15 mm,不大于 50 mm。

⑧ 严格控制锚杆(索)钻孔深度,钻孔深度误差不超过 ±50 mm。

⑨ 金属网之间必须压茬搭接,搭接长度为 100 mm,所有网搭接处均用 16# 铁丝双股绑扎牢固,扎距 200 mm。

⑩ 铺网时应遵守下列规定:

a. 网片长边沿巷道横向布置,不得吊斜,确保前后上下压茬为 100 mm。

b. 必须预留 150 mm,与下茬网压茬。注意保护压茬处的锚杆丝扣。

⑪ 锚索间排距应严格按设计要求施工,误差不超过 ±50 mm,在拨门、贯通、交叉点、大断面硐室、断层前后及顶板破碎带等处锚索应适当加密,锚索外露不超过 300 mm。

⑫ 锚杆锚索支护巷道净宽误差不大于 ±200 mm,净高误差不大于 ±200 mm。

⑬ 安装顶部锚杆:

按设计的部位角度打顶部锚杆孔,孔深比锚杆短 50 mm,采用锚杆钻机配 B22 钎杆和

$\varnothing$28 mm合金钻头,施工钻孔。

a. 送树脂药卷:向锚杆孔依次装入1卷K2355和1卷Z2355树脂药卷,用组装好的锚杆慢慢将药卷推到孔底;

b. 搅拌树脂:用搅拌连接器将钻机与锚杆螺母连接起来,然后升起钻机推进锚杆,当锚固剂抵到孔底启动钻机边搅拌边将锚杆推进到孔底,搅拌30～40 s后停机;

c. 紧固锚杆:60 s后再次启动钻机,顶掉螺帽堵片,托盘快速压紧顶板,使锚杆具有较大的预拉力。

⑭ 安装帮部锚杆:

a. 按设计部位和角度打巷道帮锚杆孔,岩巷采用风锤打眼,孔深比锚杆长度短50 mm,采用锚杆钻机或凿岩机配B22钎干和$\varnothing$32 mm合金钻头,施工钻孔;

b. 送树脂药卷:向锚杆孔依次装入两卷Z2850型锚固剂,用组装好的锚杆慢慢将药卷推到孔底;

c. 搅拌树脂:用连接器将帮锚部杆机与锚杆螺母连接起来,并将锚固剂推入孔底,然后开动钻机边搅拌边推进,当锚杆推到孔底后,搅拌30～40 s;

d. 安装锚杆:停止搅拌60 s后用风动扳手,将螺母的堵片顶掉,托盘快速压紧煤岩面,安装完毕。

⑮ 锚索安装:

将锚杆机搬至施工地点,接齐风、水管,配齐钻头、钻杆等钻具,根据设计锚索眼的位置和深度,用锚杆机使用套接钻杆打锚索眼,锚索眼打齐后,用锚索将1卷K2355和4卷Z23553树脂药卷送入锚索眼底,送树脂药卷时应注意轻送,防止弄破树脂药卷。药卷送入眼底后,安上锚索搅拌器,开动锚索机搅拌,搅拌应由慢到快,时间不少于50 s(送入孔底后搅拌时间不小于15 s),卸下钻机。30 min后上垫板及锁具。锚索外露长度为100～300 mm。

⑯ "三径"匹配:

巷顶部:孔径$\varnothing$28 mm,药径$\varnothing$23 mm,锚杆杆径$\varnothing$22 mm。

巷帮部:孔径$\varnothing$32 mm,药径$\varnothing$28 mm,锚杆杆径$\varnothing$22 mm。

锚索:孔径$\varnothing$28 mm,药径$\varnothing$23 mm,锚索绳径$\varnothing$17.8 mm。

⑰ 锚网索支护以及加强锚固力的检测等规定:

井下现场用锚杆拉力器做锚杆拉力试验,用锚索张拉仪检查锚索的预紧力。锚固形式为加长锚固,锚固力不小于20 t;锚索预紧力不小于8 t。每施工300根锚杆检查一组锚杆的锚固力,每组不少于3根。对锚固力不合格的锚杆要补打,以确保锚杆支护效果。

⑱ 打眼前必须做好以下工作:

a. 按中、腰线严格检查巷道断面规格,不符合作业规程要求时必须进行处理;

b. 认真敲帮问顶,仔细检查顶、帮围岩情况,找尽活矸、危矸,确保安全;

c. 按作业规程规定的锚杆布置确定眼位,并用白灰做好标志;

d. 检查和准备好钻具和风水管路,并在钎杆上做出眼深标志。

⑲ 严禁空顶作业,必须在戴帽点柱或综掘机载式临时支护装置的掩护下打眼,钻完后应将眼内的岩粉和积水吹净,打眼应由外向内进行。

⑳ 锚杆、锚索眼的方向原则上应与岩石的层理面垂直;当层理面不明显时,锚杆锚索眼的

方向应与巷道的轮廓线垂直。

㉑ 锚杆、锚索眼施工应符合下列要求：

a. 锚杆、锚索眼必须按作业规程规定的间、排距施工,顶部锚索紧跟迎头;

b. 锚杆、锚索眼应作到打好一个眼,锚定一个眼,随打随锚;

c. 锚杆必须按照规定的角度打眼,不得打穿皮眼或沿顺层面、裂隙打眼。

㉒ 其他安全技术措施：

a. 坚持敲帮问顶制度,每次进入工作面,必须由组长对工作面帮顶安全情况进行一次全面检查后,其他人员方可入内;每次综掘机切割后、打锚杆眼前的时间节点,都必须由有经验的工人站在安全地点,用长柄工具清除所有帮顶的危煤、活矸,确认安全后才能施工;

b. 严禁空顶作业,顶板锚杆紧跟迎头,迎头锚杆未打齐不得进入下一循环施工;若巷道顶板比较破碎,应先打适量超前锚杆将顶板护好,之后再联网打锚杆;

c. 综掘机切割时,要掌握好规格尺寸和巷道成形;

d. 对巷道进行日常巡查,对破断或失效的锚杆要及时补打,对松动的锚杆螺帽要重新紧固;

e. 锚杆支护作业时,如遇顶底板及两帮移近量显著增加、底板出现较大底鼓、顶板出现淋水或淋水增大、围岩层(节)理发育、突发性偏帮掉渣、巷道不易成形、钻眼速度异常等情况,应立即停止施工,查明原因;

f. 高度重视地质构造带、淋水区域的支护技术;迎头遇地质构造时,必须停止作业,采取架棚等有效的支护形式进行防护;淋水区域,要提前进行采区疏水、放水,保证支护效果。

15 色连 3-1 煤回风大巷支护方案工业试验效果分析

15.1 色连 3-1 煤回风大巷掘进速度统计及分析

15.1.1 色连 3-1 煤回风巷及联巷掘进数据统计

色连 3-1 煤回风巷及联巷掘进数据见表 15.1。

表 15.1 色连 3-1 煤回风巷及联巷月掘进数据

时 间	进 尺(m)	备 注
2013 年 12 月 25 日	29.9	未放水段
2014 年 1 月 25 日	70.5	未放水段
2014 年 2 月 25 日	39.2	未放水段
2014 年 3 月 25 日	207.0	
2014 年 4 月 25 日	204.8	
2014 年 6 月 25 日	202.9	
2014 年 7 月 25 日	207.7	
2014 年 8 月 25 日		应政府要求停工
2014 年 9 月 25 日	339.5	
2014 年 11 月 25 日	211.5	
2015 年 6 月 25 日	207.3	
2015 年 7 月 25 日	212.0	
2015 年 8 月 25 日	214.2	
2015 年 9 月 25 日	208.3	
2016 年 2 月 25 日	209.0	

续表

时　　间	进　尺(mm)	备　注
2016 年 3 月 31 日		应政府要求停工
2016 年 4 月 30 日		应政府要求停工
2016 年 5 月 31 日		应政府要求停工
2016 年 6 月 30 日	212.6	
2016 年 7 月 31 日	207.7	
2016 年 8 月 31 日	210.0	
2016 年 9 月 30 日	206.6	
2016 年 10 月 31 日	209.7	联巷施工区段
2016 年 11 月 30 日	205.5	联巷施工区段

15.1.2　色连 3－1 煤回风大巷掘进速度分析

自 2013 年 12 月至 2014 年 2 月,巷道受到砂岩层静含水的影响非常严重,不仅顶板淋水严重、顶板安全隐患明显、施工环境极其恶劣,而且巷道掘进速度始终保持在 30～70 m/月,平均 46.5 m/月。

2014 年 4 月份开始,施工现场开始按照研究组的方案进行静含水的超前疏放,取得了立竿见影的效果。不仅消除了顶板淋水带来的安全隐患,改善了恶化的施工环境,而且巷道的掘进速度成倍提高,由原来的 35 m/月的进尺速度猛然跃升至 120 m/月的进尺速度。2014 年 9 月份,由于 8 月份的超前疏放水工作打下了良好的基础,巷道的月成巷速度达到了疏放水之前难以想象的 350.8 m/月。

总而言之,在巷道正常进尺的月份,由于引入了静含水超前疏放的技术,色连 3－1 煤层回风巷成巷速度由原来的 35 m/月,跃升至 210 m/月左右,并创造了 350.8 m/月的最高记录。

15.2　色连 3－1 煤回风大巷表面变形观测

15.2.1　观测方案

因为巷道变形情况最能准确地反映支护效果,所以在 3－1 煤层回风大巷内布置了 10 个测站,如图 15.1 所示,用于观测巷道顶底板移近量及拱角移近量、拱底移近量。

观测巷道表面变形的仪器为高精度数显测试仪,如图 15.2 所示。观测人员每月中旬测量拱角、拱底观测点以及顶底测点之间的距离,从而得出相应的变形量,如图 15.3 所示。

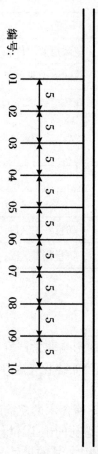

图 15.1　巷道表面变形观测测站　　　　图 15.2　JSS30A 型数显收敛仪

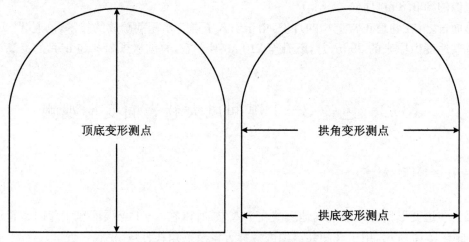

图 15.3　测站内测点布置示意图

15.2.2   变形观测原始数据

变形观测原始数据见表 15.2～表 15.4。

表 15.2   单层锚网支护区段各测站顶板变形监测数据

(单位:mm)

日期	站 01	站 02	站 03	站 04	站 05	站 06	站 07	站 08	站 09	站 10
2014 年 3 月	3 998.01	4 023.26	3 941.28	3 954.87	4 034.20	4 033.41	3 954.40	3 988.36	3 937.13	3 995.14
2014 年 4 月	3 997.61	4 023.25	3 941.28	3 950.04	4 034.15	4 029.29	3 954.23	3 984.37	3 936.89	3 995.13
2014 年 5 月	3 997.21	4 023.24	3 941.28	3 945.22	4 034.10	4 025.18	3 954.06	3 980.38	3 936.65	3 995.13
2014 年 6 月	3 996.81	4 023.22	3 941.28	3 940.41	4 034.05	4 021.08	3 953.89	3 976.40	3 936.41	3 995.13
2014 年 7 月	3 996.41	4 023.21	3 941.28	3 935.60	4 034.00	4 016.98	3 953.72	3 972.42	3 936.17	3 995.13
2014 年 8 月	3 996.01	4 023.20	3 941.28	3 930.80	4 033.95	4 012.88	3 953.55	3 968.44	3 935.93	3 995.13
2014 年 9 月	3 995.85	4 023.18	3 941.28	3 926.01	4 033.90	4 008.79	3 953.37	3 964.47	3 935.69	3 995.13
2014 年 10 月	3 995.69	4 023.17	3 941.28	3 921.22	4 033.85	4 004.70	3 953.20	3 960.50	3 935.45	3 995.13
2014 年 11 月	3 995.53	4 023.16	3 941.28	3 916.43	4 033.80	4 000.61	3 953.03	3 956.54	3 935.21	3 995.13
2014 年 12 月	3 995.37	4 023.15	3 941.28	3 911.66	4 033.75	3 996.53	3 952.86	3 952.58	3 934.97	3 995.13
2015 年 1 月	3 995.21	4 023.13	3 941.28	3 906.88	4 033.70	3 992.45	3 952.69	3 948.62	3 934.73	3 995.13
2015 年 2 月	3 995.05	4 023.12	3 941.27	3 902.12	4 033.65	3 988.38	3 952.52	3 944.67	3 934.49	3 995.13
2015 年 3 月	3 994.89	4 023.11	3 941.27	3 897.36	4 033.60	3 984.31	3 952.35	3 940.72	3 934.25	3 995.13
2015 年 4 月	3 994.73	4 023.09	3 941.27	3 892.60	4 033.55	3 980.25	3 952.18	3 936.77	3 934.01	3 995.13
2015 年 5 月	3 994.57	4 023.08	3 941.27	3 887.85	4 033.50	3 976.19	3 952.01	3 932.83	3 933.77	3 995.13
2015 年 6 月	3 994.41	4 023.07	3 941.27	3 883.11	4 033.45	3 972.13	3 951.83	3 928.90	3 933.53	3 995.13
2015 年 7 月	3 994.25	4 023.05	3 941.27	3 878.37	4 033.40	3 968.08	3 951.66	3 924.96	3 933.29	3 995.13
2015 年 8 月	3 994.09	4 023.04	3 941.27	3 873.64	4 033.35	3 964.04	3 951.49	3 921.03	3 933.05	3 995.13
2015 年 9 月	3 993.93	4 023.03	3 941.27	3 868.91	4 033.30	3 959.99	3 951.32	3 917.11	3 932.81	3 995.13
2015 年 10 月	3 993.77	4 023.02	3 941.27	3 864.19	4 033.25	3 955.95	3 951.15	3 913.19	3 932.57	3 995.13
2015 年 11 月	3 993.61	4 023.00	3 941.27	3 859.48	4 033.20	3 951.92	3 950.98	3 909.27	3 932.33	3 995.13
2015 年 12 月	3 993.45	4 022.99	3 941.27	3 854.77	4 033.15	3 947.89	3 950.81	3 905.36	3 932.09	3 995.13
2016 年 1 月	3 993.29	4 022.98	3 941.27	3 850.07	4 033.10	3 943.86	3 950.64	3 901.45	3 931.85	3 995.13
2016 年 1 月	3 993.13	4 022.96	3 941.27	3 845.37	4 033.05	3 939.84	3 950.47	3 897.54	3 931.61	3 995.13
2016 年 3 月	3 992.97	4 022.95	3 941.27	3 840.68	4 033.00	3 935.82	3 950.29	3 893.64	3 931.37	3 995.13

表 15.3　单层锚网支护区段各测站拱角变形监测数据

（单位：mm）

日期	站 01	站 02	站 03	站 04	站 05	站 06	站 07	站 08	站 09	站 10
2014 年 3 月	4 117.79	4 143.78	4 059.52	4 073.50	4 154.72	4 154.31	4 072.87	4 108.01	4 055.16	4 114.99
2014 年 4 月	4 117.70	4 143.70	4 059.52	4 073.49	4 154.46	4 154.26	4 072.79	4 108.01	4 055.12	4 114.99
2014 年 5 月	4 117.62	4 143.61	4 059.52	4 073.48	4 154.21	4 154.21	4 072.71	4 108.01	4 055.08	4 114.99
2014 年 6 月	4 117.54	4 143.52	4 059.52	4 073.48	4 153.96	4 154.16	4 072.62	4 108.01	4 055.04	4 114.99
2014 年 7 月	4 117.46	4 143.44	4 059.52	4 073.47	4 153.70	4 154.11	4 072.54	4 108.01	4 055.00	4 114.99
2014 年 8 月	4 117.37	4 143.35	4 059.52	4 073.46	4 153.45	4 154.06	4 072.46	4 108.01	4 054.96	4 114.98
2014 年 9 月	4 117.29	4 143.26	4 059.52	4 073.45	4 153.20	4 154.01	4 072.38	4 108.01	4 054.92	4 114.98
2014 年 10 月	4 117.21	4 143.17	4 059.52	4 073.44	4 152.94	4 153.96	4 072.30	4 108.01	4 054.88	4 114.98
2014 年 11 月	4 117.13	4 143.09	4 059.52	4 073.43	4 152.69	4 153.91	4 072.22	4 108.01	4 054.84	4 114.98
2014 年 12 月	4 117.04	4 143.00	4 059.52	4 073.43	4 152.43	4 153.86	4 072.14	4 108.01	4 054.80	4 114.98
2015 年 1 月	4 116.96	4 142.91	4 059.52	4 073.42	4 152.18	4 153.81	4 072.05	4 108.01	4 054.76	4 114.98
2015 年 2 月	4 116.88	4 142.83	4 059.52	4 073.41	4 151.93	4 153.76	4 071.97	4 108.01	4 054.72	4 114.98
2015 年 3 月	4 116.80	4 142.74	4 059.52	4 073.40	4 151.67	4 153.71	4 071.89	4 108.01	4 054.68	4 114.98
2015 年 4 月	4 116.72	4 142.65	4 059.52	4 073.39	4 151.42	4 153.66	4 071.81	4 108.01	4 054.64	4 114.97
2015 年 5 月	4 116.63	4 142.57	4 059.52	4 073.39	4 151.17	4 153.61	4 071.73	4 108.01	4 054.60	4 114.97
2015 年 6 月	4 116.55	4 142.48	4 059.52	4 073.38	4 150.91	4 153.56	4 071.65	4 108.01	4 054.55	4 114.97
2015 年 7 月	4 116.47	4 142.39	4 059.52	4 073.37	4 150.66	4 153.51	4 071.57	4 108.01	4 054.51	4 114.97
2015 年 8 月	4 116.39	4 142.30	4 059.52	4 073.36	4 150.40	4 153.46	4 071.48	4 108.01	4 054.47	4 114.97
2015 年 9 月	4 116.30	4 142.22	4 059.52	4 073.35	4 150.15	4 153.41	4 071.40	4 108.01	4 054.43	4 114.97
2015 年 10 月	4 116.22	4 142.13	4 059.52	4 073.34	4 149.90	4 153.36	4 071.32	4 108.01	4 054.39	4 114.97
2015 年 11 月	4 116.14	4 142.04	4 059.52	4 073.34	4 149.64	4 153.31	4 071.24	4 108.01	4 054.35	4 114.97
2015 年 12 月	4 116.06	4 141.96	4 059.52	4 073.33	4 149.39	4 153.26	4 071.16	4 108.01	4 054.31	4 114.96
2016 年 1 月	4 115.97	4 141.87	4 059.52	4 073.32	4 149.14	4 153.21	4 071.08	4 108.01	4 054.27	4 114.96
2016 年 2 月	4 115.89	4 141.78	4 059.52	4 073.31	4 148.88	4 153.16	4 070.99	4 108.01	4 054.23	4 114.96
2016 年 3 月	4 115.81	4 141.70	4 059.52	4 073.30	4 148.63	4 153.11	4 070.91	4 108.01	4 054.19	4 114.96

表 15.4　单层锚网支护区段各测站帮底变形监测数据

（单位：mm）

日期	站 01	站 02	站 03	站 04	站 05	站 06	站 07	站 08	站 09	站 10
2014 年 3 月	3 974.68	4 013.72	3 948.71	3 925.96	3 801.51	3 683.17	3 973.52	3 973.54	4 002.74	3 958.79
2014 年 4 月	3 974.64	4 013.68	3 948.50	3 925.96	3 801.51	3 683.17	3 973.52	3 973.54	4 002.70	3 958.73
2014 年 5 月	3 974.60	4 013.64	3 948.28	3 925.96	3 801.51	3 683.16	3 973.51	3 973.54	4 002.66	3 958.67
2014 年 6 月	3 974.56	4 013.60	3 948.07	3 925.96	3 801.50	3 683.16	3 973.50	3 973.54	4 002.62	3 958.61
2014 年 7 月	3 974.52	4 013.55	3 947.85	3 925.96	3 801.50	3 683.16	3 973.49	3 973.54	4 002.58	3 958.56

续表

日期	站 01	站 02	站 03	站 04	站 05	站 06	站 07	站 08	站 09	站 10
2014 年 8 月	3 974.48	4 013.51	3 947.64	3 925.96	3 801.50	3 683.15	3 973.49	3 973.54	4 002.53	3 958.50
2014 年 9 月	3 974.44	4 013.47	3 947.42	3 925.96	3 801.50	3 683.15	3 973.48	3 973.54	4 002.49	3 958.44
2014 年 10 月	3 974.40	4 013.43	3 947.21	3 925.96	3 801.49	3 683.15	3 973.47	3 973.54	4 002.45	3 958.39
2014 年 11 月	3 974.36	4 013.39	3 946.99	3 925.96	3 801.49	3 683.14	3 973.46	3 973.54	4 002.41	3 958.33
2014 年 12 月	3 974.32	4 013.35	3 946.78	3 925.96	3 801.49	3 683.14	3 973.46	3 973.54	4 002.37	3 958.27
2015 年 1 月	3 974.28	4 013.31	3 946.56	3 925.96	3 801.48	3 683.13	3 973.45	3 973.54	4 002.33	3 958.22
2015 年 2 月	3 974.24	4 013.27	3 946.35	3 925.95	3 801.48	3 683.13	3 973.44	3 973.54	4 002.29	3 958.16
2015 年 3 月	3 974.20	4 013.23	3 946.13	3 925.95	3 801.48	3 683.13	3 973.43	3 973.54	4 002.25	3 958.10
2015 年 4 月	3 974.16	4 013.19	3 945.92	3 925.95	3 801.47	3 683.12	3 973.43	3 973.54	4 002.21	3 958.04
2015 年 5 月	3 974.12	4 013.14	3 945.70	3 925.95	3 801.47	3 683.12	3 973.42	3 973.54	4 002.17	3 957.99
2015 年 6 月	3 974.08	4 013.10	3 945.49	3 925.95	3 801.47	3 683.12	3 973.41	3 973.54	4 002.13	3 957.93
2015 年 7 月	3 974.04	4 013.06	3 945.27	3 925.95	3 801.47	3 683.11	3 973.40	3 973.54	4 002.09	3 957.87
2015 年 8 月	3 974.00	4 013.02	3 945.06	3 925.95	3 801.46	3 683.11	3 973.40	3 973.54	4 002.04	3 957.82
2015 年 9 月	3 973.97	4 012.98	3 944.85	3 925.95	3 801.46	3 683.10	3 973.39	3 973.54	4 002.00	3 957.76
2015 年 10 月	3 973.93	4 012.94	3 944.63	3 925.95	3 801.46	3 683.10	3 973.38	3 973.54	4 001.96	3 957.70
2015 年 11 月	3 973.89	4 012.90	3 944.42	3 925.95	3 801.45	3 683.10	3 973.37	3 973.54	4 001.92	3 957.65
2015 年 12 月	3 973.85	4 012.86	3 944.20	3 925.95	3 801.45	3 683.09	3 973.37	3 973.54	4 001.88	3 957.59
2016 年 1 月	3 973.81	4 012.82	3 943.99	3 925.95	3 801.45	3 683.09	3 973.36	3 973.54	4 001.84	3 957.53
2016 年 2 月	3 973.77	4012.78	3 943.77	3 925.95	3 801.44	3 683.09	3 973.35	3 973.54	4 001.80	3 957.48
2016 年 3 月	3 973.73	4 012.74	3 943.56	3 925.95	3 801.44	3 683.08	3 973.34	3 973.54	4 001.76	3 957.42

15.2.3 变形观测数据分析

依据变形观测数据绘制收敛曲线见图 15.4~图 15.6。

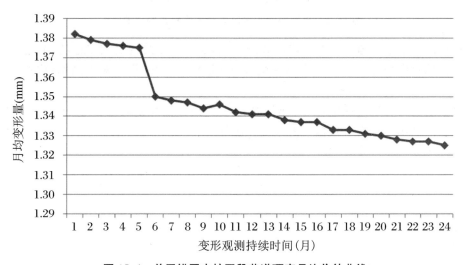

图 15.4 单层锚网支护区段巷道顶底月均收敛曲线

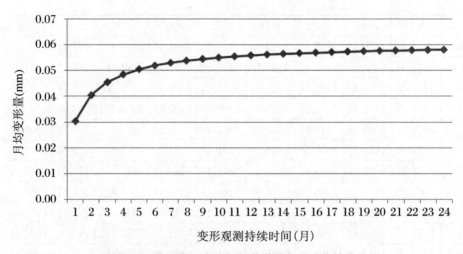

图 15.5   单层锚网支护区段巷道拱角月均收敛曲线

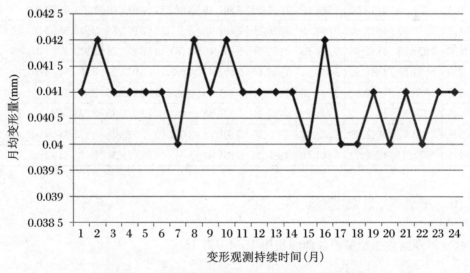

图 15.6   单层锚网支护区段巷道底角月均收敛曲线

上述三图显示了巷道在一个月内的收敛情况,这是一个月内的收敛总量,也就是月均收敛量。巷道拱角及底角部位的月均变形量均在 0.07 mm 以下,若不采用高精度的变形观测仪器,是无法监测到任何变形的。

巷道顶底的月移近量稳定在 1.3 mm 左右。之所以有相对较大的变形量,是因为巷道底板长期存留清洁用水及有少量顶板淋水风化破坏。

15.3　色连 3-1 煤回风大巷"单锚双网双盘" 支护区段变形监测

　　采用与前面完全相同的方法在单锚双盘双网支护区段布置 4 组测站观测其变形,观测时间为自 2015 年 3 月至 2016 年 3 月,观测曲线如图 15.7~图 15.9 所示。

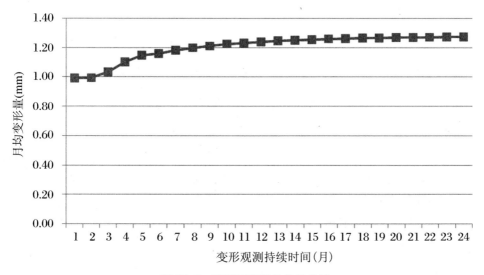

图 15.7　巷道顶底月均收敛曲线

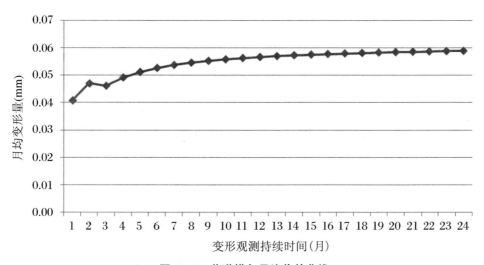

图 15.8　巷道拱角月均收敛曲线

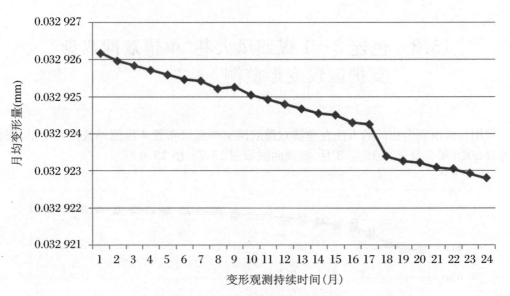

图 15.9　巷道底角月均收敛曲线

　　上述三图显示了巷道在一个月内的收敛情况,这是一个月内的收敛总量,也就是月均收敛量。巷道拱角及底角部位的月均变形量均在 0.07 mm 以下,若不采用高精度的变形观测仪器,是无法监测到任何变形的。

　　巷道顶底的月移近量稳定在 1.22 mm 左右,变形量之所以相对较大,是因为巷道底板长期存留清洁用水及有少量顶板淋水风化破坏。

16　色连 3－1 煤回风大巷支护方案项目基本情况

16.1　项目来源

"松散富水砂岩巷道安全高效掘支技术研究"是淮南矿业西部公司 2013 年确立的科技攻关项目,由中北煤化工有限公司色连二号矿井牵头,联合安徽理工大学和中国矿业大学(北京)共同完成。

16.2　项目研究背景和意义

16.2.1　节支增效是每个矿井的必修课

虽然煤炭依然是我国能源构成的主体,并在相当长的时间内维持主体地位不变,但煤炭行业面临越来越艰巨的挑战,所面临的异常严峻的经济形势有可能持续很长的时间。在这样的大背景下,节支增效成为了每个矿井的必修课。保证巷道掘进施工的安全、确保巷道的支护效果、提高掘进效率、降低掘进成本是煤矿节支增效的重要组成部分。

16.2.2　治理侏罗系岩层水患是色连二号矿井的重点工作

色连二号矿井主采侏罗系煤层。侏罗系地层以泥岩、砂质泥岩和粗细砂岩为主,其中的砂质泥岩、泥岩质地较软,强度低,抗风化能力极弱,遇水、空气后强度急剧下降甚至砂化、泥化,成为松散体;而砾岩及各粒级的砂岩均为孔隙式砂泥质、泥质胶结,胶结较疏松,失水后易干裂破碎。

侏罗系地层,尤其是砂岩层大都富含静压孔隙水,砂岩静含水的总量虽然不大,但巷道开挖后迎头及迎头附近顶板都因静含水而产生严重的淋水现象。在淋水的风化作用下,掘进迎头围岩的强度极大降低,大部分都软化成泥,完全丧失了承载能力,巷道顶板的管理难度可想而知,这个问题不解决,巷道掘进的安全、高效、快速都无从谈起。

在该地质条件下,若要想实现巷道的安全、高效掘进,首要问题是解决岩层静含水造成的顶底板岩性极度弱化、工作面严重淋水的问题。目前,在巷道掘进之前利用超前钻孔将巷道所属区域一定范围内的岩层静含水进行预先抽放是较为可行的治水方案。放水及抽水钻孔的布置既要考虑抽放效果又要保证巷道的正常施工不受影响。若条件允许,在相邻巷道内施工放水或钻孔,将预掘进巷道周边岩层内的静含水抽出是更好的砂岩静含水治理方法;每隔一定长度布置专门的放水、抽水硐室无疑最能保证砂岩水害治理工作稳步进行;将水害治理工作的力度提高到淮南矿区瓦斯治理工作的水平,布置专门的抽放水巷道,有计划地对全矿的砂岩静含水进行统一治理才是淮矿西部矿井侏罗系地层水害治理的根本。

16.2.3　松散富水砂岩巷道安全高效掘支技术应用前景

去除了顶板水害的影响,安全高效的施工机械化配套、安全高效的施工工艺及施工组织、围岩支护技术才能在松散富水砂岩道实施。

要实现巷道的快速掘进,必须建立快速综掘机械化作业线。综掘作业线由若干设备组成,各设备的配置必须满足机械化配套的要求,即后道工序设备的生产能力应大于前道工序设备的生产能力。混合作业是色连二号矿井综掘巷道施工的方式,其最为突出的特点是省时、省事、省钱,永久支护紧跟掘进工作面;在技术力量、管理水平、施工机械及工程和水文地质条件满足要求的情况下,该作业方式可充分发挥机械化配套作业线的优势。

色连二号矿井的围岩支护对策包括:

① 围岩疏水,增强围岩强度、提高锚固效果;

② 及时支护,预防不良应力状态的出现;

③ 及时封闭围岩,防风化、强喷层;

④ 续锚补型,有效降低围岩应力集中程度。

16.3　主要研究成果

1. 分析了砂岩层静含水对巷道掘进可能造成的危害

砂岩层静含水的总量虽然不大,但是能够严重风化巷道表面围岩,使得巷道成形、支护困难;持续不停的顶板淋水还会严重恶化掘进迎头的作业环境,导致很多情况下现场的工人需要穿着雨衣作业;由于静含水的持续风化,巷道底板围岩时常冒落,给施工作业的工人带来了极大的安全隐患。

2. 制定了静含水疏放方案

静含水疏放孔必须以仰角布置,才能保证钻孔周边静含水的疏放效果,确保钻孔内砂岩颗粒随着其内的水流逐渐流出,而不会逐步堆积并堵塞钻孔;即便采用了负压抽水的真空泵,如果利用俯角布置静含水疏放也会难以保证疏放效果。

3. 制定了色连3-1煤回风大巷的支护方案及施工管理方案

这一方案为科学高效的工程管理提供了一个十分清晰的施工全景图,为制定科学、合理的管理模式奠定了基础,同时,也为新技术、新工艺的推广与应用创造了十分有利的条件。

4．对国产 EBZ260 综掘机进行了合理的技术改造

这项技术的改进将综合掘进的"开机率"提高了一倍以上，将整体工作效率提高了 5 倍以上。这一方面为国产综掘机的推广应用奠定了基础，同时也为煤矿机械在不同施工环境下的技术改造提供了参考。

5．成功地进行了工业试验

色连 3-1 煤回风巷成巷速度由原来的 35 m/月，跃升至 210 m/月的平均速度，并创造了 350.8 m/月的最高记录。另外，由于技术措施得力，巷道变形速度极慢。

17　色连3-1煤回风大巷支护方案项目研究成果的推广应用前景

17.1　国内外研究概况

大部分侏罗系地层由于成岩时间短,尚未充分胶结,抗风化能力极弱。富水侏罗系地层中掘进的巷道迎头围岩在短时间内就严重风化,几乎完全丧失承载能力,巷道迎头围岩因此极难维护,巷道的支护也困难重重,因此巷道的掘进速度始终很慢,顶板还存在巨大的安全隐患。

巷道掘进之前,按照一定规格布置抽水及放水孔,将预掘巷道周边岩层的静含水排出,可以从根本上消除岩层渗水对巷道掘进的影响。通过预先抽放水,巷道迎头围岩的风化速度可大幅降低,巷道迎头围岩能够在较长时间内保持整体稳定,因此得以消除顶板安全隐患,使巷道迎头的工作环境大幅改善,并大大提高巷道的掘进效率。

查找相关的文献发现,在富水侏罗系地层中掘进的巷道里实现预先抽放水的技术刚刚开始开发,但是尚未发现相关的成果报道。

17.2　项目研究的必要性

首先,节支增效是每个矿井的必修课。

煤炭依然是我国能源构成的主体,并在相当长的时间内维持主体地位不变。煤炭行业面临越来越艰巨的挑战,目前异常严峻的经济形势有可能持续很长时间。在这样的大背景下,节支增效成为了每个矿井的必修课。保证巷道掘进施工的安全、确保巷道的支护效果、提高掘进效率、降低掘进成本是煤矿节支增效的重要组成部分。

其次,治理侏罗系岩层水患是色连二号矿井的重要工作。

色连二号矿井主采侏罗系煤层,侏罗系地层以泥岩、砂质泥岩和粗细砂岩为主,其中的砂质泥岩、泥岩质地较软,强度低,抗风化能力极弱,遇水、空气后强度急剧下降甚至砂化、泥化,成为松散体;而砾岩及各粒级的砂岩均为孔隙式砂泥质、泥质胶结,胶结较疏松,失水后易干裂破碎。

侏罗系地层,尤其是砂岩层大都富含静压孔隙水。砂岩静含水的总量虽然不大,但巷道开挖后迎头及迎头附近顶板都因静含水而产生严重的淋水现象。在淋水的风化作用下,掘进迎头围岩的强度极大降低,大部分都软化成泥状,完全丧失了承载能力,巷道顶板的管理难度极大,安全、高效、快速的巷道掘进难以实现。

在该地质条件下,要想实现巷道的安全、高效掘进,首先要解决岩层静含水造成的顶底板岩性极度弱化、工作面严重淋水的问题。巷道掘进之前利用超前钻孔对巷道所属区域一定范围内的岩层静含水进行预先抽放是较为可行的治水方案。放水及抽水的钻孔布置既要考虑抽放效果,又要保证巷道的正常施工不受影响。若条件允许,在相邻巷道内施工放水或抽水钻孔抽放预掘进巷道周边岩层内的静含水是更好的砂岩静含水治理方法;每隔一定长度布置专门的放水、抽水硐室无疑是最能保证砂岩水害治理工作稳步进行的方式;将水害治理工作的力度提高到淮南矿区瓦斯治理工作的水平,布置专门的抽放水巷道,有计划地对全矿的砂岩静含水进行统一治理才是淮矿西部矿井侏罗系地层水害治理的根本。

17.3　项目研究成果推广的优势

依据工程地质资料及现场实地考察,色连二矿 3-1 煤顶板是一层较厚(9.7 m 左右)的富含水、低胶结度、抗拉性能较差的砂岩,该砂岩因沉积年代较短,表现出了与我国其他矿区的砂岩迥异的一些性质,如遇风成砂、遇水成泥,具有较大的渗水性,且"抗压强度/抗拉强度"值,远大于其他同类岩石。

这些特有的情况不仅给岩石巷道的正常、安全施工带来了很大的困难,而且对目前采用的锚网索支护方式未来的长期有效产生了很大的安全隐患。因为水使得岩石的抗拉强度降低,导致围岩的整体稳定性下降,施工中冒顶、偏帮事故频发;同时水的不断渗流,造成了锚杆索缓慢锈蚀,锚固力逐渐削弱,为突发性的冒顶、偏帮埋下隐患。因此,无论是着眼于目前的巷道施工,还是顾及后期的巷道维护及工作面开采的安全,"治水"都是必不可少和非常迫切的。此外,此种情况并不是色连二矿独有的,整个东胜矿区有 90%的煤矿是这样。

现场水文观测孔的观测数据表明,前期巷道的开拓已经导致相应水文观测孔水位下降,且早前成巷的巷道围岩渗水已明显减弱。因此可以判断,3 煤顶板砂岩含水属静态水,外来水补给较弱。此外,华北科技学院的探水报告也同时确定了 3-1 煤顶板砂岩含水为静态水。

去除了顶板水害的影响,才能实施松散富水砂岩巷道的安全高效施工机械化配套、安全高效施工工艺及施工组织和围岩支护技术。

要实现巷道的快速掘进,必须建立快速综掘机械化作业线,综掘作业线由若干设备组成,各设备的配置必须满足机械化配套的要求,即后道工序设备的生产能力要大于前道工序设备的生产能力。混合作业方式是色连二号矿井综掘巷道施工的最佳作业方式,这一方式最大优点是省时、省事、省钱,永久支护紧跟掘进工作面;在技术力量、管理水平、施工机械及工程和水文地质条件满足要求的情况下,该作业方式便于充分发挥的机械化配套作业线的优势。

18 色连 3-1 煤回风大巷支护方案经济及技术效益分析

18.1 经济效益

18.1.1 直接经济效益

在采用超前疏放水技术前,巷道月成巷只有 40 m 左右,而消耗的人工成本、机械成本、燃料动力费用却很高。因此,施工初期巷道的单米掘进成本甚至超过了 10 000 元。

采用超前疏放水技术并对综掘机进行改造后,巷道月成巷超过了 210 m,单米掘进成本陡然下降 60%。

这一技术在 3-1 煤回风大巷及其联巷得到了应用,应用长度 3 676 m,应用这一技术的直接经济效益为 3 676×6 000＝22 056 000 元,即 0.22 亿元。

18.1.2 间接经济效益

生产接替一直是包括色连二矿在内的所有矿井的共同难题。要提高生产接替的效率,就必须保证巷道的掘进效率。本技术将 3-1 煤层回风大巷的掘进效率提高了 6 倍以上,对保证矿井的生产接替无疑会产生巨大的积极作用。

作为矿井的总回风巷,3-1 煤回风巷的施工进度直接制约着色连二矿的投产时间。倘若巷道始终以 46.5 m/月的进度施工,仅完成 3 471 m 的巷道就需要 74.645 个月,即 6.22 年。矿井每推迟一个月投产就会造成至少 1 500 万元的经济损失。

本技术的成功应用使得 3-1 煤回风大巷及其联巷可以在 16.5 个月,即 1.37 年内完成掘进任务,进而使矿井提前投产。因此,本技术产生的间接经济效益为(74.645－16.5)×1 500＝87 217.5 万元,即 8.72 亿元。

18.1.3 总体经济效益

直接经济效益＋间接经济效益＝0.22＋8.72＝8.94 亿元。

18.2　社 会 效 益

　　生产接替一直是包括色连二矿在内的所有矿井的共同难题。要提高生产接替的效率,就必须保证巷道的掘进效率。本技术将 3-1 煤层回风大巷的掘进效率提高了 6 倍以上,对保证矿井的生产接替无疑会产生巨大的积极作用。

　　巷道掘进过程中不仅要保证效率,还要确保安全。在对砂岩静含水进行超前疏放前,巷道迎头的作业环境差、工人劳动强度高、顶板安全得不到保证,掘进效率始终无法提高。利用本技术,对砂岩静含水进行预先疏放后,上述问题同时得到了解决,工人作业环境得以改善、劳动强度大幅降低、顶板得到了保证、掘进效率有了极大提高。

　　综上所述,除了巨大的经济效益外,本研究产生的社会效益也非常显著。

19 色连3-1煤回风大巷支护方案项目研究成果总结

本项目以内蒙古自治区色连二矿3-1煤回风大巷为研究对象,围绕"富含水弱黏结性砂岩层中安全高效快速掘进"这一研究目标,淮矿西部煤矿投资管理有限公司、中北煤化工有限公司色连二矿、安徽理工大学、中国矿业大学(北京)组建了联合课题组进行了较深层次的研究,主要研究内容包括:

① 松散富水砂岩巷道安全高效施工机械化配套研究;
② 松散富水砂岩巷道安全高效施工工艺及施工组织研究;
③ 松散富水砂岩巷道围岩支护技术研究;
④ 松散富水砂岩巷道施工防治水技术研究;

研究获得了以下一系列重要研究成果。

19.1 揭示了影响施工进度和围岩稳定性的本质因素

揭示了内蒙古东胜矿区松散富水砂岩中的静态含水是影响施工进度、围岩稳定性的本质因素。

1. 静态含水是影响施工进度的本质因素

内蒙古东胜矿区侏罗系富水砂岩中富水小断层、裂隙较多,巷道掘进过程中工作面涌水频繁发生,严重约束施工进度。

内蒙古东胜矿区侏罗系富水砂岩的一个显著特性是"遇水成泥",这一特性导致在涌水较大的情况下,工作面附近一定范围内已经截割下来的岩块在装运之前就已经成为黏稠的混合物(犹如刚搅拌好的混凝土),致使施工环境严重恶化,正常施工难以实施。同时,围岩浸水软化使其强度大幅降低,在施工过程中非常容易发生冒顶、偏帮事故,安全隐患很大,严重影响进度。且因冒顶和偏帮,巷道难以成形,凹凸不平的巷道表面为支护带来很大困难,导致在支护环节耗费大量时间,严重影响工程进度。

2. 静态含水是影响巷道安全的本质因素

没有经过本技术处理的内蒙古侏罗系松散富水砂岩中的巷道围岩在成巷后很长时间内都会长期不间断淋水,某些锚杆索尾端长期流水,围岩表面长期向外渗水,发生这一现象的本质原因可以从图19.1得到解析。原本巷道开挖时,砂岩中的含水是安静地储存在断层、裂隙、空隙之中,并不流动。完整岩体内部的水量并不是很大,岩石依然具有一定的强度。但巷道开挖后,围岩边缘的水压大幅降低,远远低于远处砂岩中的水压,导致压差出现,于是远处压力较高的静态含水就会向巷道渗流,致使巷道近侧围岩的岩石含水量大增,岩石弱化情况严重。此外,渗流水还导致了锚杆索锈蚀,而锚杆索锈蚀会导致锚固力下降。久而久之,巷道冒顶、偏帮事故也就难以避免。另外,内蒙古东胜矿区侏罗系富水砂岩的另一个显著特性是"遇风成砂",围岩渗水导致巷道表面处于游离水覆盖状态,喷射混凝土难以黏结其上,防止围岩风化目的难以实现,而快速风化将导致锚杆(索)托盘与围岩之间的压力降低,锚杆索的承载力下降,引发更大的安全隐患。

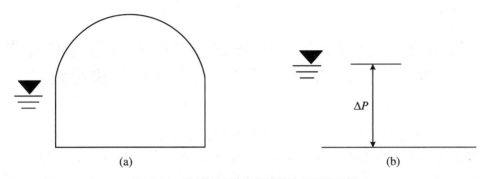

图 19.1　松散富水砂岩巷道渗水原因分析图

19.2　提出了"长短组合、斜仰角并举"钻孔疏放水技术

钻孔(图 19.2)设置为一长一短,且长短孔均设置了一定的斜仰角(斜角指钻孔与巷道轴线之间的夹角,仰角指钻孔与水平面之间的夹角)的具体原因如下:

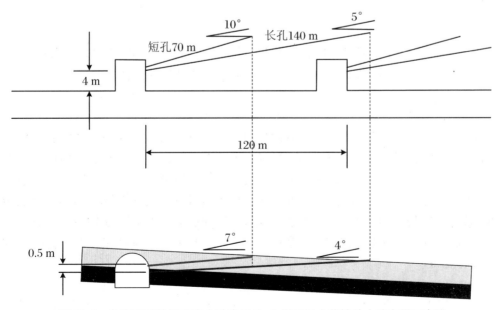

图 19.2　色连二矿侏罗系富水砂岩层 3－1 煤回风大巷抽放水孔布置示意图

由于砂岩层中微裂隙、小断层分布很不均匀，同时布置两个斜角与仰角均不同的钻孔，可以尽可能多地穿过裂隙与断层，从而更快、更多的疏放裂隙水和断层水，而裂隙水和断层水快速疏放又为孔隙水的渗流制造了较多的低压流向空间，为围岩中静态含水的快速疏放创造了条件。

两孔均设置一定的仰角，目的在于使各种静态含水能够从钻孔中自行流出。两孔均设置成与巷道轴线有一定角，目的在于避免对围岩整体性造成损伤，同时也尽可能地避免过多水流经钻孔对巷道围岩造成浸水弱化。

19.3 基于超前疏放岩层中静态含水的岩石巷道快速施工新工艺："1-2-2-2-2-1"机械化快速施工

由于提前疏放静态含水，围岩强度不仅没有降低，反而较原始强度还有所提高，工作面割岩过程中的冒顶、偏帮现象，已成巷部分围岩的冒顶、偏帮现象以及前掘后修现象等均大幅减少，机械化作业线的工作效率、支护效率和排矸效率等都大幅提高，相应的管理模式的效率也能够得到充分发挥，于是施工速度得以大幅提升。

针对内蒙古东胜矿区侏罗系富水砂岩特殊的性质，在机械化作业线快速施工方面提出并有效实施了"1-2-2-2-2-1"机械化快速施工新工艺。

其中，"1"代表综掘机掘进1次；第1个"2"代表对应于综掘机的每次掘进要安装两排锚杆；顶部锚杆一次性锚固，间隔采用M形钢带和T形钢带；第2个"2"代表帮部锚杆采用二次支护，其中第2次支护距离迎头不大于5 m，锚索支护距迎头8～10 m；第3个"2"代表综掘机掘进时采用"预留斜坡平行推进施工法"；最后一个"2"表示综掘机每循环排矸两次；最后一个"1"表示，皮带机头处设置1个水平储矸仓。

19.4 提出并有效实施了机械化快速施工配套管理的"1-4-3-1-1"新模式

本项目研究的工业试验巷道所采用的"1-4-3-1-1"机械化快速施工配套管理新模式如下：第一个"1"表示井下作业实施综合班组制，即所有工种组合为一个综合班组，一个领导核心，统一指挥；"4"表示井下综合班组按照专业技能和工作岗位共分为4个专业小组进行管理，即掘进、机电、支护和运输4个小组，如此一来责任明确，各司其职；"3"表示综合班组实施3班制管理；第2个"1"表示1个中心，即掘进、机电、支护和运输中以掘进为中心，其余各环节必须紧密配合掘进工作，不得影响掘进的正常进行；第3个"1"表示必须严格按照综掘施工循环作业图表安排施工。

19.5 提出并有效实施了预设周边眼的保障巷道成形的创新技术

色连 3-1 煤层回风大巷位于弱黏结砂岩层中,岩石遇水成泥、遇风成砂,抗拉强度很低。综掘机掘进过程极易冒顶、偏帮,导致巷道成形非常困难,同时形成很大安全隐患,增加支护工作难度,支护效果难以保证。在岩层条件较差的地段,沿巷道断面周边设置一定数量的周边眼(间距 0.5~0.7 m)形成强度弱面,即在综掘机机头割岩的过程中,因为周边眼的存在,周边眼连线位置较其他部位的岩体更容易发生破坏,从而可以避免综掘机机头割岩过程中发生冒顶、偏帮,同时有助于巷道成形。

19.6 成功地进行了工业试验

色连 3-1 煤层回风巷成巷速度由原来的 35 m/月,跃升至 210 m/月左右,并创造了 350.8 m/月的最高纪录。

19.7 对施工用国产半煤岩 EBZ260 型综掘机进行了合理的技术改造

通过改链式刮板滑动输送为平面板式滚动输送,彻底消除了卡链、断链情况,使用效率提高 5 倍以上。

参 考 文 献

[1] 张润民.奇妙的无煤柱开采[J].当代矿工,1999(2):18-19.

[2] 张朝龙.煤锚支护在完全沿空掘巷中的应用[J].煤炭技术,2005,24(6):5-6.

[3] 刘云福,李贵,孙佳华,等.完全沿空掘巷在缓倾斜煤层中的应用[J].矿业安全与环保,2003,30(5):
      60-61.

[4] 杨江明,冯建文,胡文武.杨庄煤矿厚煤层分层条带开采工艺[J].山东煤炭科技,2005(1):41-42.

[5] 于守财.浅析沿空掘巷技术及其发展[J].民营科技,2012(2):47.

[6] 田翰,赵云峰,李士东,等.倾斜厚煤层无煤柱沿空掘巷技术探析[J].煤炭科学技术,2001,29(11):1-2.

[7] 冒云,颜绍富,王平桥.无煤柱开采技术在盘江的实践[J].煤矿开采,2009,14(2):12-13.

[8] 李栖凤.对推广无煤柱开采的几点意见[J].煤炭科学技术,1982(3):10-11.

[9] 彭清华.对无煤柱开采和退采的探索[J].中国煤炭工业,2009(3):58-59.

[10] 司利军,王军.浅谈推广沿空掘巷的必要性和可行性[J].煤炭工程,2003(10):49-50.

[11] 王继良.中国矿山支护技术大全[M].南京:江苏科学技术出版社,1994.

[12] 钱鸣高,刘听成.矿山压力及控制[M].北京:煤炭工业出版社,1992.

[13] 孙义.无煤柱沿空掘巷在薄煤层中的应用[J].煤,2011,20(7):29-30.

[14] 邢福康,刘玉堂.煤矿支护手册[M].北京:煤炭工业出版社,1993.

[15] 金连生.煤矿总工程师工作指南[M].北京:煤炭工业出版社,1988.

[16] 黄永刚."无煤柱开采"急需研究的一些问题[J].焦作矿业学院学报,1981(1):67-71.

[17] 宋齐国.浅谈无煤柱护巷[J].湖南安全与防灾,210(6):44-46.

[18] 袁亮.低透气性煤层群无煤柱煤与瓦斯共采现论与实践[M].北京:煤炭工业出版社,2008.

[19] 陆士良.无煤柱护巷矿压显现研究[M].北京:煤炭工业出版社,1993.

[20] [苏]胡金 Ю Л,乌兹基诺夫 М И,布拉依采夫 А В,等.煤层无煤柱开采[M].徐州:中国矿业大学出版
      社,1991.

[21] 陈建余,杨超,朱岳明,等.无煤柱综放开采大变形软岩巷道卸压维护分析及其应用[J].岩石力学与工
      程学报,2002,21(8):1183-1187.

[22] FRIEDEL M J,JACHSON M J. Tomographic imaging of coal pillar conditions:observation and impli-
      cations[J]. Int. J. Rock and Min. Sci.& Geomechanics Abstracts,1996(33):279-290.

[23] 李栖凤.无煤柱开采[M].北京:煤炭工业出版社,1986.

[24] 周宏伟,刘听成.我国无煤柱护巷技术的应用[J].矿山压力与顶板管理,1993,3(4):166-169.

[25] 唐春安.岩石破裂过程中的灾变[M].北京:煤炭工业出版社,1993(6):112-121.

[26] 第14届国际岩石力学局科技会议.Present Study of the Floor Rock Pressure Control in Gateways in
      China and Its Research Tendeny[R].都灵,1995(11).

［27］　宋振骐,蒋金泉.煤层控制的研究[J].岩石力学与工程学报,1996(2):128-134.

［28］　李学华,张农,侯朝炯.综采放顶煤沿空巷道合理位置确定[J].中国矿业大学学报,2000,29(2):186-189.

［29］　柏建彪,侯朝炯.深部巷道围岩控制原理与应用[J].中国矿业大学学报,2006,2(35):145-148.

［30］　杨淑华,姜福性.综采放顶煤支架受力与顶板结构的关系探讨[J].岩石力学与工程学报,1999(3):287-290.

［31］　谢和平,周宏伟,刘建锋,等.不同开采条件下采动力学行为研究[J].煤炭学报,2011,36(7):1067-1074.

［32］　LEMON A M,JONES N L. Building solid models from boreholes and user-defined cross-sections[J]. Computers & Geosciences,2003,29(5):547-555.

［33］　JOHN G H,HANI S M. Numerical modeling of ore dilution in blasthole stoping[J]. Int. J. Rock and Min. Sci.& Geomechanics Abstracts,2007,44(5):692-703.

［34］　XIE H,ZHOU H W. Application of fractal theory to top coal caving[J]. Chaos,Solitons and Fractals,2008,36(4):797-807.

［35］　司荣军,王春秋,谭云亮.采场支承压力分布规律的数值模拟研究[J].岩土力学,2007,28(2):351-354.

［36］　蒲海,缪协兴.综放采场覆岩冒落与围岩支承压力动态分布规律的数值模拟[J].岩石力学与工程学报,2004,23(7):1122-1126.

［37］　吴洪词,胡兴,包太.采场围岩稳定性的FLAC算法分析[J].矿山压力与顶板管理,2002(4):96-98.

［38］　陈忠辉,谢和平,王家臣.综放开采顶煤三维变形、破坏的数值分析[J].岩石力学与工程学报,2002,21(3):309-313.

［39］　吴健,陆明心,张勇,等.综放工作面围岩应力分布的实验研究[J].岩石力学与工程学报,2002,21(增2):2356-2359.

［40］　陈永文,白义如,李学忠,等.厚煤层放顶煤沿空掘巷的相似模拟研究[J].山西煤炭,1997,17(1):21-26.

［41］　高明中.放顶煤开采沿空掘巷矿压显现特征模拟分析[J].西安科技学院学报,2002,22(4):375-384.

［42］　朱来新.浅谈采后沿空留巷联合支护技术[J].科技与企业,2012(5):179.

［43］　张高展,王雷,孙道胜.煤矿沿空留巷巷旁支护充填材料的制备[J].硅酸盐通报,2012,31(3):590-594.

［44］　陈勇,柏建彪,朱涛垒,等.沿空留巷巷旁支护体作用机制及工程应用[J].岩土力学,2012,33(5):1427-1432.

［45］　李化敏.沿空留巷顶板岩层控制设计[J].岩石力学与工程学报,2000,19(5):651-654.

［46］　张东升,缪协兴,冯光明,等.综放沿空留巷充填体稳性控制[J].中国矿业大学学报,2003,32(3):232-235.

［47］　康红普.深部煤巷锚杆支护技术的研究与实践[J].煤矿开采,2008,13(1):1-5.

［48］　康红普,姜铁明,高富强.预应力在锚杆支护中的作用[J].煤炭学报,2007,32(7):673-678.

［49］　康红普.高强度锚杆支护技术的发展与应用[J].煤炭科学技术,2000,28(2):1-4.

［50］　张农,高明仕.煤巷高强预应力锚杆支护技术与应用[J].中国矿业大学学报,2004,33(5):524-527.

［51］　张农,高明仕,许兴亮.煤巷预拉力支护体系及其工程应用[J].矿山顶板与压力,2002(4):1-7.

［52］　庞建勇,刘松玉,郭兰波.软岩巷道新型网壳锚喷支架静力分析及其应用[J].岩土工程学报,2003,25(5):602-605.

［53］　庞建勇,郭兰波.软岩巷道网壳喷层新技术[J].中国矿业大学学报,2003,32(5):508-511.

[54] 庞建勇,郭兰波.煤及半煤岩巷围岩分类与锚梁网支护专家系统[J].西安科技大学学报,2004,24(4):426-429.

[55] 刘召辉,经来旺,魏玉怀,等.双盘双网锚喷支护结构承载机理研究[J].煤炭工程,2010(4):20-22.

[56] 李敬佩,经来旺,杨仁树,等.高地压软岩巷道锚架组合支护机理与技术[J].中国矿业,2013,18(4):74-77.

[57] 李敬佩,经来旺,刘召辉,等.深厚极松散煤层巷道关键支护技术及现场实验研究[J].煤炭工程,2013,45(7):45-50.

[58] 任润厚.综放沿空掘巷锚杆支护技术[J].煤矿机械,2001(2):27-28.

[59] 康红普.巷道顶部开槽应力控制机理的研究[J].煤炭学报,1996,21(5):476-480.

[60] 康红普.顶部卸压法维护软岩硐室的模拟研究与实践[J].建井技术,1993(6):32-35.

[61] 王悦汉,陆士良,李洪运.顶部卸压法维护软岩硐室[J].矿山压力与顶板管理,1992(2):4-10.

[62] 康红普.巷道围岩的侧下角卸压法[J].东北煤炭技术,1994(1):26-29.

[63] 康红普.岩巷卸压法的研究与应用[J].煤炭科学技术,1994,22(5):14-16.

[64] 王襄禹.高应力软岩巷道有控卸压与蠕变控制研究[D].徐州:中国矿业大学,2008.

[65] 李庶林.应力控制技术及其应用综述[J].岩土力学,1997,18(1):90-96.

[66] 钱鸣高.矿山压力与岩石控制[M].徐州:中国矿业大学出版社,2003.

[67] 郑雨天.关于软岩巷道地压与支护的基本观点[C]//软岩巷道掘进与支护论文选编.中国煤炭学会建井专业委员会东北内蒙古煤炭工业联合公司长春煤炭科学研究所,1985(5):31-35.

[68] 冯豫.我国软岩巷道支护的研究[J].矿山压力与顶板管理,1990(2):1-5.

[69] 陆家梁.软岩巷道支护原则及支护方法[J].软岩工程,1990(3):20-24.

[70] 董方庭.巷道围岩松动圈支护理论及应用技术[M].北京:煤炭工业出版社,2001.

[71] 何满潮,景海河,孙晓明.软岩工程力学[M].北京:科学出版社,2002.

[72] 何满潮.中国煤矿软岩巷道支护理论与实践[M].徐州:中国矿业大学出版社,1996.

[73] 钱鸣高.矿山压力与岩层控制[M].徐州:中国矿业大学出版社,2003.

[74] QIAN M G,MIAO M X,LI L J.Mechanical behaviour of main floor for water inrush in longwall mining[J].Journal of China University of Mining & Technology,1995(1):9-16.

[75] 韩立军,蒋斌松.构造复杂区域巷道控顶卸压原理与支护技术实践[J].岩心力学与工程学报,2005,24(S2):5409-5504.

[76] 陈坤福,韩立军,周怀锋.高应力破碎顶板煤巷控顶卸压和三锚支护技术[J].矿山压力与顶板管理,2003(4):28-31.

[77] 康红普,王金华.煤巷锚杆支护成套技术[M].北京:煤炭工业出版社,2007.

[78] 康红普.煤矿预应力锚杆支护技术的发展与应用[J].煤矿开采,2011,16(3):25-29.

[79] 张镇,康红普,王金华.煤巷锚杆-锚索支护的预应力协调作用分析[J].煤炭学报,2010,35(6):881-885.

[80] SONG G,STANKUS J.Control mechanism of a tensioned bolt system in the laminated roof with a large horizontal stress[C]//The 16th Int Conf on Ground Control in Mining.[s.n.].1997:167-172.

[81] 康红普,王金华,林健.高预应力强力支护系统及其在深部巷道中的应用[J].煤炭学报,2007,32(12):1233-1238.

[82] 康红普,姜铁明,高富强.预应力在锚杆支护中的作用[J].煤炭学报,2007,32(7):673-678.

[83] 张农,高明仕.煤巷高强预应力锚杆支护技术与应用[J].中国矿业大学学报,2004,33(5):524-527.

［84］ ZHANG Z,KANG H P,WANG J H. Surrounding rock deformation mechanism and bolts supporting of the cracked roadways［C］//Proceedings of 2009 International Symposium on Risk Control and Management of Design,Construction and operation in Un derground Engineering. Hamburg:Springer,2009:419-422.

［85］ 袁溢.大变形巷道锚杆护表构件支护效应研究［D］.成都:西南交通大学.2006.

［86］ 崔树江,陈东印.高地应力孤岛顺槽高强让压锚杆支护技术研究［J］.岩土锚固工程,2007(3):17-22.

［87］ 经来旺,雷成祥,郝朋伟,等.超深矿井岩石巷道及井筒快速施工综合技术研究［M］.武汉:武汉理工大学出版社,2014.

［88］ 经来旺,姜清,刘宁,等.极松散煤层巷道 U 形钢支架的数值模拟与分析［J］.煤矿开采,2012,17(6):48-51.

［89］ 康立军,郑行周,冯增强.南屯矿 6_3 上 10 综放工作面沿空掘巷矿压显现规律探讨［J］.煤炭科学技术,1998,26(7):41-45.

［90］ 张迎弟,马新华.深井综放沿空掘巷支护技术［J］.矿山压力与顶板管理,1999(3-4):132-135.

［91］ 经来旺,张浩,郝鹏伟.套筒致裂法测试地应力原理、技术与应用［M］.合肥:中国科学技术大学出版社,2012.

［92］ 侯朝炯,李学华.综放沿空掘巷围岩大、小结构的稳定性原理［J］.煤炭学报,2001,26(1):1-7.

［93］ 王红胜.沿空巷道窄帮蠕变特性及其稳定性控制技术研究［D］.徐州:中国矿业大学,2011.

［94］ 王红胜,张东升,马立强.预置矸石充填带置换小煤柱的无煤柱开采技术［J］.煤炭科学技术,2010,38(4):1-5.

［95］ 王红胜,李树刚,张东升,等.留设窄煤柱维护大巷技术［J］.中国煤炭,2009,35(11):60-62.

［96］ 张东升,王红胜,马立强.预筑人造帮置换窄煤柱二步骤沿空掘巷新技术［J］.煤炭学报,2010,35(10):1589-1593.

［97］ 彭林军.特厚煤层沿空掘巷围岩变形失稳机理及其控制对策［D］.徐州:中国矿业大学,2012.